新工科建设之路·数据科学与大数据系列

数据分析与可视化

主　编　张玉宏
副主编　樊　超　侯惠芳
主　审　张承云

电子工业出版社
Publishing House of Electronics Industry
北京·BEIJING

内 容 简 介

数据分析与可视化在大数据时代扮演着重要角色。数据分析用于将原始数据转化为可行的见解，可视化能将关键数据和特征直观地表达出来。本书深入浅出地介绍了数据分析与可视化的相关理论和实践，全书共 7 章。第 1 章阐明 NumPy 的基础操作。第 2 章详细介绍 NumPy 的高级应用，内容包括数组的高级索引方式、张量的合并与分割、NumPy 文件的读与写。第 3 章介绍 Pandas 的基本特性。第 4 章详细阐述 Pandas 的高级特性。第 5 章详细讨论可视化工具 Matplotlib 的用法。第 6 章介绍高阶可视化工具 Seaborn 的用法。第 7 章讲解时间序列数据的处理。每个章节均给出了可用性强的实战项目。

本书结构完整、行文流畅，是一本图文并茂、通俗易懂的数据分析与可视化的零基础入门著作。对于计算机、大数据、人工智能及相关专业的本科生和研究生，这是一本适合入门与系统学习的教材；对于从事数据分析与可视化的工程技术人员，本书亦有很高的参考价值。

图书在版编目（CIP）数据

数据分析与可视化 / 张玉宏主编. — 北京：电子工业出版社，2023.2
ISBN 978-7-121-45004-4

Ⅰ. ①数… Ⅱ. ①张… Ⅲ. ①可视化软件－统计分析－高等学校－教材
Ⅳ. ①TP317.3

中国国家版本馆 CIP 数据核字（2023）第 022946 号

责任编辑：孟　宇
印　　刷：北京七彩京通数码快印有限公司
装　　订：北京七彩京通数码快印有限公司
出版发行：电子工业出版社
　　　　　北京市海淀区万寿路 173 信箱　　　邮编：100036
开　　本：787×1092　1/16　印张：25.75　字数：470 千字
版　　次：2023 年 2 月第 1 版
印　　次：2024 年 7 月第 3 次印刷
定　　价：99.80 元

凡所购买电子工业出版社图书有缺损问题，请向购买书店调换。若书店售缺，请与本社发行部联系，联系及邮购电话：（010）88254888，88258888。

质量投诉请发邮件至 zlts@phei.com.cn，盗版侵权举报请发邮件至 dbqq@phei.com.cn。

本书咨询联系方式：mengyu@phei.com.cn。

自　　序

早在汉代，司马迁就提出了"运筹帷幄之中，决胜千里之外"的浪漫式期许。这里"筹"，实际上就是竹签做的"筹码"，它是一种计算工具，也是数字的物态表征工具。

"运筹"演化到今天，就叫"数据分析"。所不同的是，"运筹"的场所发生了变化，它不再是"帷幄"，而是计算机。然而，"决胜千里之外"亘古不变。

当前，我们正身处在一个大数据时代。大数据作为对客观世界的一个同构表征[1]，给我们提供了一个难得机遇，让我们有机会利用科学研究的第四范式——数据分析去感知世界、研究世界，进而改造世界。在这个过程中，数据科学家无疑发挥着巨大的作用。

身处大数据时代，自由行走"江湖"的本领必然包括数据分析。2013年，托马斯·达文波特（Thomas Davenport）等人就在《哈佛商业评论》的发文中指出，数据分析师是 21 世纪最性感的职业[2]。落实到实操层面，在很大程度上，Python 生态大家族中的成员，如 Numpy、Pandas 等都为这份"性感"增色不少。

然而，人类是有视觉依赖的，高度抽象的数据并不符合人类的认知惯性。用丹尼尔·卡尼曼（Daniel Kahneman）在《思考，快与慢》一书的观点来说，人类更倾向于符合直觉、不需要深度思考的"系统 1（System 1）"，数据可视化以一种更直观的方式展现数据，这无疑是迎合了人类的这一认知偏好。数据可视化大大提升了数据的表达张力、理解力甚至冲击力。在 Python生态中，Matplotlib 和 Seaborn 等对数据可视化起着至关重要的作用。

本书定位于对 Numpy 和 Pandas 等工具包的介绍和运用这些工具包进

① 张玉宏.大数据导论（通识课版）[M]. 清华大学出版社. 2021
② Davenport T, Patil D J. Data Scientist: The Sexiest Job of the 21st Century[J]. Harvard Business Review, 2013.

行数据分析，以及对 Matplotlib 和 Seaborn 等类库的介绍和利用这些类库进行可视化呈现。

不可否认，目前市面上相关技术类的图书并不少见，然而大部分较为晦涩，学术性较强，可读性不高，要么实践性案例较少，要么案例难度较大。这样的图书对读者并不友好，从而导致读者的学习曲线变得比较陡峭，降低了知识传播效率。

当读者在阅读图书而感到难以理解时，其实大多数情况并不是读者理解力或者知识储备的问题，而是著作人没有用足够的诚意和精力对作品的语言描述进行反复推敲、对其表达进行反复斟酌。其实，写作是一个手艺活，科技写作亦是如此。所幸的是，编者团队喜欢并擅长（科技）写作，曾先后出过 10 余本科技著作并获得了很好的口碑和市场认可。

本书特色：

（1）通俗易懂，图文并茂。在写作风格上，不同于传统技术图书刻板的技术写作方式，本书生动阐述技术背后的内涵（蕴含思政元素）。本书通俗易懂，并配备了大量精心绘制的插图，从而大大降低了阅读门槛。

（2）实用导向，精益求精。这里的"精"是指，让读者尽快掌握数据分析与可视化实践的"最少必要知识（Minimal Actionable Knowledge and Experience，MAKE）"。在最短时间内，让读者掌握数据分析与可视化的 MAKE 实践之道，节省读者的时间成本。

（3）实战前沿，产教融合。与传统教材相比，本书吸纳国内外最前沿的案例、最近期的开源项目（如 GitHub、Gitee 等）和原始数据，并与大数据企业合作，所选实战案例具有前沿性、新颖性和实用性。

阅读准备

阅读本书，读者需要具备一定的 Python 编程基础。要想运行本书中的示例代码，需要提前安装如下系统及软件。

• 操作系统：Windows、macOS、Linux 均可。

• Python 环境：建议使用 Anaconda 安装，确保为 Python 3.6 或以上版本即可。

- NumPy：建议使用 Anaconda 安装 NumPy 1.18 或以上版本。
- Pandas：建议使用 Anaconda 安装 Pandas 1.3.0 或以上版本。

联系作者

从构思大纲、查阅资料、撰写内容、绘制图片，到出版成书，本书得益于多方面的帮助和支持，它也是多人相互协作的结果，其中，河南工业大学张玉宏编写第 1~5 章，河南工业大学侯慧芳编写第 6 章，河南工业大学樊超编写第 7 章。科大讯飞教育发展有限公司高级工程师张承云负责企业实践项目案例审查与修订。张玉宏统筹全书的编写工作。

数据分析与可视化是一个前沿且广袤的研究领域，编者自认才疏学浅，同时限于时间与篇幅，书中难免出现理解偏差和错缪之处。若读者朋友们在阅读本书的过程中发现问题，希望能及时与我们联系，我们将在第一时间修正并对此不胜感激。

联系邮件为 zhangyuhong001@gmail.com。读者也可以在"知乎"平台关注"玉来愈宏"，在这里，你能找到本书的勘误与补充材料。

致谢

在信息获取上，编者在各种参考资料中学习并吸纳了很多精华知识中也尽可能地给出了文献出处，如有疏漏，望来信告知。在这里，我对这些高价值资料的提供者、生产者表示深深的敬意和感谢。同时，感谢河南省教育厅自然科学项目（项目号：22A520025）、2021 郑州市数字人才相关"订单式"培养教材出版基金、河南工业大学校级规划教材项目（项目号：26400522）的支持。

很多人在这本书的出版过程中扮演了重要角色——电子工业出版社的孟宇老师在选题策划上，河南工业大学的刘国震、钟克针、张航等同学在文字校对上，都付出了辛勤的劳动，在此对他们一并表示感谢。

张玉宏

2022 年 6 月于郑州

目　　录

第1章 NumPy 数值计算基础

向量计算是数据分析的底层操作，NumPy 是向量计算中的佼佼者。在本章，我们将主要讨论 NumPy 数组的构建、广播机制和布尔索引。

本章要点（对于已掌握的内容，请在方框中打勾）

- ☐ 掌握 NumPy 的数组使用
- ☐ 理解 NumPy 约减的轴方向
- ☐ 理解 NumPy 的布尔索引
- ☐ 掌握 NumPy 的广播技术

1.1 为何还需 NumPy

在数据分析与机器学习中，常会用到数组和矩阵（向量）运算。Python 中提供了列表容器，它可以当作数组来使用。列表中的元素类型是"包容并蓄"——多类型并存的，但为了区分彼此，列表付出了额外的代价——保存列表中每个对象的指针。这样一来，为了保存一个简单的列表，如[1, 2, 3, 4]，Python 就不得不配备 4 个指针，指向 4 个整数对象。而对于数值运算来说，它们的对象类型通常都是"整齐划一"的，此时再采用列表这种结构，显然是低效的。

或许 Python 的设计者从来都没有想过"大包大揽"完成所有工作。亚当·斯密（Adam Smith）在其名作《国富论》的开篇论述了一个基本原

理：**分工带来效能，合作产生繁荣**。Python 同样践行这个基本原理，它之所以能在众多编程语言中脱颖而出，和它有庞大而健康的生态有着密切关系。"庞大"意味着分工细致，"健康"意味着分工专业[①]。那么，Python 在数值计算上的"专业担当"又是谁呢？它就是本章要重点讨论的对象——NumPy。

为了弥补 Python 数值计算的不足，1995 年起，吉姆·弗贾宁（Jim Hugunin）、特拉维斯·奥利芬特（Travis Oliphant）等人联合开发了 NumPy 项目（其图标如图 1-1 所示）。目前，NumPy 为开放源代码并且由许

图 1-1　NumPy 图标

多协作者共同维护开发。NumPy 是 Python 语言的一个扩展程序库，支持多维数组（即 N 维数组对象 ndarray）与矩阵运算，并为数组运算提供大量的数学函数库。NumPy 非常强大，支持广播、布尔索引、线性代数运算、傅里叶变换、随机数生成等功能，是很多第三方库（如 SciPy、Pandas、TensorFlow、PyTorch 等）的底层技术支持。

你知道吗？

在脱口秀中，演员们常用"谐音梗"来增加笑点。可你知道吗？NumPy 也可算作一种"谐音梗""。Num 自然取义于"Numerical（数值的）"前三个字母，而Py 一方面表达它是Python 生态中的重要一员，更有韵味的是，它和"pie（馅饼）"同音，这一"谐音梗"生动、形象地表明它是数值领域不可或缺的美妙"食材"。

1.2 如何安装和导入 NumPy

NumPy 是 Python 的外部库。由于 Anaconda 提供了"全家桶"式的服务，因此如果读者已经安装了由 Anaconda 发行的 Python，那么 NumPy 这

---

① 读者可以思考一下，华为公司为何要积极打造鸿蒙系统的生态？一些大公司为何积极参与开源社区建设？简单来说，在计算科学相关领域不存在一枝独秀。"

个常用的第三方库就已被默认安装了。如果没有使用 Anaconda 版本的 Python，那么独立安装 NumPy 也很方便，在命令行输入如下安装指令：

```
pip3 install --user numpy scipy
```

在安装 NumPy 的过程中，我们使用了安装工具 pip，该工具提供了对 Python 包的查找、下载、安装、卸载功能。此外，我们顺便把与 NumPy 经常一起使用的科学计数包 SciPy 也一并安装了。

如果你的系统中没有 Python 2 来干扰，那么 pip3 可以简化为 pip：

```
pip install --user numpy scipy
```

值得注意的是，NumPy 官方名称的首字母可以大写也可以小写，但在作为包时，一律小写。SciPy 和 Matplotlib、Seaborn、Pandas 等包的安装也有类似地要求。在上述安装选项中，--user 用于设置安装包只在当前用户目录下安装，而不是写入系统目录中，从而避免因为访问权限不足而安装失败的情况。

默认情况下，安装使用的是国外线路，如果下载速度太慢，我们可以使用清华的镜像作为安装源：

```
pip install numpy scipy -i https://pypi.tuna.tsinghua.edu.cn/simple
```

即使 Numpy 已经安装结束，但在使用 NumPy 时，还是需要显式导入。在导入外部库时，为了方便，我们会为它起一个别名，通常这个别名为 np[1]。

```
In [1]: import numpy as np          #导入 NumPy 并指定别名 np
In [2]: print(np.__version__)       #输出 NumPy 的版本号
1.19.5
```

注意

需要注意的是，In [2] 处 version 单词前后都是下画线。

在 In [2]处，其代码功能是输出 NumPy 的版本号，附属功能是验证 NumPy 是否被正确加载。如果能正常显示版本号，那么说明一切正常，可以进行下面的操作。

1.3　*N* 维数组的本质

如果说强大而完备的第三方库赋予了 Python 独特的魅力，那么 *N* 维数组（ndarray）便使得 NumPy 拥有了灵魂。下面我们来认识一下 *N* 维数组的本质。

---

[1] 为了演示方便，本章代码的演示平台均基于 Python，代码前的编号不是代码的一部分。In[ ]表示输入，方括号中的序号表示输入顺序；Out[ ]表示对应的输出，方括号内的编号表示输出顺序。全书同。

1.3.1　NumPy 数组的两种视图

我们知道，在编程中，数组有一维的、二维的、三维的，甚至更高维的。但我们可能不知道的是，这些常见的 N 维数组仅仅是"逻辑视图"，它们不过是包装出来的视图（View）结果而已。因为所有数据在运行时都被加载到内存中，限于存储介质的物理特性，内存中的数据永远只有一维结构，而不存在所谓的 N 维数组。

为何我们看到的逻辑视图与实际的物理视图不一样呢？这是因为，为了"迎合"人类的理解，编译器或第三方工具在幕后做了很多额外的工作，这才让我们享受到"如沐春风"般的便利。NumPy 数组的物理视图和逻辑视图如图 1-2 所示。

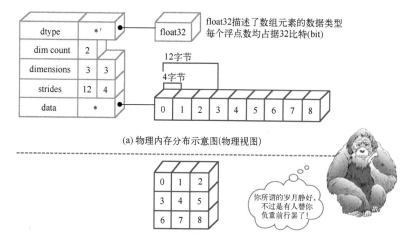

(a) 物理内存分布示意图(物理视图)

(b) Python视图(逻辑视图)

图 1-2　NumPy 数组的物理视图和逻辑视图

提示！

1. strides 是指在遍历数组时每个维度的数据需要跨越的字节数。

2. 也有文献将 shape 译作"形状"，后文中不再区分"尺寸"和"形状"。

把一个物理上只有一维结构的数组呈现为不同维度的逻辑视图，第三方库（如 NumPy）需要提供一些"额外"的信息来辅助完成这项工作。这些额外信息包括但不限于：数据的类型（dtype）、数据的维度（dimensions，简称 dim）、维度的步幅（strides）、数据的尺寸（shape）等。下面我们将会讨论这些附着在 NumPy 数组上的额外信息（属性）。

1.3.2　数组的常用属性

一个 N 维数组就是一个通用的同类数据容器，也就是说它包含的每个元素均为同一种数据类型。每个数组都有一个 dtype 属性，用来描述数组的数据类型。除非显式指定，np.array 会自动推断数据类型。数据类型会被存储在一个特殊的属性 dtype 中。

```
In [1]: import numpy as np          #导入 Numpy 软件包
In [2]: my_array = np.arange(0,10)  #创建一个取值范围为 0~9 的一维数组序列
In [3]: my_array.dtype              #查看数组元素的类型
Out[3]: dtype('int64')
```

我们可以通过 Python 全局函数 type 来对数组对象进行"验明正身"，查看它的类型。

```
In [4]: type(my_array)              #查看对象的类型
Out[4]: numpy.ndarray
In [5]: my_array.__class__          #等价于查看构建对象所用的类的名称
Out[5]: numpy.ndarray
```

需要注意的是，type 和 dtype 查看的是两种不同尺度上的类型，前者是数据容器，后者是数据元素，这就好比杯子和杯中的水之间的差别。

每个数组的维度都由一个 ndim 属性来描述。在数学上，ndim 也被称为"秩（rank）"。

```
In [6]: my_array.ndim               #显示数组的维度
Out[6]: 1
```

如前所述，对于 N 维数组而言，它有一个重要的属性——shape（数组的尺寸或称形状）。"尺寸"主要用来表征数组每个维度的数量。一维数组的"尺寸"就是它的长度，有时，一维数组也被称为 1D 张量（1D tensor[①]），如图 1-3 所示。

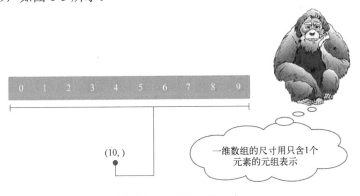

图 1-3   一维数组的尺寸

[①] 张量（tensor）是矩阵在任意维度上的推广，张量在某个维度延伸的方向称为轴（axis）。
0D 张量：只包括一个数字的张量，也称为标量，如常数 5 或 1.23。
1D 张量：一维数组，也称为向量，如[1,2,3]。
2D 张量：二维数组，也称为矩阵，如[[3, 6],[9, 12]]。
3D 张量及更高维张量：多个矩阵（2D 张量）可构造成一个新的 3D 张量，如[[[1, 1, 1], [2, 2, 2]], [[3, 3, 3],[4, 4, 4]]]。多个 3D 张量可以构造成一个 4D 张量，依此类推。在表达上，张量方括号的层次有多深，就表示这是多少维张量。

那么如何查看数组的尺寸信息呢？请参考下面这段代码。

```
In [7]: my_array.shape          #查看数组的尺寸
Out[7]: (10,)
```

在上述代码中，In [7]处查看了一维数组的形状（即元素的尺寸信息），其输出结果为数组的长度。请注意，(10,)是一个包括 10 个元素的数组，数字后面的逗号必不可少，它是元组身份的核心标志之一。事实上，NumPy 数组形状并非一成不变，可以通过 reshape 方法对原有数组进行"重构"（或称变形）。

```
In [8]: arr = np.arange(15)      #创建一个包含 15 个元素的一维数组
In [9]: arr                      #查看一维数组的数据
Out[9]: array([ 0,  1,  2,  3,  4,  5,  6,  7,  8,  9, 10, 11, 12, 13, 14])
In [10]: arr = arr.reshape(3,5)① #改变数组尺寸为 3 行 5 列
In [11]: arr                     #显示二维数组元素
Out[11]:
array([[ 0,  1,  2,  3,  4],
       [ 5,  6,  7,  8,  9],
       [10, 11, 12, 13, 14]])
In [12]: arr.ndim                #查看数组的维度信息
Out[12]: 2                       #这是一个二维数组或称 2D 张量
In [13]: arr.shape               #查看数组的形状信息
Out[13]: (3, 5)
```

在 In [8]处，我们通过 arange 方法创建了一个一维数组 arr。然后在 In [10]处通过重构（reshape）操作，把一维数组 arr 转换成了一个二维数组，在 Out [13]处输出了它当前的尺寸(3, 5)。在这个维度信息中，第一个数字表示行数，第二个数字表示列数，如图 1-4 所示。有时，二维数组也被称为 2D 张量。

我们可以利用数组的 size 属性，查看整个数组一共有多少个元素。对于二维数组，它的值就是行数×列数。对于 N 维数组，它的值就是各个维度上的尺寸进行连乘。

```
In [14]: arr.size                #查看数组元素的总个数
Out[14]: 15
```

与 C/C++/Java 等编程语言类似，在 NumPy 中，不同数据类型的数组

---

① 我们也可以直接对数组的 shape 属性进行赋值，来"重构"数组的形状。例如，b.shape = 3,5。需要注意的是，等号右边的两个离散的尺寸 "3, 5"被 Python 自动打包为元组，变为(3, 5)。因此前面的语句等价为 b.shape = (3,5)。

所占用的内存字节数也是不同的，我们可以用 itemsize 属性来获得每个数组元素的大小[①]。

```
In [15]:  arr.itemsize                 #数组 arr 每个字符占用的字节数
Out[15]:  8                            #长整型（int64）占用 8 字节
```

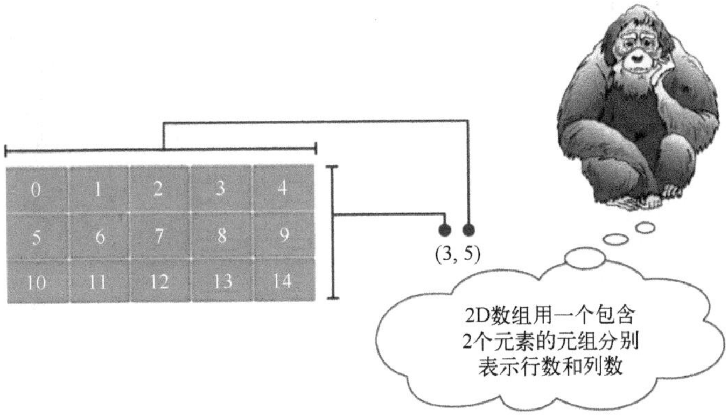
0 1 2 3 4
5 6 7 8 9
10 11 12 13 14
(3, 5)
2D数组用一个包含
2个元素的元组分别
表示行数和列数

图 1-4　二维数组的形状

我们还可以使用数组的 astype 方法，强制转换数组元素的类型。

```
In [16]:  arr = arr.astype('float32')          #将数组 arr 强制转为 32 位浮点数②
In [17]:  arr                                  #验证输出
Out[17]:
array([[ 0.,  1.,  2.,  3.,  4.],
       [ 5.,  6.,  7.,  8.,  9.],
       [10., 11., 12., 13., 14.]], dtype = float32)
In [18]:  arr.itemsize                         #再次验证数组 arr 中每个元素占用的字节数
Out[18]:  4
```

利用 NumPy 构造三维（3D）数组的方式也是类似地。比如，我们想创建 2 个 3 行 5 列的数组，它的尺寸参数为(2,3,5)，其示意图如图 1-5 所示。值得一提的是，“2”所处的位置，也常被称为通道（channel）。三维数组也被称为 3D 张量，依此类推。

3D 数组的构造请参考如下代码。

```
In [19]: arr2 = np.arange(30).reshape(2,3,5)    #重构数组为 2 通道 3 行 5 列
In [20]: arr2
Out[20]:
array([[[ 0,  1,  2,  3,  4],
        [ 5,  6,  7,  8,  9],
        [10, 11, 12, 13, 14]],
```

① 请读者思考，如何获取每个数组一共占用的内存大小。

② 读者可对比 Out[3]处的输出。

```
[[15, 16, 17, 18, 19],
 [20, 21, 22, 23, 24],
 [25, 26, 27, 28, 29]]])
In [21]: arr2.shape                      #输出验证 arr2 的尺寸
Out[21]: (2, 3, 5)
```

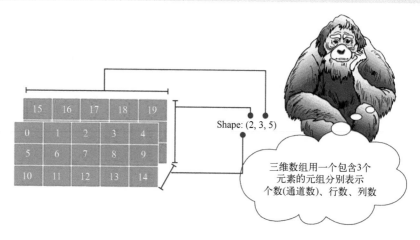

图 1-5   三维数组的形状

1.4   如何生成 NumPy 数组

NumPy 最重要的一个特点就是支持 *N* 维数组对象 ndarray。将向量和矩阵拓展到更高维度的多维数组，就是张量（tensor）。ndarray 对象与列表有相似之处（如都支持切片技术），但也有着显著区别。构成列表的元素是"大杂烩"，其中的元素类型"有教无类"，可以是字符串、数值、字典、元组中的一种或多种，但是 NumPy 数组中的元素则显得"纯洁"很多，它的元素类型必须"从一而终"，即只能是同一数据类型。这种数据类型的"纯洁性"，保障了 NumPy 批量操作的"可行性"。

ndarray 有很多列表没有的特性。比如，ndarray 可以与标量进行运算，ndarray 对象之间也可以进行向量化运算。ndarray 在运算时，具有广播能力。ndarray 底层使用 C 程序编写，运算速度快。此外，其存储方式（紧凑存储）也类似于 C 程序中的数组，因此节省内存空间。

定义

张量是多维数组，是将向量、矩阵推向更高维度的一种统一的、抽象的概念。

1.4.1   利用序列生成

生成 NumPy 数组最简单的方式，莫过于利用 array 方法。array 方法可以接收任意与数组类似（array-like）的类型（如列表、元组等）作为数据源。

```
In [1]: import numpy as np              #导入 NumPy 软件包
In [2]: data1 = [6, 8.5, 9, 0]          #构建一个列表
In [3]: arr1 = np.array(data1)          #列表充当数组的数据源
In [4]: arr1                            #输出验证
Out[4]: array([6. , 8.5, 9. , 0. ])
In [5]: arr1.dtype                      #默认保存为双精度（64 bit）浮点数
Out[5]: dtype('float64')
```

从 Out [5]的输出可以看出，数组 arr1 是 float64 类型，这是因为数组中有一个元素为 8.5，该元素是一个浮点数，基于"就高不就低"原则，因此整个数组都转换为精度更高的 64 位浮点数。当然，我们也可以用 astype 方法显式指定被转换数组的数据类型。

注意！

In[6]中的 arr1.astype (np. int32)等价为 arr1. astype ('int32')。

```
In [6]: arr1_int = arr1.astype(np.int32)    #转换为 32 位整型数
In [7]: arr1_int                            #输出验证
Out[7]: array([6, 8, 9, 0], dtype=int32)
```

如果数据序列是嵌套的且嵌套序列是等长的，则通过 array 方法可以把嵌套的序列转为与嵌套级别适配的高维数组。

```
In [8]: data2 = [[1, 2, 3, 4], [5, 6, 7, 8]]    #这是一个两层嵌套列表
In [9]: arr2 = np.array(data2)                  #转换为一个二维数组
In [10]: arr2
Out[10]:
array([[1, 2, 3, 4],
       [5, 6, 7, 8]])
```

事实上，我们还可以利用 NumPy 中的 asarray 方法将数据源（如列表）转换为数组。

注意！

array 方法与 asarray 方法都可以将结构数据转化为 ndarray，二者的主要区别在于当数据源是 ndarray 时，array 方法仍会复制出一个副本，占用新的内存，而 asarray 方法默认不会。

```
In [11]: data3 = [6, 7, 8, 9]               #这是一个列表
In [12]: arr3 = np.asarray(data3)
In [13]: arr3
Out[13]: array([6, 7, 8, 9])
In [14]: type(arr3)
Out[14]: numpy.ndarray
```

1.4.2 利用特定方法生成

除了利用数据序列构造 NumPy 数组，我们还可以使用特定的方法，如 np.arange 来构造 NumPy 数组，该方法的使用在前文已经有所涉及，其原型如下。

```
arange(start, stop, step, dtype)
```

arange 根据 start 与 stop 指定的范围及 step 设定的步长生成一个 ndarray

对象。start 为起始值，默认为 0；stop 为终止值。取值区间是左闭右开的，即 stop 这个终止值是不包括在内的。step 为步长，如果不指定，默认值为 1。dtype 用于指明返回 ndarray 的数据类型，如果没有提供，则会使用输入数据的类型。

```
In [1]:import numpy as np
In [2]: arr3 = np.arange(10)        #生成从 0～9 的 ndarray 数组
In [3]: print(arr3)
[0 1 2 3 4 5 6 7 8 9]
```

arange 方法的使用与 Python 的内置方法 range 十分类似。两者都能均匀地等分区间，但 range 返回的仅仅是 range 对象，可将其视作一个迭代器，只能用于 for/while 循环中。

```
In [4]: arr4 = range(10)
In [5]: print(arr4)                 #range 对象无法直接输出
range(0, 10)
```

但 np.arange 返回的数组不仅可以直接输出，还可以当作向量，参与到具体的向量运算中。

```
In [6]: arr3 = arr3 + 1             #将 arr3 中的每个元素都加 1
In [7]: arr3
Out[7]: array([ 1,  2,  3,  4,  5,  6,  7,  8,  9, 10])
```

需要说明的是，在 In [2]处，arr3 生成一个包含 10 个元素的向量[0, 1, 2, 3, 4, 5, 6, 7, 8, 9]；在 In [6]处，它与标量"1"实施相加操作。原本在向量"尺寸上"二者是不适配的，之所以能成功实施加法，是因为利用了"广播"机制。广播操作将这个标量"1"扩展为等长的向量[1, 1, 1, 1, 1, 1, 1, 1, 1, 1]，扩充后二者的维度是"门当户对"的，所以 NumPy 才实施了对应的加法。关于"广播"机制，后面的章节会详细介绍。

虽然 np.arange 和 range 都可以指定生成数据的步长，但是 range 方法无法将步长设置为浮点数，而 np.arange 可将步长设置为任意实数值。

```
In [8]: np.arange(0,10,0.5)                  #步长设置为 0.5
Out[8]:
array([0. , 0.5, 1. , 1.5, 2. , 2.5, 3. , 3.5, 4. , 4.5, 5. , 5.5, 6. ,
       6.5, 7. , 7.5, 8. , 8.5, 9. , 9.5])

In [9]: range(0,10,0.5)                       #错误，range 的步长必须是整数
-----------------------------------------------------------------------
TypeError                                 Traceback (most recent call last)
<ipython-input-9-eeb741842f02> in <module>
----> 1 range(0,10,.5)
TypeError: 'float' object cannot be interpreted as an integer
```

当我们想在指定区间内生成指定个数的数组时，如果利用 np.arange 生成，则需要手动计算出函数中所需的步长。但实际上大可不必这么麻烦，np.linspace 方法就是为了解决这一问题而设计的。

```
In [10]: array = np.linspace(1,10,20)
In [11]: print(array)
[ 1.    1.47368421  1.94736842  2.42105263  2.89473684  3.36842105
  3.84210526  4.31578947  4.78947368  5.26315789  5.73684211  6.21052632
  6.68421053  7.15789474  7.63157895  8.10526316  8.57894737  9.05263158
  9.52631579 10.  ]
```

代码 In [10]处使用 np.linspace 在区间[1,10]中生成 20 个等间隔的数据。该方法的前两个参数（start 和 stop）分别指明生成元素的上下区间，第三个参数（num）确定上下限之间均匀等分的数据个数，默认包括终值 stop。如果不想包括终值，则需要设置参数 endpoint=False。

在本质上，np.linspace 生成的是线性的等差数列，等差值就是 step。step 是由 NumPy 根据公式(stop−start)/num 自动推算出来的。如果我们想生成等比数列，则需要借助 np.logspace，代码如下。

```
In [12]: np.logspace(0, 3.0, num = 4)
Out[12]: array([   1.,   10.,  100., 1000.])
```

> 💡 注意
>
> logspace 可以通过 base 参数指定基数。如 base = 2 指定基数为 2。

在 logspace 的参数中，第一个参数 start 和第二个参数 stop 分别表示 10 的幂（默认基数是 10）开始和终止的地方，第三个参数是从 start 到 stop 中间等分的元素个数。上述代码在如下分解过程中等价。

```
In [13]: y = np.linspace(1.0, 3.0, num = 4)     #在 10¹~10³ 区间 4 等分
In [14]: y                                       #输出验证
Out[14]: array([0., 1., 2., 3. ])
In [15]: np.power(10, y).astype('float64')       #以 10 为底的 y 幂的指数
Out[15]: array([ 1. ,  10. , 100., 1000.  ])
```

1.4.3　利用其他常用方法

除了可以利用 np.arange、np.linspace 等方法来生成或重构多维数组，还可以利用 np.zeros、np.ones 等方法生成指定维度和填充固定数值的数组。其中，np.zeros 方法生成的数组以 0 来填充，np.ones 生成的数组由 1 来填充，它们通常用来对某些向量进行初始化。

```
In [1]: import numpy as np
In [2]: zeros = np.zeros((3,4))          #生成尺寸为 3×4 的二维数组，元素均为 0
In [3]: zeros
Out[3]:
array([[0., 0., 0., 0.],
       [0., 0., 0., 0.],
       [0., 0., 0., 0.]])
```

读者可能会对 In [2]处的代码有所疑惑，数组尺寸参数 3 和 4 为什么要用两层括号包裹呢？实际上，应将内层的(3,4)整体视为一个匿名元组对象，np.zeros((3,4))等价于 np.zeros(shape = (3,4))，在 shape 参数处需要通过一个元组或列表来指明生成数组的尺寸。这里，关键字参数"shape="可以省略。

为了避免内部圆括号带来的困扰，我们推荐使用以方括号([ ])为形状特征的列表来表示数组的尺寸，代码如下。

```
In [4]: zeros = np.zeros(shape = [3,4])     #生成尺寸为 3×4 的二维数组 ，元素均为 0
Out[4]:
array([[0., 0., 0., 0.],
       [0., 0., 0., 0.],
       [0., 0., 0., 0.]])
```

In [4]处的代码等价于 np.zeros([3,4])。类似地，我们可以用 np.ones 生成指定尺寸、元素全为 1 的数组，代码如下。

```
In [5]: ones_ = np.ones(shape = [3,4], dtype = float)
In [6]: ones_
Out[6]:
array([[1., 1., 1., 1.],
       [1., 1., 1., 1.],
       [1., 1., 1., 1.]])
```

除了可设置数组元素内容，还可以用 dtype 参数设置元素的类型，如在 In [5]处，将元素设置为浮点数 float，每个 float 对象都为 1.0。请注意，"shape ="字样同样可以省略，且 float 不用双引号引起来。

此外，我们还可以利用 np.eye 或 np. identity 生成单位矩阵，即返回一个对角线元素全为 1、其他元素全为 0 的二维数组。

```
In [7]: np.identity(3)
Out[7]:
array([[1., 0., 0.],
       [0., 1., 0.],
       [0., 0., 1.]])
In [8]: np.eye(3, dtype=int)      #设置单位矩阵的类型
Out[8]:
array([[1, 0, 0],
       [0, 1, 0],
       [0, 0, 1]])
```

我们还可以用 np. empty 方法返回一个给定尺寸和类型的空数组。

```
In [9]: np.empty([2, 2])                    #产生 2 行 2 列的空值
Out[9]:
array([[ 1.28822975e-231, -3.11108984e+231],
       [-2.32035681e+077,  2.82472291e-309]])
In [10]:np.empty([2, 2], dtype = int)  #产生 2 行 2 列的整型空值
Out[10]:
array([[-1073741821, -1067949133],
       [  496041986,    19249760]])
```

需要说明的是，np. empty 方法在字面意思上返回的是空值数组，但数组内的值并非为空，不过是未经初始化的随机值罢了。

np.full 方法也比较常用。顾名思义，它的功能就是为给定形状和类型的新数组赋值，所赋的值用 fill_value 参数设置。

> 注意
>
> empty 与 zeros 不同，并不会将数组的元素值设定为 0，因此理论上运行速度会快一些。

```
In [11]: np.full((2, 2), 10)  #生成一个 2 行 2 列的数组，其值全为 10
Out[11]:                      #等价于 np.full((2, 2), fill_value = 10)
array([[10, 10],
       [10, 10]])
```

事实上，还有一类生成向量的方法，该方法的核心思想可概括为"借壳上市"，它会借用某个给定张量的"壳"，如数据类型、数据尺寸（即维度信息），但其中的"瓤"，即所有元素却被替换了。例如，一种生成全 0 张量的方法是 np.zeros_like(array)，该方法借鉴参数 array 的类型或尺寸，不过其中的数据都被置换为 0，这也是"zero_like"名称的来源，代码如下。

```
In [12]: array = np.array([[1, 2, 3.0], [4, 5, 6]])
In [13]: array                                    #输出验证
Out[13]:
array([[1., 2., 3.],
       [4., 5., 6.]])
In [14]: array.dtype
Out[14]: dtype('float64')
In [15]: b_zeros = np.zeros_like(array)    #借用 array 的类型和尺寸
In [16]: b_zeros                #输出验证，内部原始元素全部变为 0
Out[16]:
array([[0., 0., 0.],
       [0., 0., 0.]])
In [17]: b_zeros.dtype
Out[17]: dtype('float64')
```

与 zero_like 非常相似的一个操作是 ones_like，它的功能也是将数组中的元素都填充为 1，与 zeros_like 一样，这个数组的尺寸信息和数据类型来

自一个给定数组。

```
In [18]: arr = np.arange(6)              #创建一个一维数组，数组元素为 0、1、…、5
In [19]: arr = arr.reshape(2, 3)         #将 x 的尺寸重构为(2,3)，即两行三列
In [20]: arr                             #显示 arr 的内容
Out[20]:
array([[0, 1, 2],
       [3, 4, 5]])
In [21]: np.ones_like(arr)               #产生尺寸信息为(2,3)但全部元素为 1 的数组
Out[21]:
array([[1, 1, 1],
       [1, 1, 1]])
```

与 zeros_like、ones_like 具有类似功能的方法还有以下两个。

- empty_like：产生和给定数组尺寸和类型相同的数组，但该数组中的元素没有被初始化（uninitialized），它可以被认为是一个"万事俱备，只欠数据"的数组（张量）。
- full_like：产生和给定数组尺寸和类型相同的数组，该数组中的元素都被初始化为某个特定值。

1.5 NumPy 中的随机数生成

除了生成指定元素的 N 维数组，NumPy 中也含有随机数模块，即 random 模块。numpy.random 模块中提供了大量与随机数相关的函数。

随机数是由随机种子根据一定的规则计算出来的数值。因此，只要计算方法一定、随机种子一定，那么产生的随机数就不会变。若不设定随机种子，随机数生成器会将系统时间作为随机种子来生成随机数。下面我们使用一个范例来具体了解 NumPy 中的 random 模块。

范例 1-1　NumPy 中的 random 模块（numpy_random.py）

```
01   import numpy as np                  #导入 NumPy
02
03   rdm = np.random.RandomState()       #定义种子类
04   #np.random.seed(19680101)           #定义全局种子，与上面的取一种即可
05
06   #生成 2×3 的二维随机数组，随机数均匀分布，有几个参数就生成几维数据
07   rand = np.random.rand(2,3)
08   print("rand(d0,d1,...,dn):产生服从均匀分布的随机数\n",rand)
09
10   randn = np.random.randn(2,3)        #生成 2×3 的二维随机数组，随机数服从标准正态分布
11   print("randn(d0,d1,...,dn):产生标准正态分布的随机数\n",randn)
```

```
12
13    randint = np.random.randint(1,10,(2,3))      #生成 2×3 的 1～10 范围内的随机整数
14    print("randint(low,high,size,dtype):产生随机整数\n",randint)
15
16    random = np.random.random((2,3))
17    print("random(size):在[0,1)内产生随机数\n",random)
```

运行结果

```
rand(d0,d1,...,dn):产生均匀分布的随机数
 [[0.87057637 0.05929263 0.3380323 ]
 [0.40045436 0.83160874 0.57788488]]
randn(d0,d1,...,dn):产生标准正态分布的随机数
 [[-1.45930643 -0.5270492   0.75118004]
 [ 0.88328798 -0.63944759  0.77902815]]
randint(low,high,size,dtype):产生随机整数
 [[9 8 2]
 [4 6 5]]
random(size):在[0,1)内产生随机数
 [[0.10403689 0.58242245 0.52686065]
 [0.43098811 0.9953507  0.61691354]]
```

代码分析

【范例 1-1】主要介绍了 NumPy 中 random 模块的基本使用方法。第 03 行和第 04 行代码都可以定义随机种子，选其中一种方式即可。这里给了两种方法，但只有最后设置的有效（当第 03 行和第 04 行并存时，第 03 行的设置效果会被覆盖）。其中，第 03 行代码中的 np.random 是一个常用随机数类，它下属的方法 RandomState 提供了设置随机种子的方法，其中的参数 19680101 为随机种子。如前所述，如果随机种子固定，那么产生的随机数就固定。设置随机种子的目的是确保随机数的生成"固化"，这有什么意义呢？是这样的，在机器学习中，如果设置某个随机数种子，那么每次基于随机数生成的训练样本或测试样本具有"可重现性"，以便后期进行对比与分析。如果不考虑可重现性，则不用设定随机数种子。

如果不指定随机种子（不设置参数），那么系统会把时间作为随机种子，由于时间如流水一般，"逝者如斯夫，不舍昼夜"，每时每刻的时间都不同，即随机种子不同，所以每次产生的随机数都不同。

实际上，np.random.rand 函数（第 07 行）与 np.random.random 函数（第 16 行）的功能也是相同的，都是在[0,1)内生成服从均匀分布的随机数，只不过参数不同而已。np.random.rand 中的参数表示，所生成随机数数组的尺寸信息是直接给出的，每个维度占据一个参数位置，rand 支持对不确定参数赋值，二维数组就有两个参数，三维数组就有三个参数，依此类推。

相比而言，在利用 np.random.random 指定随机数数组尺寸信息时，需要把维度信息打包为一个元组，元组内部的每个元素都代表一个维度的信息，元组的长度就是数组的维度。

有了 rand 和 random 这两个函数，我们只要用(b – a) * np.random.rand() *a，就可以生成[a,b)范围内的随机数了。np.random.randn（第 10 行）的用法和 np.random.rand 类似，不同的是，randn 产生的随机数不再服从均匀分布，而服从正态分布，函数名末尾的"n"就是"normal"（正态）的简写。

前面介绍的函数，产生的都是[0,1)内的随机小数。那么能不能直接生成随机整数呢？当然是可以的。randint 方法就是完成这项工作的，其原型如下。

```
numpy.random.randint(low, high = None, size = None, dtype = 'l')
```

randint 函数末尾的"int"是"integer"（整数）的简写，它返回的随机整数范围为[low,high)，包含下限 low，但不包含上限 high。参数 low 为最小值，high 为最大值，size 为数组维度，dtype 为数据类型，默认的数据类型是 np.int。倘若 high 没有填写，默认生成随机数的范围就是[0,low)。size 是可选项，如果不设置，则仅生成一个随机整数；如果想生成多个随机整数，则需要用一个元组来指定随机整数数组的维度信息。

1.6　NumPy 数组中的运算

在本节中，我们将讨论 NumPy 中的各种基本运算，包括向量运算、算术运算、逐元素运算（element-wise）等。

1.6.1　向量运算

假设有如下两个列表，现在我们的任务是求以下它们对应元素的和。

```
In [1]: list1 = [1,2,3,4,5,6,7,8,9,10]
In [2]: list2 = [11,12,13,14,15,16,17,18,19,20]
```

除了利用 for 循环，我们还可以用列表推导式来完成这个任务，代码如下所示。

```
In [3]: list3 = [ item1 + item2 for item1, item2 in zip(list1,list2)]
In [4]: list3
Out[4]: [12, 14, 16, 18, 20, 22, 24, 26, 28, 30]
```

在上述代码 In [3]处，虽然我们实现了两个列表的对应元素求和，但代码可读性并不强，且对读者的编程技巧要求较高。为了使代码简洁，这时就可以请出数值处理的"专业选手"——NumPy 了。

通过前面的学习，我们知道，可以通过已有的列表（内部元素需要统一数据类型）来创建数组。因此，利用 NumPy 对列表元素求和的代码如下。

```
In [5]: list1_arr = np.array(list1)      #将 list1 转换成 ndarray
In [6]: list2_arr = np.array(list2)      #将 list2 转换成 ndarray
In [7]: list_sum = list1_arr + list2_arr  #求和
In [8]: print(list_sum)
Out[8]: [12, 14, 16, 18, 20, 22, 24, 26, 28, 30]
```

In [5]和 In [6]处分别将两个列表转换成了 NumPy 数组。一旦列表被转换成数组，就可以直接用加号（+）逐元素对相应元素求和，这就是我们常用的向量化运算。自然，如果加法可以这么做，那么基于 NumPy 数组的减法、乘法、除法等各种数学运算都可以这么高效地完成，这就是专业的力量！

说明

对 C++比较熟悉的读者应该知道，用"+"对两个数组向量进行相加操作，实际上完成的是一次运算符重载。

1.6.2 NumPy 中的通用函数

作为"久经考验"的数值计算包，NumPy 中有一套十分成熟的算术运算函数——"通用函数"（或简称 ufunc）。ufunc 是 universal function 的缩写，它是一种能对数组的每个元素进行操作的函数。事实上，ufun 是一批 NumPy 函数的合集。许多内置函数都是在编译的 C 代码中实现的，因此它们的计算速度非常快。表 1-1 列出了 NumPy 中部分常用的通用函数。

表 1-1 NumPy 中部分常用的通用函数

函数名称	函数功能
add、subtract、multiply、divide	逐元素进行两个序列对应的加、减、乘、除操作
matmul	计算两个数组的矩阵积
sqrt	以元素方式返回数组的非负平方根
power	第一个数组元素从第二个数组提升为幂，按元素排序
sin、cos、tan	计算三角函数的正弦、余弦、正切
abs	计算序列化数据的绝对值
log、log2、logl0	计算输入数组的对数，分别为自然对数、以 2 为底的对数、以 10 为底的对数
exp、exp2	计算输入数组中所有元素的指数
cumsum、cumproduct	累计求和、求积
sum	对一个序列化数据进行求和
mean、median	计算均值、计算中位数
std、var	计算标准差、计算方差
corrcoef	计算相关系数

乍一看，表 1-1 中的函数与 Python 中的 math 模块中的函数在函数名与功能上都所差无几。但"魔鬼藏在细节里"，math 模块中的函数是针对标量（scalar）而言的，而 ufunc 中的函数是面向张量（tensor）而言的。

举例来说，如果我们要求解一万个数值的平方根，那么 math 模块中的 sqrt 函数不得不循环一万次，每次计算一个数值（即标量）；而 NumPy 中的 sqrt 函数无须利用循环操作，输入的是一万个数值，输出的就是这一万个数值的平方根。

也就是说，ufunc 是一个函数的"向量化"包装器，它接收固定数量的特定输入并产生固定数量的特定输出，简单来说，就是"张量进，张量出（tensor in, tensor out）"，输入一组张量，输出的是另一组张量，中间经过了 ufunc 函数的加工处理，如图 1-6 所示。这种张量思维，在机器学习、深度学习中非常重要。

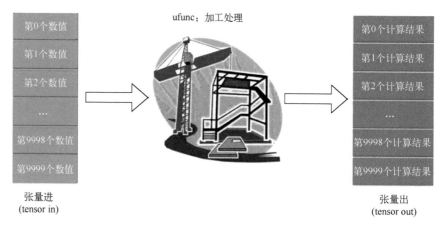

图 1-6 NumPy 中的张量思维

ufunc 函数的相关示例如下。

```
In [1]: import numpy as np
In [2]: A = np.ones(3) * 1        #张量A的值为[1., 1., 1.]
In [3]: B = np.ones(3) * 2        #张量B的值为[2., 2., 2.]
In [4]: C = np.add(A, B)
In [5]: print(C)                  #验证张量C的值
[3. 3. 3.]
```

上述代码的功能实现张量 A 和 B 的按位求和，用到了 np.add 方法。事实上，这个方法还有第三个参数 out，合理使用该参数可以节省内存，例如，我们要计算张量 A 和 B 的和，无须为求和得到的值重新开辟一块内存（如 In [4]中的 C），而是直接将其存储到 B，覆盖 B 原有的值，这样就节省了部分空间（因为无须额外使用张量 C）。

```
In [6]: np.add(A, B, out = B)
In [7]: print(B)
[3. 3. 3.]
```

类似地，如果我们想对张量 A 中的每个值都取相反数，也无须重新开辟空间，借用 out 参数，在本地（in place）操作即可。

```
In [8]: np.negative(A, out = A)
Out[8]: array([-1., -1., -1.])
```

1.6.3　逐元素运算与点乘运算

表 1-1 中的通用计算函数还有很多简化版，即利用运算符（相当于 C++中的运算符重载）代替函数名来实施张量运算，如 "+" 代替 add，"-" 代替 subtract，"*" 代替 multiply，诸如此类，如以下代码所示。

```
In [1]: import numpy as np
In [2]: a = np.arange(10)              #生成一维 ndarray 数组，长度为 10
In [3]: b = np.linspace(1,10,10)       #生成一维 ndarray 数组，长度为 10
In [4]: a                              #输出验证
Out[4]: array([0, 1, 2, 3, 4, 5, 6, 7, 8, 9])
In [5]: b                              #输出验证
Out[5]: array([ 1., 2., 3., 4., 5., 6., 7., 8., 9., 10.])
In [6]: a + b                          #对数组做加法运算
Out[6]: array([ 1., 3., 5., 7., 9., 11., 13., 15., 17., 19.])
In [7]: a - b                          #对数组做减法运算
Out[7]: array([-1., -1., -1., -1., -1., -1., -1., -1., -1., -1.])
In [8]: a * b                          #对数组做乘法运算
Out[8]: array([ 0., 2., 6., 12., 20., 30., 42., 56., 72., 90.])
In [9]: a / b                          #对数组做除法运算
Out[9]:
array([0.        , 0.5       , 0.66666667, 0.75      , 0.8       ,
       0.83333333, 0.85714286, 0.875     , 0.88888889, 0.9       ])
In [10]: a % b                         #对数组做取余运算
Out[10]: array([0., 1., 2., 3., 4., 5., 6., 7., 8., 9.])
In [11]: a ** 2                        #对数组做平方运算
Out[11]: array([ 0, 1, 4, 9, 16, 25, 36, 49, 64, 81])
```

从上面的运算与输出可以看出，NumPy 吸纳了 Fortran 或 MATLAB 等语言的优点，只要操作数组的形状（维度）一致，我们就可以很方便地对它们 "逐元素"（element-wise）实施加、减、乘、除、取余、指数运算等操作。

"逐元素" 到底是什么意思呢？以加法（a+b）为例，它指的是数组 a 中第 1 行第 1 列的数值 "0" 和数组 b 中第 1 行第 1 列的数值 "1.0" 相加得到 1.0，数组 a 中第 1 行第 2 列的数值 "1" 和数组 b 中第 1 行第 2 列的数值 "2.0" 相加得到 3.0，位置一一对应，实施相同的运算，直至抵达元素的尽头。显然，这种"元素对元素"的操作要求两个操作对象的尺寸必须完全一致，否则"一对一"的操作就无从谈起。

1.6.4 向量的内积与矩阵乘法

你知道吗？

内积（inner product）也可称作点乘/点积（dot product）。

向量内积（inner product）和矩阵乘法在数值运算（特别是机器学习）中扮演着非常重要的角色，值得我们单独讨论一番。向量内积可以表示为

$$\boldsymbol{x} \cdot \boldsymbol{y} = x_1 y_1 + x_2 y_2 + \cdots + x_n y_n \tag{1.1}$$

这里假设有 $\boldsymbol{x} = (x_1, \cdots x_n)$ 和 $\boldsymbol{y} = (y_1, \cdots y_n)$ 两个向量，二者维度相等。向量内积就是两个向量对应元素的乘积之和。在 NumPy 中实现内积需要使用 np.dot 方法。

```
In [12]: a = np.array([1, 2, 3])
In [13]: b = np.array([4, 5, 6])
In [14]: np.dot(a,b)
Out[14]: 32
```

你知道吗？

在 NumPy 中，点积还有更为简洁的运算符 @。In [14] 处代码 np.dot(a,b) 等价于 a@b。"@" 远远看去就如同靶心一点，用 "@" 表示点积，是不是也很形象？

按照内积的定义，Out[14] 处的 32 是这样计算得到的：$1 \times 4 + 2 \times 5 + 3 \times 6 = 32$。

下面我们来讨论矩阵的乘法。矩阵乘法的核心操作其实也是内积，与向量内积有所不同的是，它通过左侧矩阵的行向量（水平方向）和右侧矩阵的列向量（垂直方向）实施内积操作（即对应元素的乘积之和），这就要求左侧矩阵的列数要与右侧矩阵的行数相同，如图 1-7 所示。

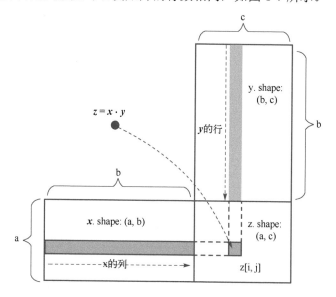

图 1-7　数学意义上的矩阵乘法（内积）运算规则

如果上述解释还不够形象直观，我们再以两个二维矩阵（矩阵 A 和矩阵 B）为例说明其计算过程，其乘法公式如图 1-8 所示。

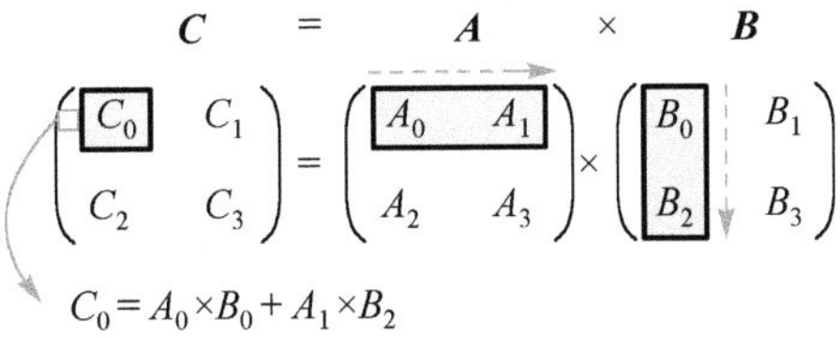

$$C = A \times B$$

$$\begin{pmatrix} C_0 & C_1 \\ C_2 & C_3 \end{pmatrix} = \begin{pmatrix} A_0 & A_1 \\ A_2 & A_3 \end{pmatrix} \times \begin{pmatrix} B_0 & B_1 \\ B_2 & B_3 \end{pmatrix}$$

$$C_0 = A_0 \times B_0 + A_1 \times B_2$$
$$C_1 = A_0 \times B_1 + A_1 \times B_3$$
$$C_2 = A_2 \times B_0 + A_3 \times B_2$$
$$C_3 = A_2 \times B_1 + A_3 \times B_3$$

图 1-8 矩阵乘法公式

结果矩阵 C 中的值，都是 A 每行中的数字对应乘以 B 每列的数字，再把结果相加起来，用数学的语言描绘，就是内积（点积）操作。

因此，在 NumPy 中，矩阵乘法也可以用 np.dot 方法来实现（这也是点积 dot 方法的命名由来），当操作对象是两个一维数组时，np.dot 用于计算向量内积；但当参数都是二维数组时，np.dot 用于计算矩阵乘积，示例代码如下。

```
In [15]: a = np.arange(9).reshape(3,3)
In [16]: a                              #输出验证
Out[16]:
array([[0, 1, 2],
       [3, 4, 5],
       [6, 7, 8]])
In [17]: b = np.ones(shape = (3,2))
In [18]: b                              #输出验证
Out[18]:
array([[1., 1.],
       [1., 1.],
       [1., 1.]])
In [19]: np.dot(a,b)                    #矩阵乘积
Out[19]:
array([[ 3.,  3.],
       [12., 12.],
       [21., 21.]])
```

在上述代码中，二维数组 a 的形状为 3×3，b 的形状为 3×2，二者点

乘的结果形状为 3×2,消除了中间过渡的维度 3。根据如图 1-8 所示的公式可得:输出矩阵的第 1 行第 1 列的值为 3,是矩阵 a 的第 1 行数据与矩阵 b 第 1 列的点积,即 3=0×1+1×1+2×1。类似地,输出矩阵第 2 行第 1 列的值为 12,是矩阵 a 的第 2 行数据与矩阵 b 第 1 列的点积,即 12=3×1+4×1+5×1,依此类推。除了使用 dot 方法可以对数组进行点乘,直接将数组 a 和数组 b 显式转化为矩阵形式,然后直接相乘(*),也可得到与点乘相同的结果,代码如下。

```
In [20]: a = np.mat(a)       #将数组 a 转化成矩阵 a
In [21]: a                   #输出验证
Out[21]:
matrix([[0, 1, 2],
        [3, 4, 5],
        [6, 7, 8]])
In [22]: b = np.mat(b)       #将数组 b 转化成矩阵 b
In [23]: b                   #输出验证
Out[23]:
matrix([[1., 1.],
        [1., 1.],
        [1., 1.]])
In [24]: a * b               #此时矩阵 a 和矩阵 b 之间实施的是点乘运算
Out[24]:
matrix([[ 3.,  3.],
        [12., 12.],
        [21., 21.]])
```

在 In [20]和 In [22]处,我们先后将数组 a 和 b 转化为矩阵类型,这时 In [22]处的 a * b 就表示矩阵乘法,而非数组的逐元素(element-wise)乘法。

1.7 NumPy 中的广播机制

在前面的章节中我们学到,在 NumPy 中,如果对两个数组实施加、减、乘、除等运算,参与运算的两个张量需形状相同,然后做逐元素计算。但这是必需的吗?答案是:未必如此。一句话,维度若不够,广播来凑数。

1.7.1 广播的本质

在 NumPy 中,当两个数组的形状不相同时,可扩充较小数组中的元素来适配较大数组的形状,这种机制称为广播(broadcasting)。广播机制的本质就是张量自动扩展,它是一种轻量级的张量复制手段。之所以说这种复制是"轻量级"的是因为，广播机制仅仅在逻辑上改变了张量的尺寸，只待实际需要时，才真正实现张量的赋值和扩展。这种优化流程节省了大量计算资源，并由计算框架（如 NumPy）隐式完成，用户无须关心实现细节。

广播主要发生在两种情况下，一种情况是，如果两个张量的维数不相等，但是它们的后缘维度的轴长相符。所谓后缘维度（trailing dimension），是指从末尾开始算起的维度。另外一种情况是，如果两个张量的后缘维度不同，则有一方的维度为1。下面我们来讨论发生广播行为的几种典型情况。

1.7.2 "低维有 1"情况下的广播

我们先来讲解"低维有 1"的情况。"低维有 1"是指如果两个运算的向量尺寸不匹配，维度低的向量维度为 1，则它就可以通过广播达到数值的扩展。下面我们通过代码来了解这类情况。

```
In [1]: import numpy as np
In [2]: x = np.array([1, 2, 3])
In [3]: y = 2
In [4]: x.shape
Out[4]: (3,)
In [5]: x + y
Out[5]: array([3, 4, 5])
```

在 In [5]处，我们要实现的功能是，把一个长度为 3 的 1D 向量 [1, 2, 3]和一个标量 2（元素个数只有 1 个）相加，显然二者在尺寸上"门不当，户不对"。难道二者就不能相加吗？自然不是，通过广播机制，标量（维度为 1）将被拉伸为一个尺寸为(3,)的向量，如图 1-9 所示。

图 1-9   "低维有 1"情况下的广播

标量 y 拉伸后的张量尺寸与张量 x 的尺寸完全适配，在拉伸过程中，所有元素都是复制拉伸前的元素，标量（2）就像被广播出去一样，传递到所有空缺的位置。

1.7.3 "后缘相符"情况下的广播

在二维数组中，广播规则同样适用，不过是传播复制的粒度（granularity）不一样罢了，请参见如下代码。

注意

在计算机领域，所谓粒度是指操作数据的最小单位。

```
In [6]: a = np.array([[0, 0, 0],
                       [1, 1, 1],
                       [2, 2, 2],
                       [3, 3, 3]])
In [7]: b = np.array([1, 2, 3])
In [8]: a.shape
Out[8]: (4, 3)
In [9]: b.shape
Out[9]: (3,)
In[10]: a + b
Out[10]:
array([[1, 2, 3],
       [2, 3, 4],
       [3, 4, 5],
       [4, 5, 6]])
```

上述代码实现的示意图如图 1-10 所示，a 是一个尺寸为(4,3)的 2D 向量，b 是个尺寸为(3,)的 1D 向量，二者在维度尺寸上也是不匹配的，但是它们的后缘维度相等，a 的最后一个维度为 3，和 b 的最后一个维度相等。

为了让计算得以进行，NumPy 就把张量 b 以"行"为粒度单位进行拉伸复制，从而把向量 b 的尺寸也变成了(4,3)。广播之所以能够成功发生，就是因为这两个张量的尺寸虽然不一致，但从维度尾部来看，都是以"3"结尾，符合"后缘相符"的广播要求。

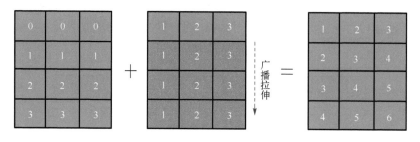

图 1-10　后缘维度的轴长相符情况下的广播

1.7.4 "后缘不符但低维有 1"情况下的广播

广播机制还支持对两个向量同时扩展，以适应对方的维度，示意图如图 1-11 所示，实现的具体代码如下。

```
In [11]: c = np.arange(3).reshape((3,1))
In [12]: c.shape
Out[12]: (3, 1)
```

```
In [13]: d = np.arange(3)
In [14]: d.shape
Out[14]: (3,)
In [15]: c + d
Out[15]:
array([[0, 1, 2],
       [1, 2, 3],
       [2, 3, 4]])
```

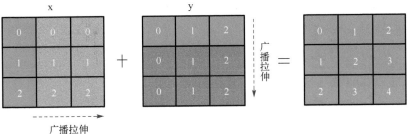

图 1-11　两个张量彼此适应的广播

细究上述代码，可以看到，数组 c 的尺寸为(3,1)，即 3 行 1 列，数组 d 的尺寸为(3,)，即 3 列，虽然它们在尺寸不匹配，但它们的尾部维度的尺寸一个为 1，一个为 3。因为张量 c 的尾部尺寸为 1，也符合张量广播的条件，于是张量 c 和 d 彼此延展来适应对方的尺寸，相让路自宽，c + d 之间的张量相加得以完成。

请读者思考下面的情况，看看 arr1 和 arr2 是否能够广播成功。

```
In [16]: arr1 = np.array([[ 0.0,  0.0,  0.0],          #shape：(4,3)
                          [10.0, 10.0, 10.0],
                          [20.0, 20.0, 20.0],
                          [30.0, 30.0, 30.0]])
In [17]: arr2 = np.array([0, 1, 2, 3])                 #shape：(4,)
In [18]: arr1 + arr2                                   #是否会广播成功？
```

运行上述代码，会出现如下错误。

```
----------------------------------------------------------------
ValueError                             Traceback (most recent call last)
<ipython-input-42-d972d21b639e> in <module>
----> 1 arr1 + arr2
ValueError: operands could not be broadcast together with shapes (4,3) (4,)
```

上述操作之所以会失败，是因为 arr1 和 arr2 的张量尺寸没有符合广播原则，它们尾部的维度不相符（一个为 3，一个为 4），其中也没有为 1 的维度，示意图如图 1-12 所示。

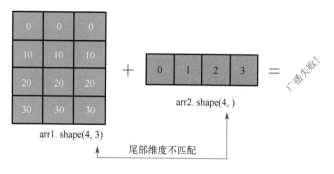

图 1-12　广播失败的案例

通过上述讨论，我们总结一下广播的特征。

- **后缘相符**：如果两个向量在维度上不相符，只要维度尾部对齐相符，则广播就可以得以发生。
- **低维有 1**：如果两个向量的尺寸在维度上不匹配，但有一个向量后缘维度为 1，则需要将维度低的向量进行拉伸，以匹配另一个较大向量的尺寸。
- **扩展维度**：在符合广播条件的前提下，广播机制会为尺寸较小的向量添加一个轴（广播轴），使其维度信息与较大向量的维度信息相同。
- **复制数据**：尺寸较小的向量沿着新添加的轴不断重复之前的元素，直至尺寸与较大的向量相同。

1.8　NumPy 中的轴

利用 NumPy 处理的数据通常是高维张量。"高维"意味着数据呈现角度是多方位的。有时，我们仅需要在某个维度上处理数据，而不是整体处理，这时该如何操作呢？这就要用到 NumPy 的一个核心概念——轴（axes）。有了轴的辅助，我们可以在处理 NumPy 张量上做到"指哪打哪"。

1.8.1　认识轴的概念

类似于笛卡儿坐标系，NumPy 数组也有轴。现在我们以二维向量为例来说明这个概念。二维向量的轴是沿行和列的方向，从 0 开始编号的，因此第一轴实际上是 axis 0，第二轴是 axis 1，依此类推。在可视化观感上，在 2D 张量世界里，axis 0 是向下的行方向轴，axis 1 是沿水平方向的列方向轴，如图 1-13 所示。

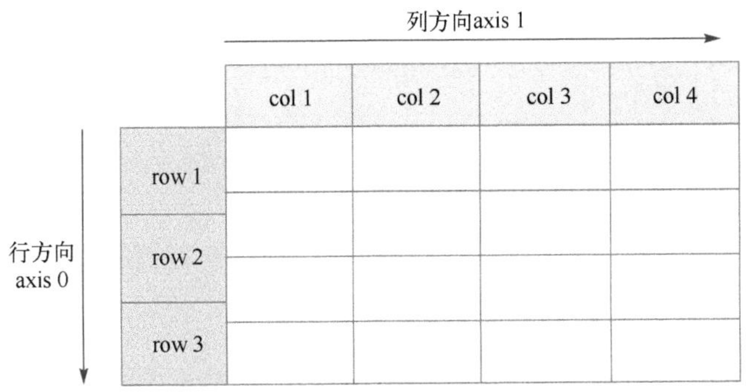

图 1-13　NumPy 中二维张量的轴方向

1.8.2　基于轴的约减操作

在 NumPy 的多维数组中，常有约减（reduce，也有文献译作规约）的提法，它表示将众多数据按照某种规则合并成一个或几个数据。约减之后，数据的总量是减少的。

在这里，约减的减，并非减法之意，而是向量元素的减少。比如，数组的加法操作，实际上就是一种"约减"操作，因为它对张量中的众多元素按照加法指令实施操作，最后合并为少数的一个或几个值。示例代码如下。

```
In [1]:import numpy as np
In [2]: a = np.ones((2,3))        #创建形状为 2×3、元素值均为 1 的矩阵
In [3]: a                         #显示该矩阵
Out[3]:
array([[1., 1., 1.],
       [1., 1., 1.]])
In [4]: a.sum()                   #将 6 个矩阵元素求和后转换成一个元素
Out[4]: 6.0
```

知道了约减的含义后，我们可以推而广之，求 N 维数组的均值（mean）、最大值（max）和最小值（min）等，这些操作都属于约减操作。

但有时，我们会有这样的需求：对指定维度方向的值进行统计，如统计某一行（或列）的和、均值、最大值、最小值等。这时，就需要给约减指令指定方向。

那么该如何指定呢？事实上，sum（求和）、min（最小值）、max（最大值），mean（均值）、median（中位数）等统计函数都有一个名为操作轴（axis）的参数，其默认值为 None，也就是不指定约减方向，它将所有数据都约减为一个元素。如果 axis 的值为 0，则可简单地理解为从垂直轴方

| 数据分析与可视化

向进行约减。如果 axis 的值为 1，则可以简单理解为从水平轴方向进行约减，如图 1-14 所示。

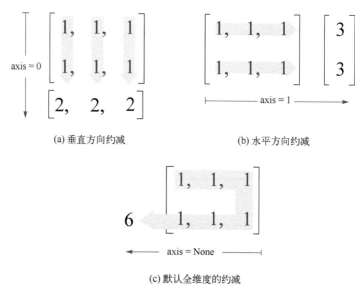

(a) 垂直方向约减　　　　　　　　　(b) 水平方向约减

(c) 默认全维度的约减

图 1-14　根据轴的方向进行约减（以求和为例）

以 np.sum 为例，指定约减方向的示例代码如下。

```
In [5]: a.sum(axis = 0)          #垂直方向约减
Out[5]: array([2., 2., 2.])
In [6]: a.sum(1)                 #垂直方向约减
Out[6]: array([3., 3.])
```

 注意!

张量的"阶（rank）"和张量的轴（axis）是对应的，3 阶（3D）张量有 3 个轴，2 阶（2D）张量有两个轴。轴的个数实际上也是张量的维度，可用 ndim 属性表达。

在 In [5] 处，我们使用关键字参数 axis = 0 显式给出了约减轴的方向为垂直方向；而在 In [6] 处，仅给出整数值 1，它等同于 axis = 1，即在水平方向实施约减，省略参数 "axis = "。

1.8.3　基于轴的各种运算

图 1-13 的解释虽然直观，但也有很大的局限性。这是因为，这种可视化轴的概念在维度不超过 2 时比较容易理解，而且轴 0（axis = 0）表示垂直方向，轴 1（axis = 1）表示水平方向，这是人为强加的。当维度大于或等于 3 时，我们难以找到可直观理解的方向。

所以，更加普适的解释应该是按张量括号层次的方式来理解。张量括号由外到内，对应从小到大的维数。比如，对于一个三维数组[[[1, 1, 1], [2, 2, 2]], [[3, 3, 3],[4, 4, 4]]]，它有三层括号，其维度由外到内分别为[0,1,2]。

参数 axis 决定聚合哪个轴的数据。聚合意味着这个轴将坍缩（折叠），之所以会坍缩，就是因为执行了约减操作。以 np.sum 为例，当 axis = 0 时，就是在第 0 个维度的元素之间进行求和操作，即拆掉最外层括号（相当于这个轴坍缩了），对应有 2 个最大"颗粒度"的元素，即[[1, 1, 1], [2, 2, 2]]和[[3, 3, 3], [4, 4, 4]]，这两个元素都是二维数组，对这两个二维数组实施对等元素约减求和操作，其结果为[[4, 4, 4], [6, 6, 6]]。没有被约减的维度，其括号层次保持不变，如图 1-15 所示。

```
In [7]: a = np.array([[[1, 1, 1], [2, 2, 2]], [[3, 3, 3],[4, 4, 4]]])
In [8]: a                          #输出验证
Out[8]:
array([[[1, 1, 1],
        [2, 2, 2]],

       [[3, 3, 3],
        [4, 4, 4]]])
In [9]: a.sum(axis = 0)            #在第 0 个轴方向进行约减求和
Out[9]:
array([[4, 4, 4],
       [6, 6, 6]])
```

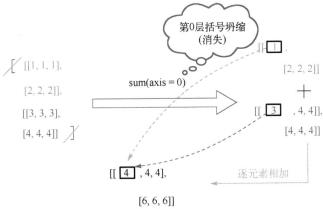

图 1-15　依据第 0 轴的约减（求和）操作

　　类似地，当 axis = 1 时，就是在第 1 个维度的元素之间进行求和操作，也就是拆掉中间层括号（即这个维度坍缩了），拆后对应的元素有[1, 1, 1], [2, 2, 2]和[3, 3, 3], [4, 4, 4]。需要注意的是，约减操作的实施范围为：坍缩后同一个括号层次内的最大颗粒度的张量，即[1, 1, 1]和[2, 2, 2]向量相加，[3, 3, 3]和[4, 4, 4]向量相加。没有被约减的维度，其括号保持不变，结果得到[[3, 3, 3],[7, 7, 7]]，如图 1-16 所示。

```
In [10]: a.sum(axis = 1)
Out[10]:
array([[3, 3, 3],
       [7, 7, 7]])
```

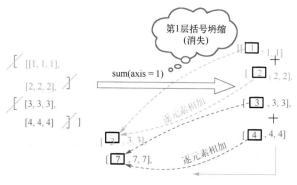

图 1-16 依据第 1 个轴的约减（求和）操作

类似地，当 axis = 2 时，拆掉最内层括号（rank = 2），然后对最内层括号元素实施求和操作，即 1+1+1=3，2+2+2=6，3+3+3=9，4+4+4=12。实施约减操作之后，该层括号坍缩消失，其他维度的括号保留，结果得到 [[3,6], [9,12]]，如图 1-17 所示。

```
In [11]: a.ndim              #查看张量 a 的维度
Out[11]: 3
In [12]: b = a.sum(axis  = 2)  #在第 2 个轴上约减
In [13]: b
Out[13]:
array([[ 3,  6],
       [ 9, 12]])
In [14]: b.ndim              #查看被约减后张量 b 的维度
Out[14]: 2
```

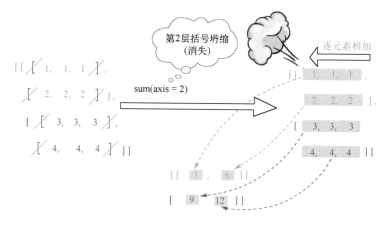

图 1-17 依据第 2 个轴的约减（求和）操作

事实上，每个维度经过约减之后都会消失。这个有点类似于刘慈欣在《三体》小说中的"降维打击"。被"降维打击"的维度，由 axis 参数来指定，比如，当 axis 为 0 时，就是把 0 维"消灭掉"。具体如何消灭呢？其实就是在这个维度上执行约减操作。完整表述就是对 0 维执行求和操作，从而达到约减第 0 维的效果。其他维度的解释类似，不再赘述。

其他可实施约减的函数，如 max（最大值）、min（最小值）和 mean（均值）等，其轴方向的约减内涵与 sum 类似，示例代码如下。

```
In [15]: a = np.linspace(1,9,9).reshape(3,3)
In [16]: a
Out[16]:
array([[1., 2., 3.],
       [4., 5., 6.],
       [7., 8., 9.]])
In [17]: print(a.max(0),a.max(1),a.max())    #在第 0 轴、第 1 轴、不指定轴（全轴）上
                                             #进行最大值约减
[7. 8. 9.] [3. 6. 9.] 9.0
In [18]: print(a.mean(0),a.mean(1),a.mean())  #在第 0 轴、第 1 轴、不指定轴（全轴）上
                                             #进行均值约减
[4. 5. 6.] [2. 5. 8.] 5.0
```

1.9　操作数组元素

在本节中，我们将重点讨论如何利用 NumPy 来操作数组中的元素，内容包括通过索引访问数组元素、通过切片技术批量访问数组元素，以及实现二维数组的转置和展平。

1.9.1　通过索引访问数组元素

索引（index）是指数组元素所在的位置编号，有点类似于邮编与地区之间的关系。我们可以通过 NumPy 数组的索引来获取、设置数组元素的值。如果希望访问数组中的值，像访问列表元素一样，那么给出数组的下标即可。

如果把数组名称当作访问向量的起始指针（pointer），那么索引就可以理解为偏离这个指针的偏移量（offset）。因此，当使用正向索引时，第 1 个元素的索引是 0（因为指针指向当前元素，不需要偏移，或者说偏移地址为 0），第 2 个元素的索引是 1（相对起始地址偏移量为 1），依此类推。

除此之外，数组同样支持反向索引，这时索引编号不存在观感上的索

引和直觉位置"错位为 1"的情况，即方括号内的偏移量为–1 表示倒数第 1 个元素，偏移量为–2 表示倒数第 2 个元素，依此类推，如图 1-18 所示。

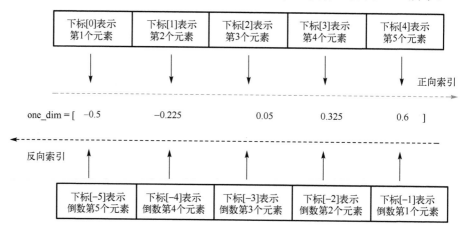

图 1-18　NumPy 数组的正向索引和反向索引

```
In [1]: import numpy as np
In [2]: one_dim = np.linspace(-0.5, 0.6, 5)
In [3]: print(one_dim)
[-0.5 -0.225 0.05  0.325 0.6 ]
In [4]: one_dim[0]              #正向访问第 1 个元素（从 0 记数，下同）
Out[4]: -0.5
In [5]:  one_dim[-1]           #反向访问倒数第 1 个元素（索引值为-1）
Out[5]: 0.6
In [6]: one_dim[0] = 1         #对第 1 个元素赋值
In [7]: print(one_dim)
[ 1.   -0.225 0.05  0.325 0.6 ]
```

访问二维数组时，需要通过两个索引来执行相应操作。有两种方式来表达行和列的索引，第一种与 C/C++一样，使用两个方括号，每个方括号对应一个维度信息。示例代码如下。

```
In [8]: two_dim = np.array([[1, 2, 3],        #构造一个二维数组
                            [4, 5, 6],
                            [7, 8, 9]])
In [9]: two_dim[0][2]                          #访问第 0 行第 2 列对应的元素
Out[9]: 3
```

In [9]处的语句功能是访问第 0 行第 2 列（从 0 计数）的元素，它的值为 3。这是一种 C 语言风格的访问方式。事实上，NumPy 提供了另一种更为简便的访问方式——把两个方括号合并，在一个方括号内分别给出两个维度信息，不同维度间用逗号（,）隔开。

```
In [10]: two_dim[0,2]          #NumPy 风格的二维数组访问
Out[10]: 3
```

通过这种方法，我们同样可以修改二维数组中的值。

```
In [11]: two_dim[0,2] = 100      #对第 1 行、第 3 列进行赋值
In [12]: two_dim                 #输出验证
Out[12]: array([[  1,   2, 100],
                [  4,   5,   6],
                [  7,   8,   9]])
```

1.9.2　NumPy 中的切片访问

与 Python 中列表的操作类似，除了通过索引"精准"访问向量中特定的元素，在 NumPy 中，还可以通过切片（slice）来访问和修改数组数据。通过切片操作，我们可以批量获取符合要求的元素。切片操作的核心在于，从原始数组中，按照给定规则提取出一个新的数组，但对原始数组没有任何影响。

```
In [1]: import numpy as np
In [2]: a = np.arange(10)
In [3]: s = slice(0,9,2)          #创建切片对象
In [4]: b = a[s]                  #按照切片规则提取数据
In [5]: b
Out[5]: array([0, 2, 4, 6, 8])
In [6]: a                         #验证：原始数组并不受切片影响
Out[6]: array([0, 1, 2, 3, 4, 5, 6, 7, 8, 9])
```

在上述代码的 In [3]处，我们通过 slice 实例化一个切片参数，它表示从索引 0 开始到索引 9 停止，步长为 2，最后输出的结果为由 0～9 之间的偶数所组成的数组。

切片更为简便的使用方法是：直接通过冒号分隔切片参数，而无须使用 slice 方法。这时，切片规则通常是这样的：数组名[start:end:step]。其中 start 表示起始索引（若不指定，默认从 0 开始计数）；end 表示结束索引（若不指定，默认抵达最后一行，记作–1）；step 表示步长，当步长为正时表示从左向右取值，当步长为负时表示从右向左取值。

```
In [7]: a[0:9:2]                  #等价于 a[0:-1:2]
Out[7]: array([0, 2, 4, 6, 8])
In [8]: a                         #验证：原始数组并不受切片影响
Out[8]: array([0, 1, 2, 3, 4, 5, 6, 7, 8, 9])
```

通过冒号分隔切片参数来进行切片操作时，方括号内的索引值后面只有一个冒号表示从该索引开始，后面的所有项都将被提取。如 a[2:]表示提取从第 2 个元素开始直到最后的所有元素（这里索引是从 0 开始的，下同）。

```
In [9]: a[2:]                     #从第 2 个到结尾的所有元素
Out[9]: array([2, 3, 4, 5, 6, 7, 8, 9])
```

如果方括号内使用了两个参数，那么冒号前面的参数为 start，后面的

参数为 stop，提取出的数值为两个索引值之间的项（取值区间左闭右开，不包括结束索引），当默认步长为 1 时该参数可以省略。示例代码如下。

```
In [10]: a[2:-2]          #从第 2 个元素开始，到倒数第 2 个元素结束（但不包括倒数第 2 个元素）
Out[10]: array([2, 3, 4, 5, 6, 7])
```

为了简单起见，切片操作的参数"start: end: step"可以有很多简写方式，start、end 和 step 这 3 个参数可根据需要有选择性地省略。由于这些简写方式在 NumPy 操作中比较常见，下面我们对这一点进行系统性的总结：如果 start 从 0 开始，则 start 可省略；如果抵达最末元素，则 end 可省略；如果步长为 1（取默认值），则 step 也可省略。多种切片操作的省略方式及组合如表 1-2 所示。

表 1-2 多种切片操作的省略方式及组合

切片参数	含义描述
start:end:step	从 start 开始读取，到 end(不包含 end)结束，步长为 step
start:end	从 start 开始读取，到 end(不包含 end)结束，默认步长为 1
start:	从 start 开始读取后续所有元素，默认步长为 1
start::step	从 start 开始读取后续所有元素，步长为 step
:end:step	从 0 开始读取，到 end(不包含 end)结束，步长为 step
:end	从 0 开始读取，到 end(不包含 end)结束，默认步长为 1
::step	从 0 开始读取后续所有元素，步长为 step
::	读取所有元素
:	读取所有元素

切片的采样步长 step 可取负值。当 step = -1 时，start: end: -1 表示从 end 开始逆序读取至 start 结束。考虑一个特殊的例子：当切片方式为"::-1"时，就完成了逆序读取。代码如下所示。

```
In [11]: a[::-1]                               #从开始到结束，步长为-1
Out[11]: array([9, 8, 7, 6, 5, 4, 3, 2, 1, 0])   #对数组进行翻转输出
```

对于多维数组，它的每个维度都有一个索引，切片时各个维度之间用逗号(,)隔开。

```
In [12]: arr2d = np.arange(15).reshape(3,5)
In [13]: arr2d
Out[13]:
array([[ 0,  1,  2,  3,  4],
       [ 5,  6,  7,  8,  9],
       [10, 11, 12, 13, 14]])
In [14]: arr2d[0, 1:3]     #获取第 0 行中第 1~2 列的数据，第 3 列无法获取
Out[14]: array([1, 2])
In [15]: arr2d[:, 3]  #获取（所有行）第 3 列的数据，第 2 个维度 3 不是切片，可以取到
Out[15]: array([ 3,  8, 13])
```

```
In [16]: arr2d[:2, 1:]   #获取前两行（0~1 行）第 1 列至最后一列的数据
Out[16]:
array([[1, 2, 3, 4],
       [6, 7, 8, 9]])
```

1.9.3 二维数组的转置与展平

在 NumPy 中，有个约定俗成的规定是：对于"数组名.xxx"格式的访问，如果 xxx 后有一对括号( )，则表明 xxx 是数组对象中的一个方法（或称函数），反之，如果没有后面的一对括号，则表明这是数组的一个属性。前面我们提到了向量的很多属性，如 shape、ndim、size 等，事实上，向量还有两个好用的属性 T 和 flat。

注意

作为数组的属性，T 和 flat 后面没有作为方法的一对括号( )。

例如，我们可以使用 NumPy 数组的 T 属性对一个数组进行转置，这里"T"就是 Transpose（转置）的首字母。

```
In [1]: import numpy as np
In [2]: two_dim = np.array([[1, 2, 3],
                            [4, 5, 6],
                            [7, 8, 9]])
In [3]: two_dim.T                              #利用数组的 T 属性对其进行转置
Out[3]:
array([[1, 4, 7],
       [2, 5, 8],
       [3, 6, 9]])
```

事实上，我们还可以通过方法 transpose 对二维数组进行转置，示例代码如下。

```
In [4]: two_dim.transpose()
Out[4]:
array([[1, 4, 7],
       [2, 5, 8],
       [3, 6, 9]])
```

但这种转置得到的仅是原始数组的视图，原始数组并没有发生变化。

```
In [5]: two_dim                  #验证数组，原始数组并没有发生变化
Out[5]:
array([[1, 2, 3],
       [4, 5, 6],
       [7, 8, 9]])
```

有时，我们需要把多维矩阵展平成一维形状（即将多维数组降维至一维数组）。如在神经网络学习中，在高维张量接入全连接层前，需要将它们拉伸为一维形状（即展平层），这时我们可以利用展平的相关属性或方法。

下面我们介绍一个好用的用于数组展平的属性 flat。请参考如下代码。

```
In [6]: two_dim.flat          #返回一个数组展平的迭代器
Out[6]: <numpy.flatiter at 0x7f9d2eaf3000>
```

从 Out[16]处的输出可以看到，数组对象的 flat 属性会返回一个 flatiter 迭代器（iterator）。该迭起器支持下标访问，如访问展平后的最后一个元素，可以这么做：

```
In [7]: two_dim.flat[-1]
Out[7]: 9
```

这个迭代器还可以支持切片，更难能可贵的是，它可以实现跨行切片，代码如下。

```
In [8]: two_dim.flat[2:4]
Out[8]: array([3, 4])
```

在 In [8]处，two_dim.flat 将二维数组展平为一维数组模样，[2:4]是展平为一维数组的索引值，因此返回的数值为 3 和 4。要知道，在原始数组中，3 和 4 分处于第 1 行末和第 2 行初，对于这样跨行不连续的元素值不便于进行切片操作，而将二维数组展平为一维数组后，一切就顺理成章了（见图 1-19）。

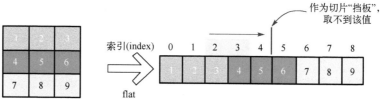

图 1-19 flat 展平示意图

flatiter 展平迭代器天生就适配于循环操作，请观察如下代码，数组被展平后，只用一层 for 循环就把原始的二维数组元素全部输出了。

```
In [9]:for item in two_dim.flat:     #循环迭代输出
        print(item)
1
2
3
4
5
6
7
8
9
```

上面的展平操作，都是在"读"的基础上进行的，事实上，我们也可以通过给展平迭代器赋值来改变原始数组的值。

```
In [10]: two_dim.flat[-1] = 100        #对展平后的数组迭代器的最后一个数值赋值
In [11]: two_dim                       #二维数组中对应的值发生变化
Out[11]:
array([[  1,   2,   3],
       [  4,   5,   6],
       [  7,   8, 100]])
```

此外，这个二维数组的展平迭代器还支持广播，可以进行批量赋值，赋值同样会影响原始数组。

```
In [12]: two_dim.flat[:4] = 6          #将展平后的数组迭代器前 4 个位置集体赋值为 6
In [13]: two_dim                       #验证：二维数组中对应的值发生变化
Out[13]:
array([[  6,   6,   6],
       [  6,   5,   6],
       [  7,   8, 100]])
In [14]: two_dim.flat = 7              #整个数组全部赋值为 7
In [15]: two_dim                       #验证：二维数组中的值发生变化
Out[15]:
array([[7, 7, 7],
       [7, 7, 7],
       [7, 7, 7]])
```

上面的展平操作基于向量的 flat 属性，其实还有个对应的方法来完成展平操作，这个方法就是 flatten。该方法的功能是直接将多维数组展平成一维数组，返回的是展平后的数组视图，而不是一个迭代器。

```
In [16]: two_dim = np.array([[1, 2, 3],        #复位数据
                             [4, 5, 6],
                             [7, 8, 9]])
In [17]: two_dim.flatten()                     #展平数据
Out[17]: array([1, 2, 3, 4, 5, 6, 7, 8, 9])
In [18]: two_dim                               #输出验证：原始数组形状并没有发生变化
Out[18]:
array([[1, 2, 3],
       [4, 5, 6],
       [7, 8, 9]])
```

ravel 方法也能完成数组展平功能，示例代码如下。

```
In [19]: two_dim.ravel()
Out[19]: array([1, 2, 3, 4, 5, 6, 7, 8, 9])
```

ravel 返回的也是原始数组的视图。flatten 与 ravel 不同的地方在于，

flatten 会重新分配内存，完成一次从原始数据到新内存空间的深拷贝（deep copy）。原始数组的"视图"和"深拷贝"有什么不同呢？不同在于，"视图"与原始数组有着千丝万缕的联系，对"视图"进行修改，会直接影响原始数组的数值。而"深拷贝"本质在于另立炉灶"，源对象与拷贝对象在内存空间中互相独立，其中任何一个对象的改动，都不会对另外一个对象造成影响。请参考如下代码。

```
In [20]: two_dim.ravel()[-1] = 100      #对展平视图的最后一个值进行赋值
In [21]: two_dim                         #验证：赋值影响原始数组的数值
Out[21]:
array([[1, 2, 3],
       [4, 5, 6],
       [7, 8, 100]])
In [22]: two_dim = np.array([[1, 2, 3],  #复位数据
                            [4, 5, 6],
                            [7, 8, 9]])
In [23]: two_dim.flatten()[-1] = 100     #对深拷贝后的展平对象的最后一个元素进行赋值
In [24]: two_dim                         #验证：不影响原始数组的数值
Out[24]:
array([[1, 2, 3],
       [4, 5, 6],
       [7, 8, 9]])
```

事实上，我们还可以通过显式变形来完成数组的展平，示例代码如下。

```
In [25]: two_dim.shape = (1, -1)         #修改原始数组的尺寸，从而达到展平数组的目的
In [26]: two_dim
Out[26]: array([[1, 2, 3, 4, 5, 6, 7, 8, 9]])
```

在代码 In [25]处，我们对一个二维数组重新定义了形状，等号右边是一个元组，元组中第一个元素 1 表明新数组形状是 1 行，第二个元素–1 表示列数由系统自动推导出来，在上述代码中，该元素就是 9，因为元素总数为9，其中一个维度为1，很容易推算出另外维度的信息，即 9/1=9。

对于 N 维数组，当 N–1 维尺寸确定后，用–1 标记剩余维度，表示让系统推算剩余维度尺寸，这种做法在高维数组张量操作中（如深度学习框架 TensorFlow、PyTorch 等）很常用，因此该技巧值得掌握。

1.10 实战：张量思维的养成——利用 NumPy 计算 π

下面我们就用计算π的案例来说明传统的循环思维和张量思维的差别。先来介绍一些计算圆周率π的方法。国际公认的 π 值计算采用蒙特卡罗（Monte Carlo）方法。蒙特卡罗又称随机抽样或统计试验

方法。计算π的思路其实并不复杂，首先它基于一个公理：**面是由点构成的。**

如果我们承认这个公理，那么下面的推理就顺理成章了。假设我们有边长为 1 的正方形，正方形内有个半径为 1 的内切 1/4 圆，我们很容易计算出这两个图形的面积比值，即

$$\frac{S_{\frac{1}{4}\circ}}{S_{\square}} = \frac{\frac{1}{4}\pi r^2}{w_{\square} \times h_{\square}} = \frac{\frac{1}{4}\pi \times 1^2}{1 \times 1} = \frac{\pi}{4} \tag{1.2}$$

因此，可得到π的计算公式

$$\pi = 4 \times \frac{S_{\frac{1}{4}\circ}}{S_{\square}} \tag{1.3}$$

由于上式中的 4 是常数。因此，求解π的重任就落在了求解 1/4 圆与正方形的面积的比值上了。这时，前文提到的公理就发挥作用了。既然面是由点构成的，那么我们就可以把求面积比近似等价为求 1/4 圆与正方形中点的个数比。进一步，如果我们在如图 1-20 所示的正方形中随机抛点，如果抛的点足够多，且每次抛点的位置足够随机，那么我们只要数一数两个区域点的个数并求出个数之比，就能得到对应的面积比，再乘上常数 4，就能得到π的值。这种问题转换思维不可谓不妙！

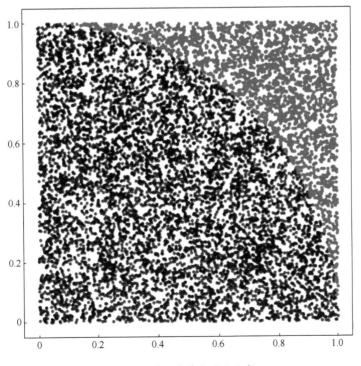

图 1-20　利用蒙特卡罗方法求π

假设某个点的坐标为(x, y)，根据该点到原点的距离判断该点是落在 1/4 圆内还是 1/4 圆外，判定标准很简单，就是判断坐标距离原点的欧式距离，如果距离小于 1，则说明在 1/4 圆内：

$$\sqrt{x^2 + y^2} \leqslant r = 1 \qquad (1.4)$$

下面我们代码化上述求解π的过程。我们分别使用传统的循环思维和张量思维来验证上述求解过程，进而比较这两种思维带来的性能上的差别。

范例 1-2　利用循环思维求解π（loop-pi.py）

```
01    import math
02    import random
03    from time import perf_counter
04
05    n = 1000 * 1000 * 10
06    hits = 0
07    start = perf_counter()
08    for _ in range(n):
09        x = random.random()            #产生一个 0~1 的随机数 x 作为 X 轴坐标
10        y = random.random()            #产生一个 0~1 的随机数 y 作为 Y 轴坐标
11        if math.sqrt(x ** 2 + y ** 2) < 1:     #判定（x,y）是否在 1/4 圆内
12            hits += 1
13    pi = (hits / n) * 4
14
15    now = perf_counter()
16    print(f'Pi = {pi}, time = {now - start : .3f} s')
```

运行结果

```
Pi = 3.1421204, time = 5.115 s
```

代码解析

第 08~12 行处的 for 循环是整个程序的核心，首先生成 1000×1000×10 对 x 和 y 坐标（第 09~10 行），然后让每个 x 和 y 构成的坐标对形成坐标系中的一个随机点，接着判定这个随机点是否在 1/4 圆内（第 11 行），若在 1/4 圆内，则命中次数 hits + 1，循环往复，直到所有点都遍历过。

循环结束后，利用公式（1.3），即代码化的第 13 行，求得π的估算值。本例中，我们利用了 time 模块中的 perf_counter 函数（第 03 行）作为计时器，根据求解π之前和之后（第 08 行和第 15 行）的差值，即可求得利用该方法求解π所需的时间。

下面我们利用 NumPy 中的张量思维来再次求解π。

范例 1-3 利用 NumPy 中的张量思维求解π（tensor-pi.py）

```
01    import numpy as np
02    from time import perf_counter
03
04    n = 1000 * 1000 * 10
05    hits = 0
06
07    start = perf_counter()
08    X, Y = np.random.rand(n), np.random.rand(n)
09    dist = np.sqrt(X ** 2 + Y ** 2)
10    pi = 4 * np.sum (dist <= 1) / n
11    now = perf_counter()
12
13    print(f'Pi = {pi}, time = {now - start:.3f} s')
```

运行结果

```
Pi = 3.1409008, time = 0.356 s
```

代码解析

从运行结果可以看出，求得的π的估算值与范例 1-2 中的估算值大致相同，但所需的时间缩短了 10 余倍（具体倍数取决于运行代码的计算机性能），性能得到大幅度提升。此外，值得特别注意的是，本例中并没有出现 for 循环。在第 08 行生成了两个张量 X 和 Y，它们分别包括 1000×1000×10 个数值。然后，这两个张量整体放进了 np.sqrt 方法中（代码第 09 行）进行运算加工，批量计算出了 1000×1000×10 个距离，这就是"张量进，张量出"的生动体现。

由于 NumPy 库中的内建函数使用了 SIMD 指令，因此如下使用的向量计算要比使用循环计算速度快得多。如果在 TensorFlow 或 PyTorch 等深度学习框架中使用 GPU，则其性能将更强大，不过 NumPy 暂时并不支持 GPU。

此外，代码第 10 行中所包含的编程细节也值得我们品味一番。代码中的 dist <= 1 实际上是个逻辑判定。要知道，dist 是包含 1000×1000×10 个数值的张量，这个判定会返回 1000×1000×10 个值（True 或 False 的布尔张量），而布尔值在 Python 中可以参与算术运算，运算时将 True 当作 1，将 False 当作 0。因此第 10 行代码的功能是，利用 np.sum 对 1000×1000×10 布尔量进行求和。求和的结果为有多少个值为 True，而值为

注意！

单指令流多数据流（Single Instruction Multiple Data，SIMD）是一种采用一个控制器来控制多个处理器，同时对一组数据中的每一个分别执行相同的操作从而实现空间上的并行性的技术。

True 就表示该点距离原点小于 1。实际上，这个语句的完整功能就是判定这 1000×1000×10 个样本点中，到底有多少个是落在 1/4 圆内的。

对比范例 1-2 和范例 1-3 可以发现，懂得张量思维，不仅让代码变得更加简洁，更会让程序运行得更快，一举两得，实在值得我们拥有！

1.11　本章小结

如果要利用 Python 进行数据分析，那么学好 NumPy 是必备的基本功。在本章中，我们学习了 Python 中非常有用的第三方库——NumPy 的数值计算基础，具体包括：如何生成 ndarray 数组对象、随机数组生成，如何基于 ndarray 数组对象进行各种运算、数组的切片访问、广播机制等。

其中，广播机制是一种有原则的智能填充技术，说它有原则，是因为它只有在"低维有 1"或"后缘相符"等情况下才能实施数组的拉伸与扩展。而"张量进、张量出"的张量思维，也是值得掌握的，它体现在 NumPy 很多 ufunc 函数的使用上。掌握张量思维，能大大提高程序的运行效率。

1.12　思考与提高

通过本章的学习，请独立完成如下习题。

1-1　请先构造两个向量：

A = [1., 1., 1.]

B = [2., 2., 2.]

在不使用拷贝的情况下（即不使用除 A 和 B 之外的变量），完成 ((A+B)*(−A/2)) 的本地（inplace）运算。

1-2　请利用广播技术，生成一个 5×5 的矩阵，每行的值都是 0～4。

1-3　请思考下面的广播行为会发生吗？为什么？

```
01  x = np.ones((3, 5, 6), np.float32)
02  y = np.ones((1, 6), np.float32)
03  x + y                #张量广播是否出错？
```

1-4　请创建一个通用的正态分布的二维数组（normal-2d.py）。

1-5　如何利用 NumPy 对一个布尔向量取反，或改变一个浮点数的符号？

1-6　对于如下数组

```
01   arr = [[ 0,  1,  2,  3,  4],
02          [ 5,  6,  7,  8,  9],
03          [10, 11, 12, 13, 14]]
```

请利用切片技术获取数组 arr 中的如下数据。

(1) 11, 12, 13, 14

(2) 2, 3, 7, 8

(3) 0, 3, 10, 13

1-7　（提高题）利用所学知识将范例 1-2 所示的由点构成的 1/4 圆和正方形绘制出来，并计算绘图所需的时间（自学并使用 matplotlib 库中的 scatter 方法）。

第2章 NumPy 数值计算进阶

NumPy 中的一些高级技巧能显著提升数据处理的能力。在本章，我们将主要讨论 NumPy 进阶技巧，包括 NumPy 的高级索引方式、张量的合并与分割、NumPy 文件的读写操作等。

本章要点（对于已掌握的内容，请在方框中打勾）

☐ 掌握 NumPy 数组的高级索引方式

☐ 理解张量的合并与分割

☐ 掌握 NumPy 文件的读写方式

☐ 掌握 NumPy 中常见的统计方式

在前面的章节中，我们已经学习了 NumPy 的基本操作。在本章，我们接着学习 NumPy 中常用的高级技巧。有效地使用它们，能显著提升我们的数据分析能力。

2.1　NumPy 数组的高级索引

在第 1 章中，我们学习了比较常用的索引方法。实际上，NumPy 还提供了更为高级的索引方法，如花式索引、布尔索引等，下面给予简要介绍。

2.1.1　花式索引

通过简单的索引，我们可以方便地访问 NumPy 中的数组元素。但它们有一个特点：索引要么是一个值，要么是一组值（即切片访问）。如果索引只是一个值，那么自然只能访问一个数组元素。如果索引基于切片方法，那么被访问的数组元素或连续分布，或通过设置步长有规律地间隔分布。如果我们想一次性访问数组中的多个元素，而它们又没什么规律可循，该怎么办呢？这时，花式索引（fancy indexing）就会"挺身而出"，它就是用来解决这类问题的。

花式索引是指将多个需要访问元素的索引汇集起来，构成一个整数型数组（或列表），然后把这个内含索引的数组（或列表）整体作为目标数组的索引，这样就能一次性地读取多个杂乱无序甚至重复的数组元素。由于这种读取数组元素的方式稍显花哨，故称为花式索引，又因索引都是整数，也有文献称为整数索引。示例代码如下。

```
In [1]: import numpy as np
In [2]: normal_array = np.array([34,45,56,69,9,11,22,71,82,10,123])
In [3]: normal_array                    #输出验证
Out[3]: array([ 34,45,56,69,9,11,22,71,82,10,123])
In [4]: fancy_index_array = normal_array[[0,8,7,7]]
In [5]: fancy_index_array
Out[5]: array([34,82,71,71])
```

在上述代码中，normal_array 是我们要访问的目标数组，它是一维数组，其中共有 10 个元素。假设我们想访问第 0 个元素（34）、第 8 个元素（82）和第 7 元素（71），且想访问第 7 个元素两次，这些元素对应的索引依次是 0、8、7、7。

这些索引的出现没有规律可言，甚至有点"无厘头"，因为有些访问是重复的。这样的访问显然无法用切片操作完成。如果用单个索引对应单次访问的方法，需要 4 次重复的操作，即 normal_array[0]、normal_array[8]、normal_array[7]和 normal_array[7]。

但如果用花式索引将这些元素的索引汇集起来，形成索引列表，即 [0,8,7,7]，再把这个索引列表整体作为目标数组 normal_array 的下标，即 normal_array[[0,8,7,7]]，这样就能达到一次性访问多个无规律数组元素的目的。Out[5]处的输出验证了这一结论。

为了访问元素，在 In [4]处，作为一维数组的 normal_array 的索引部分好像被两层方括号括起来一样。实际上，可以这样理解，内层方括号括起来的 [0,8,7,7]是个列表，外层方括号才是存放访问数组需提供的下标的标识符。NumPy 按照这个列表中的元素值便可提取对应索引位置的元素。更具有可读性的代码如下所示。

```
In [6]: index = [0,8,7,7]              #这是一个装满索引的列表
In [7]: normal_array[index]            #将列表用作索引，这次可读性强多了
Out[7]: array([34,82,71,71])
```

前面提到的花式索引，其处理的目标对象是一维数组，如果需要处理的对象变成二维数组该怎么办呢？如果还是简单套用一维数组的花式索引读取方式，程序并不会报错，但表示的含义就迥然不同了。这是因为，这些花式索引会被 NumPy 默认解析为"行"索引，我们来看以下代码。

```
In [8]: two_dim_array = np.arange(20).reshape(4,5)#将 a 变形为一个 4 行 5 列的二维数组
In [9]: two_dim_array                  #输出验证
Out[9]:
array([[ 0,1,2,3,4],
       [ 5,6,7,8,9],
       [10,11,12,13,14],
       [15,16,17,18,19]])
In [10]: two_dim_array [[0,2,1,0]]     #内层方括号为花式索引
Out[10]:
array([[ 0,1,2,3,4],                   #第 0 行数据（以 0 为计数起点，下同）
       [10,11,12,13,14],               #第 2 行数据
       [ 5,6,7,8,9],                   #第 1 行数据
       [ 0,1,2,3,4]])                  #第 0 行数据（重复）
```

在这里，我们先解释一下 In [10]处的 two_dim_array [[0,2,1,0]]的含义，由于 two_dim_array 是一个二维数组，因此如果要读取其中的某一个元素，那么必须指定行和列两个参数。如果没有显式指定行和列的二维索引，那么就无法正确读取具体的元素。如果访问一个二维数组，但只给出一维坐标，那么这个一维坐标默认为行索引坐标，因此，数组的内层括号 [0,2,1,0]表示的是行号，它也算是一种花式索引，表示要读取第 0 行、第 2 行、第 1 行和第 0 行（第 2 次访问）的数据。

增强程序的可读性是程序员必备的素养。为了增强程序的可读性，上述代码可以改写为如下形式。

```
In [11]: row_index = [0,2,1,0]      #这是一个行索引坐标
In [12]: two_dim_array[row_index]   #花式访问行数据
Out[12]:
array([[ 0,1,2,3,4],
       [10,11,12,13,14],
       [ 5,6,7,8,9],
       [ 0,1,2,3,4]])
```

提示

In [12]:处的 two_dim_array[row_index]等价于 two_dim_array[row_index, :]，列维度不做限制，":"可以省略。

如果我们能花式访问二维数组的不同行，自然地，我们也能花式访问二维数组的不同列，请参考如下代码。

```
In [13]: col_index = [0,2,4,2]
In [14]: two_dim_array[:,col_index]
Out[14]:
array([[ 0,2,4,2],
       [ 5,7,9,7],
       [10,12,14,12],
       [15,17,19,17]])
```

从上面的代码可以看出，在访问二维数组的不同列时，需要用冒号（:）添加一个维度，即 two_dim_array[:, col_index]，它表示所有行的数据都参与访问，但列的访问范围由 col_index 来限定。col_index 是一个花式索引。

将 NumPy 的数组切片和它的花式索引组合使用能完成更多操作。举例来说，如果我们想访问二维数组 two_dim_array 的第 2 行（从 0 开始计数）的第 0 列、第 3 列和第 1 列（故意打乱了访问顺序），该怎么办呢？请参考如下代码。

```
In [15]: two_dim_array[2,[0,3,1]]
Out[15]: array([10,13,11])
```

如果我们希望花式访问二维数组的元素（而不是一整行或一整列），该如何处理呢？顺着上述思路，解决方案并不复杂。我们可以在内层括号中提供两套花式索引（都以数组形式存在），一个花式索引对应行坐标，另一个花式索引对应列坐标，这样系统会自动对其两两配对，构成一个二维数组坐标，然后一一获取坐标交叉点位置所指引的数值，参考代码如下。

```
In [16]: row_index = [0,1,3,2]
In [17]: col_index = [0,1,0,0]
In [18]: two_dim_array[row_index, col_index]
Out[18]: array([ 0,6,15,10])
```

In [18]处的 two_dim_array 下标括号的第一个参数为行索引 row_index，其内元素为行坐标[0,1,3,2]，第二个参数 col_index 为列索引，其内元素为列坐标[0,1,0,0]，这两个花式索引长度一致，于是相同位置的行索引和列索引两两配对，构成 two_dim_array [0,0]、two_dim_array [1,1]、two_dim_array [3,0]、two_dim_array [2,0]这 4 个元素。花式索引与切片的不同之处在于，花式索引总是将数据复制到新构建的数组中，而非仅仅返回原始数组的视图。

我们还可能遇到另一种情况：有些元素不是我们需要的，需要将这些元素过滤掉。这时，依然可以采用花式索引，请参考如下代码。

```
In [19]: two_dim_array                          #输出验证
Out[19]:
array([[ 0,1,2,3,4],
       [ 5,6,7,8,9],
       [10,11,12,13,14],
       [15,16,17,18,19]])
In [20]: row_index = np.array([0,2,1] )         #定义花式访问的行
In [21]: col_mask = np.array([1,0,1,0,1], dtype = bool)   #定义列访问掩码
In [22]: col_mask                               #输出验证
Out[22]: array([ True, False,  True, False,  True])
In [23]: two_dim_array[row_index[:, np.newaxis], col_mask]
Out[23]:
array([[ 0,2,4],
       [10,12,14],
       [ 5,7,9]])
```

我们来解析一下上述代码，In [20]处定义了需要花式访问的行（行序可以颠倒甚至重复）。In [21]处定义了列访问掩码，它是一个布尔类型的数组。我们知道，在 Python 中"非零即为真"，np.array([1,0,1,0,1], dtype = bool)实际上等价于 np.array([True,False,True,False,True])（参见 Out[22]），按照排列顺序，标记为 True 的列被保留，标记为 False 的列被屏蔽。行列配合起来，代码 In [22]在整体上的功能是读取第 0 行、第 2 行和第 1 行，第 0 列、第 2 列和第 4 列交汇的数据。

In [23]处使用了 np.newaxis，它在功能上等价于 None。如果我们用 np.newaxis == None 来验证二者的等价性，计算结果会返回 True。这个看似无用的 np.newaxis，有时可以派上大用场。此处，它的含义就是为数组增加一个轴。比如，row_index 的原始模样是下面这样的。

```
In [24]: row_index                              #验证输出
Out[24]: array([0,2,1])
In [25]: row_index.shape                        #查看数组的尺寸
Out[25]: (3,)
```

增加一个"虚无"的轴之后，代码就变成了下面这样，这个操作相当于升维处理，在诸如 sklearn、TensorFlow 等计算框架中很常用。

```
In [26]: row_index[:,np.newaxis]
Out[26]:
array([[0],
       [2],
       [1]])
In [27]: row_index[:,np.newaxis].shape
Out[27]: (3,1)
```

也就是说，row_index[:, np.newaxis]变成了一个二维数组后，再作为另一个数组 two_dim_array 的下标，这样就可以读取对应行的元素了。如果不进行升维转换操作，那么 row_index 就是一个一维的花式索引，如前所述，在访问二维数组时，NumPy 就会把 row-index 和随后的第二个参数进行拼接，形成二维矩阵元素的访问坐标。

一旦通过添加坐标轴的方式把尺寸为(3,)的一维数组变成尺寸为(3, 1)"伪"二维坐标（即行坐标），实际上便告知 NumPy，第一个参数就是行坐标，无须与随后的参数进行拼接形成（行,列）坐标对。这样一来，第二个参数 col_mask 就能发挥操作列索引的作用了。

再考虑到 col_mask 的功能（为"列"服务）及布尔属性，它实际上就表明了哪些列可取（取值为 1 或 True），哪些列被过滤了（取值为 0 或 False）。此时，这个 col_mask 布尔索引中元素所处的位置是有含义的，比如，[1, 0, 1, 0, 1]就表示第 0 列（从 0 开始计数）、第 2 列、第 4 列数据有效，因为这些列对应的值为 1（即 True）。反之，第 1 列和第 3 列被过滤，因为这些列对应的值为 0（即 False）。

需要补充的是，利用 np.newaxis（或 None）对某个张量进行升维，升哪一个维度，与它所处位置有直接关系，代码如下。

> 💡 思考
>
> 读者可以尝试不将 row_index 升维，直接运行 two_dim_array[[0, 2, 1],col_mask]，NumPy 并不会报错，输出结果为 array([0, 12, 9])，请读者思考为何有这样的输出结果。

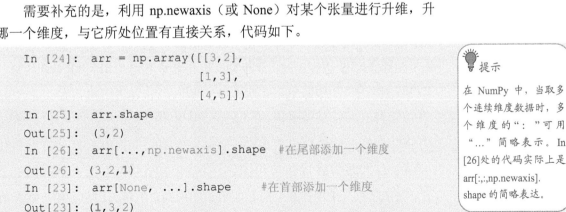

```
In [24]: arr = np.array([[3,2],
                         [1,3],
                         [4,5]])
In [25]: arr.shape
Out[25]: (3,2)
In [26]: arr[...,np.newaxis].shape    #在尾部添加一个维度
Out[26]: (3,2,1)
In [23]: arr[None, ...].shape         #在首部添加一个维度
Out[23]: (1,3,2)
In [23]: arr[:, None, :].shape    # 在中部添加一个维度，等价于 arr[:, None, :]
Out[23]: (3,1,2)
```

> 💡 提示
>
> 在 NumPy 中，当取多个连续维度数据时，多个维度的"："可用"..."简略表示。In [26]处的代码实际上是 arr[:,:,np.newaxis].shape 的简略表达。

事实上，可简化"遴选"部分列（或行）所用的掩码方案，这就是我们即将讨论的布尔索引，下面我们展开讨论。

2.1.2　好用的布尔索引

相比于花式索引，NumPy 的布尔索引功能也不逊色，用处也非常广泛。前面的例子已经给我们提供了部分感性的认识，通过布尔索引数组，我们可以有选择地提取感兴趣的对应行或列（即对应位置为 True 的保留，反之则过滤），代码如下。

```
In [1]: import numpy as np
In [2]: arr = np.array([51,52,53,54])
In [3]: bool_index = [True,False,True,False]
In [4]: newarr = arr[bool_index]
In [5]: print(newarr)
[51 53]
```

再比如，我们想要输出数组中大于某个值的所有元素，可以采用如下方式来实现。

```
In [6]: a = np.arange(10).reshape(2,5)
In [7]: a                          #输出验证
Out[7]:
array([[0,1,2,3,4],
       [5,6,7,8,9]])
In [8]: a[a > 5]
Out[8]: array([6,7,8,9])
```

In [8]处的代码值得仔细分析一番。方括号内的"a > 5"意义并不简单。我们知道，a 是一个二维数组对象，而 5 是一个标量，二者之所以能比较，是因为 NumPy 使用了前面章节提到的广播机制，它把 5 广播（复制）成与数组 a 相同尺寸的数组，数组内的元素都是 5。然后数组 a 中的每个元素都与 5 进行比较，逐个判断该元素是否大于 5，因此返回的是一个形状与数组 a 相同的布尔数组（见图 2-1）。

```
In [9]: a > 5
Out[9]:
array([[False,False,False,False,False],
       [False,True,True,True,True]])
```

这个尺寸（维度信息）与原始数组相同的数组称为布尔数组。布尔数组可以整体作为索引，形成一个布尔索引，然后 NumPy 会依据逐元素（element-wise）规则，返回对应位置布尔值为 True 的元素。因此，a[a>5]的含义就是返回数组中大于 5 的元素。

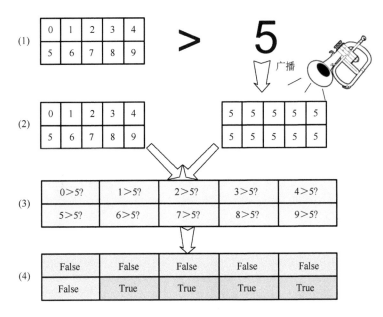

图 2-1　NumPy 中的布尔数组

类似地，我们也可以通过布尔索引的方法选取小于或等于某个值的元素或偶数元素等，代码如下。

```
In [10]: a [a <= 5]              #选取数组 a 中小于或等于 5 的元素
Out[10]: array([0,1,2,3,4,5])
In [11]: a[a % 2 == 0]          #选取数组 a 中的偶数元素
Out[11]: array([0,2,4,6,8])
```

从上面的代码可以看出，有了布尔数组的协助，在数据"萃取"上，我们"如虎添翼"，非常便捷。

2.2　张量的堆叠操作与分割

有时，我们需要将不同的 NumPy 张量通过堆叠（stack）操作，拼接为一个新的较大的张量。堆叠方式大致分为水平方向堆叠（horizontal stack）、垂直方向堆叠（vertical stack）、深度方向堆叠（depth-wise stack）等，它们的差别在于，张量 A 中的元素相对于张量 B 中的元素的排列顺序不同。

这三种堆叠方式看起来很抽象，下面我们举一个生活中的例子来辅助说明这个概念。假设我们想把两本书摆在一起，一共有几种方式？在同一个平面上，我们可以将这两本书水平左右排列（数组的水平方向堆叠）、垂直上下排列（数组的垂直方向堆叠）、借助第三维空间（类似于书架），我们还可以让若干本书竖着叠放起来（数组的深度方向堆叠）。如图 2-2 所

 注意

对于低维（一维或二维）的张量，我们常用大家更习惯的一维数组或二维数组来称呼它们。全书同。

示的三种排列方式分别体现了 hstack、vstack 和 dstack 方法在拼接数组时的特点。有堆叠就有对应的反操作——分割（split），如 hsplit、vsplit 和 dsplit 等方法。下面分别对这些方法给予简单介绍。

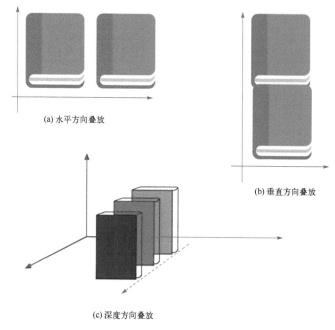

(a) 水平方向叠放

(b) 垂直方向叠放

(c) 深度方向叠放

图 2-2　NumPy 数组的堆叠方式

2.2.1　水平方向堆叠 hstack

hstack 的首字母"h"来自英文单词"horizontal（水平）"，表示所操作的张量是在水平方向（即在 axis = 1 方向）堆叠的，其实就是按列顺序堆叠起来的，其方法原型如下。

```
numpy.hstack(tup)
```

需要注意的是，在代码实践中，该方法的参数是一个元组（tuple），而元组的标志之一就是用圆括号将元素括起来，这样看起来，函数 hstack 的参数好像被两层圆括号包围起来一样。元组内被堆叠的数据对象可以是列表，也可以是 NumPy 数组，返回结果为 NumPy 数组。参考代码如下。

```
In [1]: arr1 = np.zeros(shape = (2,2),dtype = np.int 32)
                #将类型设定为np.int 32或np.int 64, 仅用np.int, 代码有警告
In [2]: arr1           #输出验证
Out[2]: array([[0,0],
               [0,0]])
In [3]: arr2 = np.ones(shape = (2,3), dtype = np.int 32)
In [4]: arr2                          #输出验证
```

```
Out[4]: array([[1,1,1],
               [1,1,1]])
In [5]: np.hstack((arr1, arr2))        #内部圆括号表示一个元组对象
Out[5]: array([[0,0,1,1,1],
               [0,0,1,1,1]])
```

hstack 的功能是完成不同数组在水平方向上的堆叠。事实上，利用 concatenate 方法并设置水平轴方向（axis = 1）的连接，可以达到相同的堆叠效果，如图 2-3 所示。

```
In [6]: np.concatenate((arr1,arr2),axis = 1)
Out[6]:
array([[0,0,1,1,1],
       [0,0,1,1,1]])
```

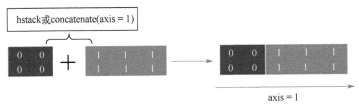

图 2-3　水平方向堆叠示意图

显然，为了完成水平堆叠，hstack 要求参与堆叠操作的两个数组在垂直（即行）方向的尺寸相同。如果我们将 axis = 0 视为第 0 个轴，将 axis = 1 视为第 1 个轴，依此类推，那么广义上来说，hstack 完成数组堆叠的前提是，除了第 1 个轴的数据维度尺寸不一样，参与堆叠的数组在其他维度的尺寸必须保持一致。

2.2.2　垂直方向堆叠 vstack

类似地，vstack 实现的是第 0 个轴方向（即垂直方向）的数组堆叠。vstack 的首字母 v 表示的是 vertical（垂直）的意思。vstack 的函数原型为 vstack(tup)，其中参数 tup 表示元组，元组内为需要堆叠的数据元素，它们可以是列表或 NumPy 数组等序列类型数据，返回结果为 NumPy 数组。示例代码如下。

```
In [7]: arr2 = np.ones(shape = (2,3),dtype = np.int)
In [8]: arr3 = np.zeros(shape = (3,3),dtype = np.int)
In [9]: np.vstack((arr2, arr3))
Out[9]:
array([[1,1,1],
       [1,1,1],
       [0,0,0],
       [0,0,0],
       [0,0,0]])
```

利用 concatenate 方法并设置垂直方向轴（axis = 0）的连接，也可以实现相同功能，如图 2-4 所示。

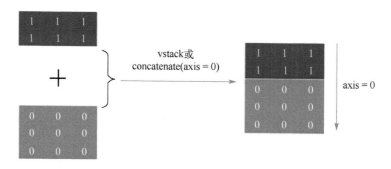

图 2-4　垂直方向堆叠示意图

```
In [10]:   np.concatenate((arr2,arr3))      #np.vstack((arr2,arr3))
Out[10]:
array([[1,1,1],
       [1,1,1],
       [0,0,0],
       [0,0,0],
       [0,0,0]])
```

由于 concatenate 方法的默认轴方向是 axis = 0，所以在 In [10]处并没有给出这个参数设置，该函数会启动默认参数值。

此外，类似于 hstack，为了完成数组堆叠操作，vstack 要求除第 0 个轴（参与堆叠）方向的数据尺寸不一样外，其他维度的尺寸必须保证一致。

提示

RGB —— 色彩标准，三个字母分别为 Red、Green、Blue 的单词首字母。

2.2.3　深度方向堆叠 dstack

除了水平和垂直方向的堆叠，还可以在深度方向对张量进行堆叠（depth-wise stack），它对应的方法为 dstack。该方法可以把一系列数组在第三维度上进行堆叠。例如，我们可以把图像数据在不同通道上（如RGB）进行叠加，参见图 2-2（c）。使用 dstack 方法的相关示例代码如下。

```
In [11]: red = np.arange(0,9)
In [12]: red                      #输出验证
Out[12]: array([0,1,2,3,4,5,6,7,8])
In [13]: green = np.arange(9,18)
In [14]: green                    #输出验证
Out[14]: array([9,10,11,12,13,14,15,16,17])
In [15]: blue = np.arange(18,27)
```

```
In [16]: blue                 #输出验证
Out[16]: array([18,19,20,21,22,23,24,25,26])
In [17]: np.dstack((red,green,blue))
Out[17]:
array([[[0,9,18],
        [1,10,19],
        [2,11,20],
        [3,12,21],
        [4,13,22],
        [5,14,23],
        [6,15,24],
        [7,16,25],
        [8,17,26]]])
```

以上元素数组（red、green、blue）都是一维数组，如果我们将其改成二维数组会怎么样呢？通常图形都是二维的，在深度方向上的堆叠就好比将三张单色的图片叠加在一起形成一张彩色图片，每个像素点都是由三类数据（分别来自 R、G 和 B）构成的。

```
In [18]: red2 = np.arange(0,9).reshape(3,3)
In [19]: red2
Out[19]:
array([[0,1,2],
       [3,4,5],
       [6,7,8]])
In [20]: green2 = np.arange(9,18).reshape(3,3)
In [21]: green2
Out[21]:
array([[9,10,11],
       [12,13,14],
       [15,16,17]])
In [22]: blue2 = np.arange(18,27).reshape(3,3)
In [23]: blue2
Out[23]:
array([[18,19,20],
       [21,22,23],
       [24,25,26]])
In [24]: np.dstack((red2,green2,blue2))
Out[24]:
array([[[0,9,18],
        [1,10,19],
        [2,11,20]],
       [[3,12,21],
        [4,13,22],
        [5,14,23]],
       [[6,15,24],
        [7,16,25],
        [8,17,26]]])
```

从表面的输出结果来看，好像是 red2、green2、blue2 这三个二维数组被拉直了，并在纵向上进行了拼接。但实际并不是这样的，这里要注意的是，np.dstack 输出结果的方括号具有层次性。

对于深度方向的堆叠，就好比那首儿歌："你拍一，我拍一，一个小孩穿花衣；你拍二，我拍二，两个小孩梳小辫……"在相同的位置，被堆叠的数组，你出一个元素，我出一个元素，然后两者被封装在一起，形成一层元素。

对于前面的三个数组，如果不考虑深度方向，其输出结果从宏观上来看还是 3×3 的二维数组，有所不同的是，原来的每个点都由一个元素在深度反方向扩展变成了 3 个元素，好比一个像素点 RGB 各自的值，如图 2-5 所示。

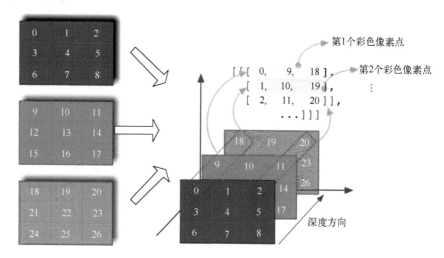

图 2-5　深度方向堆叠示意图

2.2.4　张量的分割操作

正如《三国演义》开篇所言，"天下大势，分久必合，合久必分"，NumPy 的数据处理亦是如此。张量有堆叠（stack）操作，也有对应的反操作——分割（split）。和堆叠类似，分割也包括水平方向分割、垂直方向分割和深度方向分割，分别用 hsplit、vsplit 和 dsplit 实现。

类似于 concatenate 方法可通过设置轴方向来实现水平方向堆叠和垂直方向堆叠，split 方法也可以通过设置分割方向分别实现 hsplit、vsplit 和 dsplit 的功能。

我们先来讨论 hsplit 方法的使用。hsplit 表示水平方向分割（horizontal split），即朝着列的方向（column-wise）发生分割行为，该方法的原型如下。

```
hsplit(ary, indices_or_sections)
```

其中，ary 表示要分割的数组，如果 indices 只有一个数值，则表示水平等分数组（所以要保证数组能被等分，否则会报错），如果分割的位置不止一个，则用 sections 来表达。sections 可以是一个数组，也可以是一个列表，其中的整数元素依次代表分割的位置。示例代码如下。

```
In [1]: import numpy as np
In [2]: array1 = np.arange(16.0).reshape(4,4)
In [3]: array1 #输出验证
Out[3]:
array([[ 0.,1.,2.,3.],
       [ 4.,5.,6.,7.],
       [ 8.,9.,10.,11.],
       [12.,13.,14.,15.]])
In [4]: np.hsplit(array1,2)①       #水平分割两个部分
Out[4]:
[array([[ 0.,1.],
        [ 4.,5.],
        [ 8.,9.],
        [12.,13.]]),
array([[ 2.,3.],
        [ 6.,7.],
        [10.,11.],
        [14.,15.]])]
```

实施 hsplit 方法的效果示意图如图 2-6 所示。

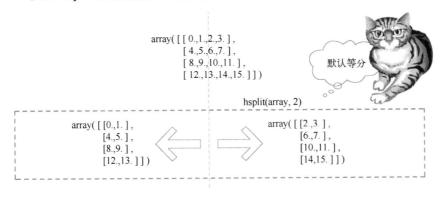

图 2-6　实施 hsplit 方法的效果示意图

我们知道，分割数组不是目的，分割后将元素提取出来使用才有

① 代码等价于 np.hsplit(array1,indices_or_sections = 2)

意义。这时，就需要知道 hsplit 返回的对象是什么数据类型，示例代码如下。

```
In [5]: list_arr = np.hsplit(array1,2)
In [6]: type(list_arr)    #查看np.hsplit()返回对象的数据类型
Out[6]: 'list'
In [7]: len(list_arr)     #查看返回对象包含几个元素
Out[7]: 2
```

从上面的输出可以看到，hsplit 返回的是一个包含若干个子数组的列表（list）。因此，我们可以用访问列表元素的方式（即方括号[ ]内加索引 index）来访问这些子数组。

```
In [8]: list_arr[0]       #这是列表中的第 0 个矩阵（从 0 开始计数）
Out[8]:
array([[ 0.,1.],
       [ 4.,5.],
       [ 8.,9.],
       [12.,13.]])
In [9]: list_arr[1]       #这是列表中的第 1 个矩阵
Out[9]:
array([[ 2.,3.],
       [ 6.,7.],
       [10.,11.],
       [14.,15.]])
```

以上代码的功能是把一个数组等分为两个部分。如果不止分割为两部分，又该如何操作呢？这时就要借助表达分割位置的列表或数组了。示例代码如下。

```
In [10]: array2 = np.arange(16.0).reshape(2,8)
In [11]: array2           #输出验证
Out[11]:
array([[0.,1.,2.,3.,4.,5.,6.,7.],
       [8.,9.,10.,11.,12.,13.,14.,15.]])
In [12]: split_arrays = np.hsplit(array2, [2,4,6])
In [13]: split_arrays     #输出验证
Out[13]:
[array([[0., 1.],
        [8.,9.]]),
 array([[ 2.,3.],
        [10.,11.]]),
 array([[ 4.,5.],
        [12.,13.]]),
 array([[ 6.,7.],
        [14.,15.]])]
```

我们来解释一下 In [12]处代码的含义。array2 就是待分割的数组，

[2,4,6]是一个列表，提供了 3 个分割位置，即第 2 列、第 4 列和第 6 列。如同切西瓜时，3 刀下去将西瓜分成 4 块一样，array2 这个数组就在列的方向被分成 4 个子矩阵，它们一起构成一个列表，如图 2-7 所示。

思考

In [12]处等号右边的部分等价于 np.hsplit (array2, 4)，你知道为什么吗？

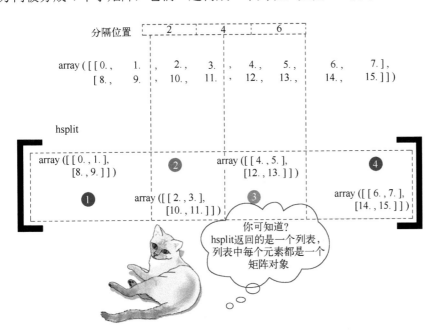

图 2-7　hsplit 方法的多区域分割示意图

hsplit 的效果等价于设置轴方向（axis = 1）的 split 方法，示例代码如下。

```
In [14]: np.split(array2,np.array([2,4,6]), axis = 1)
Out[14]:
[array([[0.,1.],
        [8.,9.]]),
array([[ 2.,3.],
        [10.,11.]]),
array([[ 4.,5.],
        [12.,13.]]),
array([[ 6.,7.],
        [14.,15.]])]
```

需要说明的是，In [14]处的分割参数既可以是一个列表，如[2,4,6]，也可以是一个 NumPy 数组，如 np.array([2,4,6])。

类似地，vsplit 表示垂直方向上的分割，方法名中的首字母 "v" 就是 "vertical"（垂直）之意。示例代码如下。

```
In [15]: np.vsplit(array1,2)        #将 arr 数组等分为两个部分
Out[15]:
[array([[0.,1.,2.,3.],
```

```
          [4.,5.,6.,7.]]),
array([[ 8.,9.,10.,11.],
       [12.,13.,14.,15.]])]
```

实施 vsplit 方法的效果示意图如图 2-8 所示。

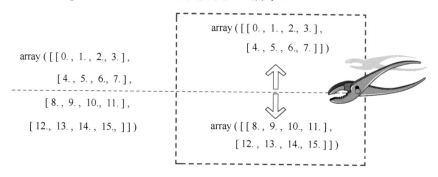

图 2-8　实施 vsplit 方法的效果示意图

同样，vsplit 方法的功能可以用 split 方法配合行方向的轴参数（axis = 0）来实现。

```
In [16]: np.split(array1,2, axis = 0)
Out[16]:
[array([[0.,1.,2.,3.],
        [4.,5.,6.,7.]]),
array([[ 8.,9.,10.,11.],
       [12.,13.,14.,15.]])]
```

> **注意**
>
> 我们日常习惯数轴的个数从 1 开始。但在堆叠与分割方法中，如果用 axis 参数指定是第几个轴时，它是从 0 开始计数的。

自然，也可以利用 vsplit 方法设置 indices_or_sections，用列表作为参数，达到非等分数组的目的，其用法与 hsplit 类似，这里不再赘述。最后，我们讨论深度方向的分割（depth-wise split），它采用的方法是 dsplit，该方法的原型如下。

dsplit(ary,indices_or_sections)

dsplit 方法中的参数意义与 vsplit 和 hsplit 中的参数意义完全一致，其功能是沿第三轴（深度）方向将阵列拆分为多个子阵列。当利用分割方法 split 设置 axis = 2（从 0 计数）时，那么 split 与 dsplit 是等价的。如果数组维数大于或等于 3，则 dsplit 方法始终沿第三个轴进行拆分，示例代码如下。

```
In [17]: array3 = np.arange(16.0).reshape(2,2,4)
In [18]: array3                    #输出验证
Out[18]:
array([[[ 0.,1.,2.,3.],
        [ 4.,5.,6.,7.]],
       [[ 8.,9.,10.,11.],
        [12.,13.,14.,15.]]])
```

```
In [19]: np.dsplit(array3,2)          #将 array3 在深度方向上等分为两个部分
Out[19]:
[array([[[ 0.,1.],
         [ 4.,5.]],

        [[ 8.,9.],
         [12.,13.]]]),
 array([[[ 2.,3.],
         [ 6.,7.]],

        [[10.,11.],
         [14.,15.]]])]
```

对于深度方向的分割结果，读者们可能会产生困惑，其原因在于，大家对三维（或高于三维）张量的尺寸布局可能存在认知偏差。In [17]处的张量 array3 的尺寸为(2，2，4)，可以将其布局理解为 2 个 2×4 的二维张量，而不是 2×2 的二维张量有 4 个，与其说是在深度方向分割，不如说是在第 3 个维度方向上进行分割，这样就更容易理解了，如图 2-9 所示。

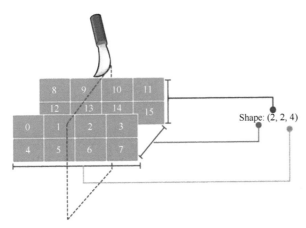

图 2-9　深度方向分割示意图

由于 array3 在第三个维度上的尺寸为 4，因此上述代码利用 dsplit 方法完成了张量在深度方向的二等分。如果我们不想在深度方向上等分，而是进行一、三分割，该怎么办呢？如前所述，split 方法在设置 axis = 2（从 0 计数）的情况下等价于 dsplit 方法，下面我们用 split 方法来完成上述分割。

```
In [20]: np.split(array3,[1,],axis = 2)
Out[20]:
[array([[[ 0.],
         [ 4.]],

        [[ 8.],
         [12.]]]),
```

```
array([[[ 1.,2.,3.],
        [ 5.,6.,7.]],

       [[ 9.,10.,11.],
        [13.,14.,15.]]])
```

需要注意的是，在 In [20]处，np.split(array3,[1,],axis = 2)的第二个参数中的"1"需要用方括号括起来，表示这是一个列表，其后的","是一个修饰，表示后面还可以有其他元素，也可删除。这里主要是为了增强程序可读性，提醒用户注意"它"并不寻常。

如果 split 方法的第二个参数是列表（或数组），则表示数组会在列表（或数组）给定元素的位置进行分割，这里的列表中只有一个元素 1，表示从第 1 列开始分割。因为第二维度方向（从 0 计数）的数组共有 4 列，前面的第 1 列被分离了，剩余的自然就是 3 列，这就是数组的一、三分割法。如果把第二个参数 1 的外围方括号去掉，含义就不同了。假设该处的数值为 n，那么它就表示整个数组被 n 等分，若 $n = 1$，就表示不分割，返回的就是未分割前的数组本身，读者可自行修改代码，并运行查看相应结果。

2.3 NumPy 张量的升维与降维

在数值运算时，有时为了操作方便或适配计算框架所要求的维度，需要对张量进行升维或降维。设想这么一个场景：学校 A 有 100 名学生，每名学生学习 10 门课，如果想存储这些学生的成绩，用一个 100×10 的二维数组就可以完成。但如果学校 B 和 C 也分别有 100 名学生，每名学生学习 10 门课。这样一来，学校 B 和 C 也分别需要 100×10 的二维数组来存储成绩。现在我们想把 A、B 和 C 校的学生成绩合并分析，以便做出更好的决策。我们可以通过前面介绍的向量堆叠方法来完成。

```
In [1]: import numpy as np
In [2]: np.random.seed(19680101)          #定义全局种子
In [3]: Class_A = np.random.randint(60,100,[100, 10])
                                          #创建 100×10 个 60~100 的随机整数模拟成绩
In [4]: Class_A                           #输出验证
Out[4]:
array([[88,95,64,75,90,67,79,97,77,77],
       [88,64,81,63,74,64,68,73,95,91],
       ...#省略大部分数据
       [97,66,76,61,88,83,80,80,84,89],
       [94,68,89,85,98,94,90,94,77,87]])
```

```
In [5]: Class_A.shape
Out[5]: (100,10)
In [6]: Class_B = np.random.randint(60,100,[100,10])
In [7]: Class_C = np.random.randint(60,100,[100,10])
In [8]:Class_combined = np.vstack([Class_A,Class_B,Class_C])     #垂直方向堆叠
In [9]:Class_combined.shape
Out[9]: (300,10)
```

在上述代码中，In [3]处利用 NumPy 的随机数模块，创建尺寸为 100×10 的随机数张量 Class_A 来模拟学校 A 的成绩，成绩的分布范围为 60～100。Out[5]用于验证输出 Class_A 的尺寸。In [6]和 In [7]做了类似地工作，分别创建了 Class_B、Class_C 来模拟学校 B 和学校 C 的成绩。在 In [8]处利用 vstack 合并了三个张量。在 In [9]处验证了合并后的张量尺寸。直接使用这个合并张量是没有问题的，但问题在于，如何区分这些来自不同学校的成绩数据。当然，我们可以利用切片技术，即 0～99 行数据来自学校 A，100～199 行数据来自学校 B，200～299 行数据来自学校 C。如果学校多了，这种处理方式会比较烦琐。

提示

读者可以利用前面章节中学习到的 np.newaxis 或 None 等参数来完成张量特定位置上的维度提升。

我们能不能换一种思路来解决该问题呢？我们把 Class_A、Class_B、Class_C 都分别提升一个维度，利用这个提升的维度给学校编号，例如，索引 0 对应学校 A，索引 1 对应学校 B，索引 2 对应学校 C，依此类推。示例代码如下。

```
In [10]: Class_A_expand_one_dim = np.expand_dims(Class_A,axis = 0)
                                #在第 0 个轴进行升维
In [11]: Class_A_expand_one_dim.shape
Out[11]: (1,100,10)
In [12]: Class_B_expand_one_dim = np.expand_dims(Class_B,axis = 0)
In [13]: Class_C_expand_one_dim = np.expand_dims(Class_C,axis = 0)
In [14]: Combined_A_B_C = np.vstack([Class_A_expand_one_dim,
                                     Class_B_expand_one_dim,
                                     Class_C_expand_one_dim])
In [15]: Combined_A_B_C.shape
Out[15]: (3,100,10)
```

在上述代码中，我们利用 expand_dims 方法对 Class_A 进行了升维，随后（In[11]）验证了升维的结果。该方法的原型如下。

```
numpy.expand_dims(a,axis)
```

该方法的功能就是在张量指定轴（axis）方向插入一个新的轴，即在该轴上提升一个维度。由于张量本来是不存在这个维度的，但是我们"无中生有"添加了一个维度，并且张量中元素总个数是恒定的，因此张量在这个维度上的长度只能是 1。接着，我们分别对 Class_B 和 Class_C 进行

升维处理。然后在 In [14]处将这三个张量进行合并，合并的张量名为 Combined_A_B_C。升维后的尺寸为(3, 100, 10)

现在，若要访问学校 A 的成绩，则仅用 Combined_A_B_C[0]即可，下面我们比较 Combined_A_B_C[0]和原始的没有升维之前的 Class_A 是否等同。

```
In [16]: Combined_A_B_C[0] == Class_A
Out[16]:
array([[ True,True,True,True,True,True,True,True,True,True],
      ...#省略大部分输出
      [ True,True,True,True,True,True,True,True,True,True]])
```

从上面的输出可以发现，二者完全等同。类似地，我们用 Combined_A_B_C[1]、Combined_A_B_C[2]分别取代 Class_B 和 Class_C。

再假设，当我们分析完毕后，各个学校的成绩都有一个本校的标签，其实也是不必要的。就好比，在学校 A 里，我们讲学校 A 张三语文成绩，学校 A 张三数学成绩，学校 A 张三英文成绩……学校 A 李四语文成绩……在同一所学校内部，"学校 A"这个维度其实就是多余的，因此这时我们就需要降维。

以 Class_A_expand_one_dim 为例，它的维度尺寸为(1,100,10)，现在将其第一个维度去掉，需要用到 squeeze 方法，其原型如下。

```
numpy.squeeze(a, axis = None)
```

上述方法的功能就是把指定轴方向维度为 1 的维度"压榨"（squeeze），即起到降维的目的。如果不指定 axis 的值，就会把所有维数为 1 的维度一并降维。示例代码如下。

```
In [17]: Class_A_squeeze = np.squeeze(Class_A_expand_one_dim) #降维
In [18]: Class_A_squeeze.shape
Out[18]: (100,10)
```

需要说明的是，只有张量在某个维度上为 1，这个维度才可以被降维（或说删除）。如果某个维度不是 1，则不可以强行降维。

2.4 数据的去重与铺叠

在 NumPy 中，数据集合中可能有重复，这时我们需要去重。但又有时数据不够用，我们需要如同平铺"瓦片"一般铺叠数据，直到得到符合给定尺寸的数据。NumPy 分别提供了 unique 和 tile 方法来完成上述的数据去重和铺叠。

2.4.1　用 unique 去重

在数据统计分析中，经常要剔除一些重复的数据，得到"干净"数据。这时，就需要用到 NumPy 中的 unique 方法，unique 的本意就是"独一无二"。该方法不仅可以去重，以保证数据的唯一性，而且还可以对去重后的数据进行排序，其原型如下。

```
numpy.unique(arr,return_index = False,return_inverse = False,return_counts = False,
axis = None)
```

在 unique 方法中，arr 是最核心的参数，它表示要去重的数组。示例代码如下（对应的示意图如图 2-10 所示）。

```
In [1]: import numpy as np
In [2]: arr = np.array( [0,1,2,0,2,3,4,3,0,4])      #定义一个数组，名为 arr
In [3]: np.unique(arr)                              #去重后升序输出
Out[3]: array([0,1,2,3,4])
In [4]: np.unique(ar)[::-1]                         #去重后降序输出
Out[4]: array([4,3,2,1,0])
```

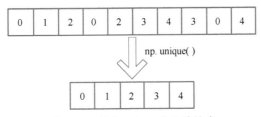

图 2-10　利用 unique 去重并排序

如果我们不对 unique 方法中的 axis 参数进行赋值，那么它取默认值 None，其含义为先将数组展平（flatten）为一维（1D）数组，然后再去重，返回的数据是展平并降维去重后的一维数组，如图 2-11 所示。

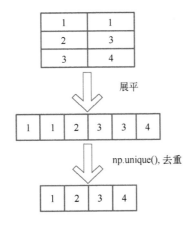

图 2-11　二维数组的展平与去重

```
In [5]: arr2 = np.array([[1,1],
                         [2,3],
                         [3,4]])
In [6]: np.unique(arr2)                #二维数组被展平后去重
Out[6]: array([1,2,3,4])
```

当然，我们可以为 unique 方法设置轴（axis）方向，让它按照我们指定的轴方向去重，示例代码如下。

```
In [7]: np.unique(arr2,axis = 0)        #没有达到去重效果
Out[7]:
array([[1,1],
       [2,3],
       [3,4]])
In [8]: np.unique(arr2,axis = 1)        #没有达到去重效果
Out[8]:
array([[1,1],
       [2,3],
       [3,4]])
```

从上面代码的输出结果来看，无论是将 axis 设置为 0 或 1，都没有达到去重的效果。其实，这并非 unique 方法失效了，而是因为设置了去重的轴。当 axis = 0 时，表示在行方向上检查是否有重复的行，如果有，则去重。类似地，当 axis = 1 时，表示在列方向上检查是否有重复的列，如果有，则去重。在上述代码中，无论是以行还是以列为颗粒度来审查，均无重复，因此不需要去重。下面让我们构建一个存在重复的行或列的数组，然后再次调用 unique 方法，分析效果。

```
In [9]: arr3 = np.array([[1,1,0],        #行或列均有重复
                         [1,1,0],
                         [2,2,4]])
In [10]: np.unique(arr3, axis = 0)       #在行方向去重：第 0 行和第 1 行重复
Out[10]:
array([[1,1,0],
       [2,2,4]])
In [11]: np.unique(arr3,axis = 1)        #在列方向去重：第 0 列和第 1 列重复
Out[11]:
array([[0,1],
       [0,1],
       [4,2]])
```

unique 方法还有第二个参数 return_index 可用。当 return_index=True 时，该方法会返回两个数组，第一个返回值依然是去重后的数组，第二个返回值就是去重后数组元素首次出现在原始数组中的索引。示例代码如下，其工作示意图如图 2-12 所示。

```
In [12]: arr = np.array([0.1,1.2,2.3,5.2,2.3,5.2,2.3,3.1,1.2])
In [13]: uni_arr, indices = np.unique(arr,return_index = True)
In [14]: uni_arr                        #去重后的数组
Out[14]: array([0.1,1.2,2.3,3.1,5.2])
In [15]: indices              #去重后的数组元素在原始数组中首次出现的位置
Out[15]: array([0,1,2,7,3])
```

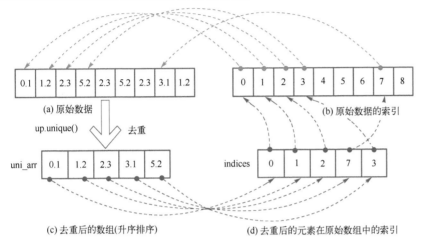

图 2-12　unique 方法中的 return_index 参数的工作示意图

当我们知道返回的索引数组的含义时，就可以很容易地求得整个数组的极值。

```
In [16]: arr[indices[-1]]            #求极大值，等价于 uni_arr[-1]
Out[16]:  5.2
In [17]: arr[indices[0]]             #求极小值，等价于 uni_arr[0]
Out[17]: 0.1
```

若设置 unique 方法的第三个参数 return_inverse=True，则表示该方法会返回反向索引。这里的反向就是原始数组元素在去重后数组中的索引位置。返回的这个反向索引数组 inverse_indices 与原始数组 arr 的维度一致，示例代码如下。

```
In [18]: uni_arr,indices,inverse_indices = np.unique(arr,
                                          return_index = True,
                                          return_inverse = True )
In [19]: inverse_indices
Out[19]: array([0, 1, 2, 4, 2, 4, 2, 3, 1])
```

上述代码对应的示意图如图 2-13 所示。如 Out[19]处的输出结果，返回的反向索引值是[0, 1, 2, 4, 2, 4, 2, 3, 1]。下面我们来解释一下这些数值的来历。

按照顺序，经过去重并排序后，原始数组的第 0 个值（即 0.1，索引从 0 记数），在新数组 uni_arr 中的索引位置为 0；原始数组的第 1 个值（即 1.2），在新数组 uni_arr 中的索引位置为 1，这个 1.2 还在原始数组中第 9 个位置出现。于是，反向索引 inverse_indices 第 1 和第 8 个位置都填写新数组的索引为 1。

类似地，数值 2.3 分别在原始数组的第 2、第 4 和第 6 的位置重复，2.3 在新数组中的索引值为 2，则在 inverse_indices 数组中的第 2、第 4 和第 6 的位置都重复标记为 2。在图 2-13 中，为简明起见，我们仅对去重元素 2.3 做了标注。

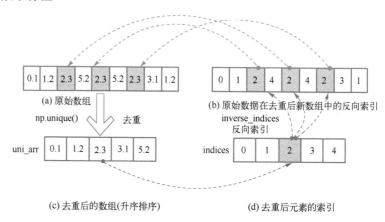

图 2-13　unique 方法的反向索引

反向索引有什么用呢？最直接的用处就是从去重之后的数组中"反向"恢复原始数组，这些反向索引就是前文提到的"花式索引"，即索引不按顺序且可重复，如下代码所示。

```
In [20]: uni_arr[inverse_indices]
Out[20]: array([0.1,1.2,2.3,5.2,2.3,5.2,2.3,3.1,1.2])
```

2.4.2　用 tile 铺叠数据

前面我们讨论了数组的去重操作，实际上，有时我们还需要铺叠数据来复制数据源。这种操作在 NumPy 中称为 tile（数据铺叠）。tile 的本意是瓷砖、瓦片。np.tile 表示将已成型的数据贴片通过多次铺叠(如同铺设瓷砖一样)构造一个新的数据向量，其原型如下。

```
numpy.tile(A,reps)
```

其中，参数 A 是待复制的数据贴片，reps（是 repeats 的简写）是 A 在某个轴上铺叠的次数。需要注意的是，reps 也可以是一个元组，元组中不同位置的数值表示在不同轴铺叠的次数。如果 reps 是标量，那么它就表示在第 0 个轴（axis = 0）上复制 A 共 reps 次。这里的复制可理解为 A×reps，如果 reps 为 1，则表示 A 本身在 axis 上出现 1 次。类似地，如果 reps 为 2，则表示在 axis 上出现两次，依此类推。

我们先来说明一维方向的数据铺叠。示例代码如下，复制参数名称 "reps = "
可以省略，仅保留复制的数值即可。对应的示意图如图 2-14 所示。

```
In [1]: import numpy as np
In [2]: arr1 = np.array([3,5,7])        #一维数组
In [3]: np.tile(arr1,1)                 #等价于 np.tile(arr1,reps = 1)
Out[3]: array([3,5,7])
In [4]: np.tile(arr1,3)                 #等价于 np.tile(arr1,reps = 3)
Out[4]: array([3,5,7,3,5,7,3,5,7])
```

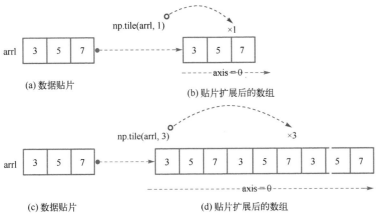

图 2-14　一维数组的单轴铺叠

当 reps 为标量时，数据贴片也可以是二维或更高维数组。请注意，此
时仅是数据贴片的尺寸变大了而已，其含义依然是在 axis = 0 上进行复
制，示例代码如下，对应的示意图如图 2-15 所示。

```
In [5]: arr2 = np.array([[3,4],        #二维数组
                         [5,6]])
In [6]: np.tile(arr2,3)                #等价于 np.tile(arr2, reps = 3)
Out[6]: array([[3,4,3,4,3,4],
               [5,6,5,6,5,6]])
```

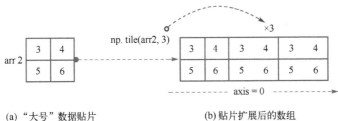

图 2-15　二维数组的单轴铺叠

如果 reps 为一个元组，设这个元组形式为 (a,b,c)，那么 tile 数据贴片
的运作模式是：元组中的数字从左向右数，出现的第一个数字代表的是第
0 个轴（axis = 0），数据贴片在这个方向上铺叠 a 次；元组出现的第二个数

字代表的是第 1 个轴（axis=1），数据贴片在这个方向上铺叠 b 次；类似地，元组中出现的第三个数字代表第 2 个轴（axis=2），数据贴片在这个方向上铺叠 c 次，依此类推。我们先来说明一维数组在多个轴的铺叠情况，示例代码如下，对应的示意图如图 2-16 所示。

```
In [7]: np.tile(arr1, (1,1))
Out[7]: array([[3,5,7]])
In [8]: np.tile(arr1,(1,1)).shape
Out[8]: (1, 3)
In [9]: np.tile(arr1,(2,3))      #等价: np.tile(arr1,reps = (2,3))
Out[9]: array([[3,5,7,3,5,7,3,5,7],
               [3,5,7,3,5,7,3,5,7]])
```

需要注意的是，在 In [7]处，两个维度上的数据铺叠尺寸都是 1，即 reps=(1,1)，只看输出的数值，似乎并没有发生变化，其实被铺叠的向量维度已经发生了变化，那就是它的维度提升了。原来维度是(3,)，变成了(1, 3)，我们可以用 shape 属性来验证铺叠后的数据维度，见代码 In [8]。从输出的外观上来看，就是包含数值的方括号层次发生了变化（从 1 层提升为 2 层），其效果参见图 2-16(a)和(b)。

In [9]就是把一维数据贴片在两个维度上进行铺叠，铺叠的数量都大于 1，其效果参见图 2-16(c)和(d)

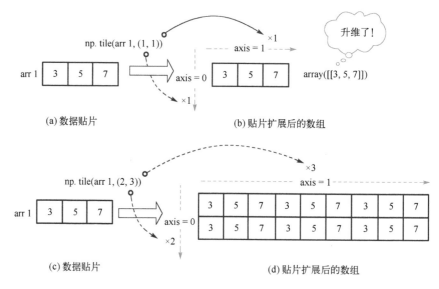

图 2-16 一维数组的多位（元组）铺叠

通过上面的知识铺垫，我们就比较容易理解二维数组（可视为"大号"数据贴片）在多维度上铺叠的运作方法了。下面是两个轴的数据贴片铺叠，代码如下（见代码 In [10]），对应的示意图如图 2-17 所示。

```
In [10]: np.tile(arr1,(2,3))      #等价于 np.tile(arr1, reps = (2,3))
Out[10]:
array([[3,4,3,4,3,4],
       [5,6,5,6,5,6],
       [3,4,3,4,3,4],
       [5,6,5,6,5,6]])
```

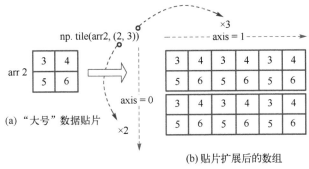

图 2-17　二维数组在两个维度(2,3)上的数据铺叠

2.5　张量的排序

为提升数据分析能力，NumPy 提供了很多好用的统计函数（如排序、去重、极大/极小值索引等），这些函数值得我们掌握。灵活地使用它们，可以大大提高我们的数据分析能力。下面我们先来讨论向量的排序问题。

2.5.1　数值排序

排序（sort）是数据分析中经常使用的一种操作，其目的是将一组无序的记录序列调整为有序的记录序列。在 NumPy 中，numpy.sort 是最常用的排序方法之一，其原型如下。

```
numpy.sort(a, axis=-1, kind=None, order=None)
```

参数说明：

- a: 要排序的数组。
- axis：指定要排序的数组的轴。若没有指定数值，则沿着最后一个轴（axis = −1）进行排序；将其指定为 None，则在排序之前，先将数组平铺（flatten）。
- kind：指定排序的算法。默认为 quicksort（快速排序），可选的值还有 mergesort（归并排序）、heapsort（堆排序）等。

- order: 排序的索引顺序。若数组 a 是一个定义了字段的数组，则这个参数可以辅助指定主排序的字段（列）和后续的次排序字段等。

sort 方法应用的相关示例代码如下。

```
In [1]: import numpy as np
In [2]: import numpy as np
In [3]: arr = np.array([3,4,0,1])
In [4]: np.sort(arr)
Out[4]: array([0,1,3,4])        #返回排序后的数组视图
In [5]: arr                     #输出验证：原始数组 arr 并未发生变化
Out[5]: array([0,1,3,4])
```

In [4]处的代码可以等价为 np.sort(arr, axis = 0)或 np.sort(arr, axis = –1)。对一维数组而言，由于它仅有一个轴，为了使码简洁，通常无须设置排序轴的方向。

此外，需要说明的是，numpy.sort 返回的是一个排序后的拷贝（即原始数组的一个视图），由于这个排序结果与原始数组在不同的内存空间，因此它并不会影响原始数组的值，如 Out[5]处的输出结果所示。

上面的案例是针对数值排序的，事实上，sort 方法还适用于字符串、布尔数组等，示例代码如下。

```
In [6]: arr2 = np.array(['banana','cherry','apple'])
In [7]: print(np.sort(arr2))         #按字典字母的升序排序
['apple' 'banana' 'cherry']
In [8]: arr3 = np.array([True,False,True])  #升序排序：True 为 1，False 为 0
In [9]: print(np.sort(arr3))
[False True True]
```

目前，np.sort 只支持从小到大的升序排序，如果想降序排序，只能使用一些间接方法，示例代码如下。

```
In [10]: np.sort(arr)[::-1]              #按数值降序排序
Out[10]: array([4,3,1,0])
In [11]: np.sort(arr2)[::-1]             #按字典字母降序排序
Out[11]: array(['cherry','banana','apple'], dtype = '<U6')
In [12]: np.sort(arr3)[::-1]             #布尔降序排序：True 为 1，False 为 0
Out[12]: array([ True,True,False])
```

对于二维以上的数组而言，由于数轴比较多，因此需要考虑是否设置排序轴，以及设置哪个轴进行排序，首先我们来构造一个元素取值范围在 1~9 的随机二维数组。

```
In [13]: np.random.seed(77)              #设置随机种子，保证取值的复现性
In [13]: array_2d = np.random.choice(a = np.arange(start = 1, stop = 10),
                        size = 9, replace = False).reshape([3,3])
In [14]: array_2d                        #输出验证
Out[14]:
array([[3,6,1],
       [2,4,7],
       [5,9,8]])
```

首先我们来看排序轴为空（None）的情况，示例代码如下。

```
In [15]: np.sort(array_2d, axis = None)      #排序前将二维数组展平为一维，然后对其进行排序
Out[15]: array([1,2,3,4,5,6,7,8,9])
```

若轴为空"（None）"，则排序并非不起作用，而是在排序前，NumPy 会将二维数组展平为一维数组，因此我们获得的将是一个一维升序数组。

如果对高维数组设置排序数轴又会是什么情况呢？请参考如下代码。

```
In [16]: np.sort(array_2d,axis = 0)          #按照垂直方向进行排序
Out[16]:
array([[2,4,1],
       [3,6,7],
       [5,9,8]])
```

从输出结果可以看出，设置排轴序 axis = 0，实际上就是在垂直方向上排序，一个个垂直单元实际上就是一个列，np.sort 就在列内升序排序。例如，原始数组的第 0 列原本是[3, 2, 5]，排序后就变为[2, 3, 5]，其他列依此类推。

对于设置排轴序 axis = 1 进行类似地操作，它表明在水平方向上排序，水平方向实际上就是一个个行，在行内升序排序。

```
In [17]: np.sort(array_2d) #默认按最后一个轴排序，此处为 1，即在水平方向上进行排序
Out[17]:
array([[1,3,6],
       [2,4,7],
       [5,8,9]])
```

2.5.2　按列名（order）排序

事实上，NumPy 的功能很强大，如果结构化配置得当，在一定程度上，可以将 NumPy 数组当作一个简化版的数据库。例如，我们可以为每列都取一个名字，并指定数据类型。据此，我们可以对特定的列名进行排序，甚至可以指定多个列排序，这些列排序可以做到主次分明，当主排序列相同，就启用次排序列。

 思考

请读者思考：代码 In [17] 等价于 np.sort (array_2d, axis = 1) 和 np.sort (array_2d, axis = −1)，为什么将 axis 设置为 1 和 −1 的排序结果都是一致的呢？

让我们考虑一个常见的应用场景，假设我们要对学生的成绩进行排序，先按总成绩排序，如果总成绩相同，则接着对数学成绩进行排序，如果数学成绩也相同，则对语文成绩进行排序。此时，就需要启用 np.sort 方法的最后一个参数 order。注意，启用 order 参数的前提是，需要有命名的结构化数组。

在讲解 order 参数的使用之前，我们先铺垫一些理论知识。在 Python 中，"万物"皆对象，数据类型也不例外。我们先构建一个包含列名和数据类型的数据类型对象 dt。示例代码如下。

```
In [1]: import numpy as np
In [2]: dt = np.dtype([('score','i1')])          #设置数据类型对象
In [3]: print(dt)
[('score', 'i1')]
```

在 In [2]处，我们用一个包含元组的列表定义了一个数据类型。元组内部第一部分是数据的名称，第二部分是指定数据的类型。

为了使代码简洁，NumPy 对数据类型做了简写，表 2-1 给出了数据类型标识码。

表 2-1　数据类型标识码

字符	对应数据类型	字符	对应数据类型
'?'	布尔（bool）类型	'm'	时间间隔（timedelta）类型
'b'	带符号单字节（signed byte）类型	'M'	时间日期（datetime）
'B'	不带符号单字节（unsigned byte）类型	'O'	Python 对象（Python objects）
'i'	带符号的整型数据（signed integer）	'S', 'a'	零终止字节（zero-terminated byte，不推荐使用）
'u'	不带符号的整型数据（unsigned integer）	'U'	Unicode 字符串（Unicode string）
'f'	浮点数类型（floating point）	'V'	原始数据（void）
'c'	复数浮点数（complex-floating point）		

需要说明的是，很多数据类型还可以细分，NumPy 采用"标识符号+所占字节"构成细分标签。比如，整型数据（integer，简写为 int 或 i）可以有 int8, int16, int32, int64 ，为了区分，这 4 种数据类型可以分别用字符串 'i1', 'i2','i4','i8' 代替，"i"后面的数字表示所占用的字节数。再比如，'f8'表示占据 8 字节的浮点数（float，简写为 f）。'S10'表示占据 10 字节的字符串（string，简写为 s）。

有了新构造的数据类型，下面我们就可以定义数据了。

```
In [4]: dt = np.dtype([('score','i1')])
In [5]: a = np.array([(55,),(75,),(85,)], dtype = dt)
In [6]: print(a)
[(55,) (75,) (85,)]
```

需要注意的是，在构造自定义数据类型时，每个数据元素都有以元组对象的形式提供，在 In [5]处的数据 55、75 和 85 必须用圆括号括起来，而且其后的逗号不能省略，因为逗号是元组的核心标准之一，一旦省略，诸如(55)这样的数据，就会自动退去圆括号，化作一个普通的数据 55，而不再是包含一个数值 55 的元组。

我们可以通过数组的 dtype 属性获取数组 a 的数据类型。

```
In [7]:  a.dtype
Out[7]:  dtype([('score','i1')])          #单字节的整型
In [8]:  a.itemsize                        #查看元素的大小
Out[8]:  1
```

前面我们费尽周折地自定义结构化数据，好处在哪里？最大的好处就是通过数据（如前面定义的 score）名称来提取数据，这样增强了代码的可读性。

```
In [9]:  print(a['score'])
Out[9]:  [55 75 85]
```

当数据类型单一，如只有一个类别时，结构化数据还不能体现出来它的优势，当有多个数据类型时，可读性强、操作便捷的优势就体现出来了。

通常情况下，结构化数据类似于数据库，即通过使用字段的形式来描述某个对象的特征。比如，我们可以描述一位教师的姓名、年龄、工资的特征，该结构化数据包含以下字段。

```
str 字段：name
int 字段：age
float 字段：salary
```

在 NumPy 中，我们可以批量地自定义数据类型，然后用其定义该类型的数据对象，示例代码如下。

```
In [10]: tea_type = np.dtype([('name','S20'), ('age','i1'), ('salary','f4')])
In [11]: print(tea_type)                   #输出数据类型
[('name','S20'), ('age','i1'),('salary','<f4')]
In [12]: values = [('zhangsan',38,6348.5),
                   ('lisi',52,7812.9),
                   ('wangwu',38,8315.2)]
In [13]: teachers = np.array(values,dtype = tea_type)   #构造一个结构化数组
In [14]: print(teachers)
[(b'zhangsan',38,6348.5) (b'lisi',52,7812.9) (b'wangwu',38,8315.2)]
```

需要注意的是，In [13]处生成数据对象 teachers 是一个包括一系列三元组的一维数组，而不是二维数组，数组 teachers 中的每个元素都是一个包括三个字段的元组（参见 In [14]处的输出）。

如果我们想提取这一系列三元组的某个字段，如 name、age 或 salary，可以很方便地用方括号内嵌字段名的方式来完成，示例代码如下。

```
In [15]:  teachers['name']
Out[16]:  array([b'zhangsan', b'lisi', b'wangwu'], dtype='|S20')
In [16]:  teachers['salary']
Out[16]:  array([6348.5, 7812.9, 8315.2], dtype=float32)
```

有了上面的知识铺垫，现在我们可以对数组按列名（即字段名）进行排序了。比如，我们按年龄（age）对数组进行排序。

```
In [18]:  np.sort(teachers, order = 'age')        #对数组 teachers 名为 age 列进行排序
Out[18]:
array([(b'wangwu',38,8315.2), (b'zhangsan',38,6348.5),
       (b'lisi',52,7812.9)],
    dtype=[('name','S20'),('age','i1'),('salary','<f4')])
```

从输出结果可以看出，三个元素的确是按 age 进行升序排序的。但有一个潜在的问题，有两个人（wangu 和 zhangsan）都是 38 岁，那么谁排在前面呢？当主排序相同时，可以启用次排序，这里用的是'salary'，示例代码如下。

```
In [18]:  np.sort(teachers, order = ['age','salary'])
Out[18]:
array([(b'zhangsan',38,6348.5),(b'wangwu',38,8315.2),
       (b'lisi',52,7812.9)],
    dtype=[('name','S20'),('age','i1'),('salary','<f4')])
```

我们解释一下"<f4"中"<"的含义。在计算机科学领域中，组成多字节的数值有不同的排列顺序。字节的排列方式有两个通用规则。比如，将一个多位数的低位字节放在较小的地址处，高位字节放在较大的地址处，则称小端序（little-endian）；反之则称大端序（big-endian）。在 NumPy 中，"<"表示小端序，反之，">"表示大端序。知道这个规则，我们就可以理解"<f4"的含义了，它表示采用 8 字节的浮点数，且采用小端序。类似地，"<i8"表示采用 8 字节的整数，且采用小端序。

2.5.3 多序列排序（lexsort）

在 NumPy 中，还可以使用 lexsort 方法来执行多个列的排序，其原型如下。

```
numpy.lexsort(keys,axis= -1)
```

给定多个用于排序的 keys，这些 keys 可以视作表单中的一个个数据序列（类似于列）。axis 是用于排序的轴，默认是根据最后一个轴（取值-1）进行排序。该方法的返回值是沿着指定的 axix 对 keys 进行排序的原值索引数组。

可以用元组将多个充当数据源的 keys 一起打包。该方法的使用请参考如下代码。首先我们构造两个待排序的数组。

```
In [1]:
01   import numpy as np
02   A = np.array([9,3,1,3,4,3,6]) # A 列
03   B = np.array([4,6,9,2,1,8,7]) # B 列
04   print('原始数组\n 列 A  列 B')
05   for (col1,col2) in zip(A,B):
06       print(f'{col1:2d}  {col2:2d}')
Out[1]:
原始数组
列 A  列 B
 9   4
 3   6
 1   9
 3   2
 4   1
 3   8
 6   7
```

其次我们用 lexsort 方法对数组进行排序。

```
In [2]:
01   index = np.lexsort(keys = (B,A)) # 先按 A 排序，再按 B 排序
02   print('排序后的索引:',index)
03   print('排序后的数组:\n 列 A  列 B')
04   for num in index:
05       print(f'{A[num] : 2d}  {B[num] : 2d}')
out[2]:
排序后的索引: [2 3 1 5 4 6 0]
排序后的数组:
 列 A  列 B
 1   9
 3   2
 3   6
 3   8
```

```
4   1
6   7
9   4
```

In [2]中的第 01 行利用 np.lexsort 方法对数组进行升序排序，需要特别注意的是，主排序的数据源（如 A）放在元组的右边，而次排序的数据源（如 B）放在元组的左边。代码中的"keys ="可以省略。

当主排序中的数据有重复时，就可以体现次排序的作用了。如主排序 A 中有 3 个 3，那么如何对它们进行（升序）排序呢？这时就要看它们的"搭档"——相同索引位置的次排序 B 的值。具体来说，数组 A 中的 3 个 3，在 B 中对应的值分别是 6、2 和 8，它们对应的索引值分别是 1、3 和 5。现在将 6、2 和 8 进行升序排序，为 2、6 和 8，此时并非真的对原始数据进行本地排序，仅仅是将它们对应的索引值移到排序的位置，排序后的 2、6 和 8 对应的原始索引值分别为 3、1 和 5。

Lexsort 方法的返回值是一个索引数组，如果我们用这个索引数组作为原始数组的下标，那么就可以得到排序后的数组。

```
In [3]: np.array(list(zip(A,B)))[index]
out[3]:
array([[1,9],
       [3,2],
       [3,6],
       [3,8],
       [4,1],
       [6,7],
       [9,4]])
```

2.5.4 索引排序（argsort）

有时，我们仅仅想知道某个数值在整个数组中排序所处的位置，进而移动数据的位置，而不是真正在本地（inplace）的排序。这时，就需要用到另一个常用的排序函数，即 numpy.argsort，arg 是变元（即自变量 argument）的英文缩写，其功能是返回与给定轴上的排序索引，该索引数组的尺寸与原始数组的尺寸相同，其原型如下。

```
numpy.argsort(a, axis = -1, kind = None, order = None)
```

numpy.argsort 的参数含义与 numpy.sort 的完全相同，这里不再赘述。下面先用一维数组来举例说明其用法。

```
In [1]: import numpy as np
In [2]: vector = np.array([3.1,1.2,2.4,-7.1])
In [3]: index = np.argsort(vector)
In [4]: print(index)
array([3,1,2,0])
```

上述代码输出的结果可能令人困惑，如图 2-18 所示的 argsort 方法的
工作原理，能让我们一目了然。

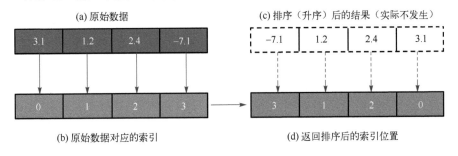

图 2-18 argsort 方法的工作原理

图 2-18(a)是原始数据，图 2-18(b)是原始数据对应的索引，而图 2-18(c)
是排序后的结果，实际上并没有发生，而图 2-18(d)就是排序后数据所在原
始数组中的索引位置。比如，"–7.1"是最小值，它在原始数组的尾部，索
引编号为 3，如果按升序排序，最小值的排在最前面，因此按照 argsort 的
工作原理，这个索引 3 就要排在最前面。

了解 argsort 方法的工作原理后，特别是该方法的索引就是原始数组的
索引，我们可以根据这些索引来做很多有意义的统计。比如，根据前面的
代码可知，index 是升序排序的索引，根据花式索引的方法，我们可以把
这个索引数组整体作为原始数组的下标，从而获得数组的升序排序。示例
代码如下。

```
In [5]: vector[index]                          #升序输出
Out[5]: array([-7.1,1.2,2.4,3.1])
```

请读者思考，argsort 方法实现的仅仅是索引位置的升序排序，倘若我
们想获得它的降序索引，该怎么办呢？这时我们利用 Python 中的逆序输出
技巧（将输出的步长设为–1），示例代码如下。

```
In [6]: index2 = vector.argsort()[::-1]        #返回降序索引
In [7]: print(b)
array([0,2,1,3])
```

类似地，我们知道数组 index2 为原始数组的降序索引，因此顺其自然
地可以获得原始数组的降序排序。

```
In [8]: vector[index2]                                          #降序输出
Out[8]: array([ 3.1,2.4,1.2,-7.1])
```

2.5.5 索引最大值（argmax）与最小值（argmin）

由于排序索引是按照原始数组数值从小到大排序的，因此最小值的索引排在最前面，最大值的索引排在最后面，因此提取原始数组的极值也是很方便的，将索引作为原始数组方括号内的下标，即可提取对应的值。接前面的代码。

```
In [9]: vector[index[0]], vector[index[-1]]                     #输出最小值和最大值
Out[9]: (-7.1,3.1)
```

在上述代码 In [9]处，index[0]获取的是最小值所在的索引，index [−1]是排序后的最后一个索引，即最大值所在的索引。事实上，在 NumPy 中，获取最小值和最大值有专门的方法，分别是 argmin 和 argmax，它们在机器学习的分类算法预测时，会时常得到应用，因此也有必要掌握。

argmin 方法就是沿轴返回数组元素最小值的位置（即索引）。类似地，argmax 方法就是沿轴返回数组元素最大值所在的位置。一旦知道最大值或最小值所在的位置，用这些索引值作为数组下标来提取对应的值，就易如反掌了，示例代码如下。

```
In [10]: vector.argmin()                                        #获取最小值的索引
Out[10]: 3
In [11]: vector.argmax()                                        #获取最大值的索引
Out[11]: 0
In [12]: vector[vector.argmin()],vector[vector.argmax()]        #获取最小/大值
Out[12]: (-7.1,3.)
```

需要特别注意的是，默认情况下（axis=None，即不指定轴方向），这两个方法会先将数组先展平为一维数组，然后取得最小/最大值所在的索引位置。比如，如果我们有一门课程成绩 score，它的每列均代表一门课成绩，下面我们先来看在没有设置 axis 值的情况下 argmax 方法的作用，示例代码如下，相应过程如图 2-19 所示。

```
In [13]: score = np.array([[70,80,89],
                           [90,88,79],
                           [86,99,88]])
In [14]:  score.argmax()   #将二维数组展平后，获取一维数组最大值所在位置
Out[14]: 7
```

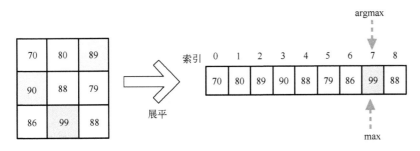

图 2-19　不指定坐标轴下的 argmax 方法

如果显示指定参数 axis 的值，则沿着指定轴（axis）返回所在轴最大值的索引，我们以 axis = 0 来说明 argmax 方法的作用，如图 2-20 所示。

```
In [15]: score.argmax(axis = 0)  #从垂直方向（按列方向）看，每一列最大值所在的索引位置
Out[15]: array([1,2,0])
```

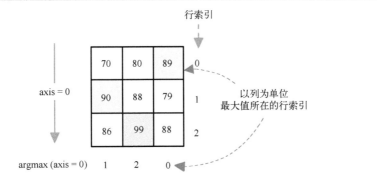

图 2-20　不指定坐标轴下的 argmax 方法

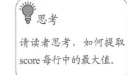

思考
请读者思考，如何提取 score 每行中的最大值。

由图 2-20 可知，输出 Out[15]处的每列方法最大值所在的行索引，一旦知道这个信息，结合前文讲到的花式索引，我们就可以很容易提取每列的最大值。

```
In [16]: row_index = np.argmax(score,axis = 0)
In [17]: core[row_index, np.arange(score.shape[1])]  #读取每列的最大值
Out[17]: array([90,99,89])
```

2.6　常用的统计方法

数值计算中很重要的一部分工作就是统计分析。NumPy 提供了很多常用的统计方法，如最小值（amin）、最大值（amax）、平均数（mean）、中位数（medium）、百分位数（percentile）、标准差（std）、方差（var）等。下面我们简单介绍部分方法的使用方法。

2.6.1 最大值、最小值与极值区间

NumPy 除了提供求极大值（max）和极小值（min）的方法，还提供 amin 和 amax 方法来获取指定轴的最小值和最大值。与 max 和 min 方法相比，供 amin 和 amax 方法操作的参数较多。amin 方法用于计算数组中的元素沿指定轴的最小值，其原型如下。

```
numpy.amin(arr,axis=None,out = None,keepdims = <no value>,initial = <no value>,
where = <no value>)
```

在该方法中，常用参数的含义如下。

 定义

ptp 为 peak-to-peak 的简写。peak 本意为"峰值"，peak-to-peak 就是从一个峰值（极大值）到另一个峰值（极小值）的差值。

- arr：作为数据源的数组，从该数据源中获取最小值。

- axis：最小值所沿的轴。如果不设置该参数，则启用默认值 None，将数组展平并求最小值。如果 axis=0，则返回一个数组，该数组中的元素依次为每列的最小元素；如果 axis=1，则返回包含每行最小元素的数组。

- out：可选参数。表示运算结果存放的数组。

- keepdimms：可选参数。如果将其设置为 True，则在极值约减后保留尺寸为 1 的维度。

amax 方法用于计算数组中的元素沿指定轴的最大值，其参数含义与 amin 的完全一致，不再赘述。相关示例代码如下。

```
In [1]: import numpy as np
In [2]: arr = np.array([47,20,41,63,21,4,74])
In [3]: print("数组的尺寸为 : ", np.shape(arr))
数组的尺寸为 :  (7,)
In [4]: print("数组的最小值是: ", np.amin(arr))
数组的最小值是:  4
In [5]: print("数组的最大值是: ", np.amax(arr))
数组的最大值是:  74
```

事实上，NumPy 还提供了一种方法 ptp，其功能是计算数组中在 axis 方向上的元素最大值与最小值的差值（即极值区间）。

```
In [6]: np.ptp(arr)              #获取数组 arr 的极值区间
Out[6]: 70
```

上述代码中，amax 方法没有使用轴，因为一维数组就只有一个轴，设置与否不影响结果。下面以二维数组为例，来说明数组所设置的轴对结果的影响。示例代码如下。

```
In [7]: arr2 = np.array([(14,2,34),
                         (41,5,46),
                         (71,38,29),
```

```
                              (50,57,52)])
In [8]: print("数组的尺寸为: ", np.shape(arr2))
数组的尺寸为:  (4,3)

#不指定轴, 求整个数组的最大值和最小值
In [9]: print("最小值为: ", np.amin(arr2))
最小值为:  2
In [10]: print("最大值为: ", np.amax(arr2))
最大值为:  71

#指定 axis = 1, 求得每行的最大值或最小值
In [11]: min_, max_ = np.amin(arr2,axis = 1), np.amax(arr2,axis = 1)
In [12]: print("每行的最小值: ", min_)
每行的最小值:  [ 2  5 29 50]
In [13]: print("每行的最大值: ", max_)
每行的最大值:  [34 46 71 57]

#指定 axis = 0, 求得每列的最大值或最小值
In [14]: min_, max_ = np.amin(arr2,axis = 0), np.amax(arr2,axis = 0)
In [15]: print("每列的最小值: ", min_)
每列的最小值:  [14  2 29]
In [16]: print("每列的最大值: ", max_)
每列的最大值:  [71 57 52]

In [17]: max_min_scale = np.ptp(arr2,axis = 0) #求每列的极值区间
In [18]: print("每一列的最大值与最小值的差值: ", max_min_scale)
每列的最大值与最小值的差值:  [57 55 23]
```

2.6.2　均值、中位数、百分数与方差

在统计学中，我们还常用均值、中位数和百分数来描述数据的特征。均值是一组数值或分布的算术平均值。计算方法非常简单，将所有数值相加求和，然后除以数据的总数即可。在 NumPy 中，求均值的方法为 mean，其原型如下。

```
numpy.mean(a,axis = None,dtype = None,out = None,keepdims = <no value>,*,
where = <no value>)
```

中位数（median）是指按顺序排列的一组数据中居于中间位置的数值，其可将数值集合划分为相等的上下两部分。中位数通常用于偏态分布。在 NumPy 中，求中位数方法为 median，其原型如下。

```
numpy.median(a,axis = None,out = None,overwrite_input = False,keepdims = False)
```

方差用来度量随机变量和其数学期望（即均值）之间的偏离程度。统

计中的方差（样本方差求方差的）是指每个样本值与全体样本值平均数之差的平方值的平均数。在 NumPy 中，求方差的方法为 var，其原型如下。

```
numpy.var(a,axis = None,dtype = None,out = None,ddof = 0,keepdims = <no value>,
*, where = <no value>)
```

numpy.var 对应的标准方差为 numpy.std，其原型如下。

```
numpy.std(a,axis = None,dtype = None,out = None,ddof = 0,keepdims = <no value>,
*, where = <no value>)
```

上述方法中的参数有很多，具体用法可以参阅 NumPy 官方文献，但核心的参数一般有两个：第一个是 a，即待处理的数组；第二个是 axis，即按照哪个轴进行处理。

百分位数（percentile）也是统计中使用的度量，如果将一组数据从小到大进行排序，并计算相应的累计百分位，则某一百分位所对应数据的值就称为这一百分位的百分位数。在 NumPy 中，求百分位数的方法为 percentile，其原型如下。

```
numpy.percentile(a,q,axis = None,out = None,overwrite_input = False,interpolation
= 'linear',keepdims = False)
```

该方法的核心参数有三个：a 表示待处理的数组；q 表示要计算的百分位数，取值在 0～100 之间；axis 表示沿哪个轴计算百分位数。在后面的章节中，我们会用一个综合实例来说明上述这些统计方法的使用（见 2.8.1 节）。

2.6.3 众数与堆统计

众数一词最早是由卡尔·皮尔逊（Karl Pearson）在 1895 年开始使用的。众数是指在统计分布上具有明显集中趋势的若干个点对应的数值，它们代表数据的一般水平。在统计学上，众数与平均数、中位数类似，都是描述总体或随机样本集合在某个特征上的数据集中趋势的重要指标。

一般来说，一组数据中出现次数最多的数就称为这组数据的众数。例如，"1，2，2，3，4，2"这组数据的众数是 2，这是因为 2 出现了 3 次，其他数据仅出现了 1 次。

需要注意的是，众数是一组数据中"存在感最强"的原始数据，而不是某个数据出现的次数。比如，对于前面的那组数据，众数是"存在感最强"的 2，而不是 2 出现的次数 3。

但在数学意义上，众数在一组数据中可能同时存在若干个，这是因为它们出现的次数并列最多。例如，"1，2，2，3，3，4"这组数据的众数是 2 和 3，因为 2 和 3 都出现了 2 次，而其他数据仅出现 1 次。此外，如果所有数据出现的次数都一样，那么这组数据就没有众数。例如，"1，2，3，4，5"这组数据就没有众数。

在 NumPy 中，没有直接计算众数的函数，但我们可以通过间接的方法来计算。首先，我们借用前面学到的方法 unique，其功能是去重，该方法还有一个参数 return_count，如果将该参数设置为 True，则可以获得每个元素在元素数组中重复的次数。

```
In [1]: import numpy as np
In [2]: array = np.array([1,2,2,3,3,4])
In [3]: vals, counts = np.unique(array,return_counts = True)
In [4]: vals                              #获得去重后的数值
Out[4]: array([1,2,3,4])
In [5]: counts                            #获得每个去重数值出现的次数
Out[5]: array([1,2,2,1])
In [6]: index = np.argmax(counts)         #获得出现次数最多的索引
In [7]: vals[index]                       #在去重数组中根据索引获得众数
Out[7]: 2
```

从上面的流程可以看出，我们的确获得出现频次最多的数据（众数）2。但在数学意义上，3 也是众数，该方法无法直接获得这个值。

或者说获取某个数据出现的频次，就不得不提到 NumPy 中另外一个好用的方法 bitcount，其原型如下。

```
numpy.bincount(x,weights = None,minlength = 0)
```

bitcount 方法返回数组 x 中从 0 到最大值，各个整数值出现的个数。此处需要特别注意两点：① 这个 bin 序列从 0 开始（不管原数组中有没有 0），中间没有间隔，一直到最大值。如果要得到众数，则直接找到返回数组中的最大值，最大值对应的索引值就是众数；② bitcount 只支持记录整数的个数，不支持浮点数，否则就会报错。

上面的描述较为抽象，我们用代码来解释。

```
In [8]: array2 = np.array([1,1,3,2,1,7])
In [9]: bins = np.bincount(array2)        #获取 array2 的 bins
In [10]: print(bins)                      #输出验证
[0,3,1,1,0,0,0,1]
```

在上述代码中，数组 array2 = [1, 1, 3, 2, 1, 7]，其中最大值为 7，那么这个 bin 序列是[0, 1, 2, 3, 4, 5, 6, 7]，从 0 到数组中最大值，一个都不能少。然后，单纯地数一数，在整个 array2 数组中，有几个 0（如果没有，则认为出现 0 次，这是第一个 bin），有几个 1（这里有 3 个，这是第二个 bin），有几个 2（这里有 1 个），有几个 3（这里有 1 个），有几个 4（这里

 注意

"bin"的中文翻译比较混乱，如"堆"或"桶"，为了避免歧义，后文我们直接使用 bin 来说明。

没有，则认为出现 0 次），有几个 5（这里没有，则认为出现 0 次），有几个 6（这里没有，则认为出现 0 次），有几个 7（这里有 1 个），于是 bincount 返回的序列是[0 3 1 1 0 0 0 1]。

因此，我们可以得到一个规律：bin 序列的元素个数就是原始数组最大值加 1（因为从 0 开始计算 bin 的值），验证代码如下。

```
In [11]: np.bincount(array2).size == np.amax(array2) + 1    #验证 bin 的个数
Out[11]: True
```

下面我们验证 bincount 方法是否支持浮点数。

```
In [12]: np.bincount(np.array([1,1.0,3,2,1,7]))
---------------------------------------------------------------------------
TypeError                                 Traceback (most recent call last)
<ipython-input-88-41c93378496c> in <module>
----> 1 np.bincount(np.array([1,1.0,3,2,1,7]))
<__array_function__ internals> in bincount(*args, **kwargs)
TypeError: Cannot cast array data from dtype('float64') to dtype('int64')
according to the rule 'safe'
```

在 In [12]处，我们仅仅把原来数组中的一个元素由 1 修改为 1.0，NumPy 就把整个数组升级为浮点数类型，而从输出可以看到，bincount 报错，它不支持浮点数，其原因很简单，因为浮点数的间隔无法确定，bincount 方法不知道需要构建多少个 bin。事实上，bincount 方法也不支持负数计数。

知道了 bincount 方法的输出序列意义，我们就很容易得知，在返回的 bin 数组中，最大值的索引（而非数值）就是众数。

```
In [13]: mode = np.argmax(bins)     #获得 bin 最大值的索引
In [14]:print(mode)                 #输出众数：最大值索引即众数
1
```

事实上，我们还可以请出专业级选手——SciPy 中的 mode 模块来直接获得众数，其中涉及到的具体编程细节留给读者去一探究竟。

```
In [15]: from scipy import stats
In [16]: print(f' 众数：{stats.mode(array2)[0][0]}，共出现 {stats.mode(array2)
[1][0]}次')
Out[16]: 众数：1，共出现 3 次
```

2.7　NumPy 文件的读与写

前面提及的 NumPy 相关操作都是在内存中完成的。如果机器断电或关机，内存中的数据会瞬间消失。因此，我们必须为由 NumPy 处理的数

据找个"归宿"，即保存到本地磁盘，以便进行后续重新读入并分析。这就涉及文件的读与写。NumPy 提供了多种张量的读取和保存方式，下面给予简单介绍。

2.7.1　二进制文件的读与写

NumPy 有一套自己专用的二进制数值存储方法。save 方法实现的功能是以二进制格式保存数据。load 方法则相反，即从二进制文件读取数据。NumPy 中二进制文件的扩展名约定俗成为.npy。先来说明 save 方法的使用，其原型如下。

```
numpy.save(file, arr, allow_pickle=True, fix_imports=True)
```

save 方法的核心参数有两个：第一个是要存储的文件 file，这里的 file 既可以是具体的路径，又可以是一个用 open 方法创建的 file 对象；第二个是要保存的数组 arr。示例代码如下。

```
In [1]: import numpy a
In [2]:
01  with open('test1.npy','wb') as file:
02      np.save(file,np.array([1,2]))
03      np.save(file,np.array(3,4]))
In [3]: !cat test1.npy          #在 macOS/Linux 系统的 Jupyter 显示该文件内容
Out[3]:
□NUMPYv{'descr': '<i8', 'fortran_order': False, 'shape': (2,), }
□NUMPYv{'descr': '<i8', 'fortran_order': False, 'shape': (2,), }
```

在上述代码 In [2]处，我们先创建一个文件对象 file，然后将两个数组以二进制格式成功写入 file 对象，该对象对应的文件名为 test1.npy。

我们可以在 Jupyter 中查看这个文件。当我们在 Jupyter 中利用 cat 命令显示这个文件时，可以看到，除了数组的一些基本信息（如是否以 FORTRAN 语言格式存在，数组的尺寸是多少等），数据本身并没有成功显示，而是显示部分乱码，这是因为数据以二进制格式存储，对人们而言，它是不可读的。

如果想要解析二进制数据，还需要 NumPy 中的二进制文件读入方法 load。示例代码如下。

```
01  In [4]:
02  with open('test1.npy','rb') as f:        #此处 f 为一个文件的句柄
        a = np.load(f)                        #依次读入第一个数组
03      b = np.load(f)                        #依次读入第二个数组
In [5]: print(a)
```

```
[1 2]
In [6]: print(b)
[3 4]
```

NumPy 也可以直接通过文件名来读或写高维张量，load 和 save 方法会自动处理张量类型（int 或 float 等）和张量尺寸（shape）等信息，示例代码如下。

```
In [7]: data = np.array([[1,2],        #二维张量
                         [3,4]])
In [8]: np.save('test2.npy',data)      #保存二维张量数据
In [9]: np.load('test2.npy')           #读取二维张量数据
Out[9]:
array([[1,2],
       [3,4]])
```

需要注意的是，np.save 保存的文件比较特殊，只能在 NumPy 环境中使用，其他编程语言很难使用其中的数据。

事实上，NumPy 还提供了 savez 方法，它可以将几个独立的数组以未压缩的格式打包并保存到一个 .npz 文件中[①]。该方法还能提供若干个关键字参数来标识不同的数组，以便在载入（load）文件时，能根据这些标识准确地解析这些数组，示例代码如下。

```
In [10]:     #构造三个数组
data1 = np.array([[1,2],
                  [3,4]])
data2 = np.arange(0,2,0.1)
data3 = np.sin(data2)
In [11]:                                              #同时存入三个数组，打包但不压缩
np.savez('result.npz',data1,data2,sin_array = data3)  #为第三个数组命名
```

需要注意的是，在 In[11]处批量存储三个数组，保存至本地的文件名为 result.npz。注意，这三个数组仅仅是被打包在一起，并没有被压缩。在存储 data1 和 data2 时，我们没有为它们重命名，于是 NumPy 就为它们按顺序自动命名为'arr_0'和'arr_1'，当有更多变量时，命名就依此类推。

但在存储 data3 时，它被命名为 sin_array。因此，在读取这些数组时，就可以直接用它的赋名标识来读取数据。有了这些输出标识，我们就可以用类似于字典（dictionary-like）的 key，来读取 key 所对应的数值

[①] 你知道吗？savez 方法中的"z"来自单词"zip（拉链）"，其内涵是，在一个文件"打包袋"中，把若干个文件像拉拉链一样连接在一起。但需要注意的是，这个操作仅代表打包，并没有压缩数据。如果打包后还想压缩数据，那么还需要显式调用 savez_compressed 方法。

（value）。示例代码如下。

```
In [12]: read_results = np.load('result.npz')    #读入三个数组对象
In [13]: type(read_results)                       #检查读入对象的类型
Out[13]: numpy.lib.npyio.NpzFile
In [14]: read_results.files                       #查看各个输出数组对应的 key
Out[14]: ['sin_array','arr_0','arr_1']
In [15]: read_results['arr_0']                    #读取 data1 的值
Out[15]:
array([[1,2],
       [3,4]])
In [16]: read_results['arr_1']                    #读取 data2 的值
Out[16]:
array([0. ,0.1,0.2,0.3,0.4,0.5,0.6,0.7,0.8,0.9,1.,1.1,1.2,
       1.3,1.4,1.5,1.6,1.7,1.8,1.9])
In [17]: read_results['sin_array']                #读取 data3 的值
Out[17]:
array([0.        ,0.09983342,0.19866933,0.29552021,0.38941834,
       0.47942554,0.56464247,0.64421769,0.71735609,0.78332691,
       0.84147098,0.89120736,0.93203909,0.96355819,0.98544973,
       0.99749499,0.9995736 ,0.99166481,0.97384763,0.94630009])
```

如果我们既想对多个数组进行打包存储，又想压缩它们来节省存储空间，则需要利用另外一个方法 np.savez_compressed 来代替 np.savez。这两个方法参数的含义完全一致，这里不再赘述。在读入这个压缩文件时，依然使用 load 方法，该方法会以用户无感的方式读入数据并将其解压。示例代码如下。

```
In [18]: array = np.random.rand(3, 2)             #创建随机的三行两列的数组
In [19]: vector = np.random.rand(4)               #创建包括 4 个随机数的向量
In [20]: np.savez_compressed('123',a = array,b = vector)
In [21]: loaded = np.load('123.npz')              #载入压缩文件 123.npz，并赋值给 loaded
In [22]: print(np.array_equal(array, loaded['a']))
                                                  #比较写入前的数组和重新读入的数组是否一致
Out[22]: True
In [23]: loaded['a']                              #以类字典格式查看数组 a（即原始 array）的值
Out[23]:
array([[0.02672542,0.80766395],
       [0.39895834,0.63039876],
       [0.92156218,0.69181234]])
In [24]: loaded['b']                              #以类字典格式查看向量 b（即原始 vector）的值
Out[24]:
array([0.21893843,0.80258441,0.81414998,0.24000142])
```

在代码 In [20]处，我们分别将第一个数组 array 命名为 a，将第二个数组 vector 命名为 b，诸如 a 和 b 这些命名是二次加载数据时区分不同变量的标识。

需要注意的是，在代码 In [20]处，我们可以偷偷懒，只给出文件名（如 123），NumPy 会自动帮我们添加一个扩展名.npz，保存的文件名为 123.npz，但在代码 In [21]处，在载入 NumPy 压缩文件时，用文件名作为参数，必须给出文件的全名 123.npz。如果不明确给出文件的全名，系统会报错"No such file or directory"。我们还可以在命令行下查看压缩前后文件占用空间大小的变化。

2.7.2　文本文件的读与写

二进制文件对机器很友好，但对人而言，这些二进制数据就犹如"乱码"，那么能不能将张量保存为便于人们阅读的文本文件呢？当然是可以的。我们可以使用 savetxt 和 loadtxt 这两个方法完成数组文本格式的保存与读取。

先来讨论 savetxt 方法，其功能是将数组的元素以某种分隔符隔开，进而保存至文本文件中，其原型如下。

```
numpy.savetxt(fname,X,fmt = '%.18e',delimiter = ' ',newline = '\n',header = '',
footer = '',comments = '#',encoding = None)
```

 注意

之所以有换行符（newline）这个参数，是因为当前主流的三大类操作系统正上演着"三国演义"，它们的换行符都不一样。在类 UNIX 系统（包括 Linux）中，每行结尾只有"<换行>"，即"\n"；在 Windows 系统中，每行结尾是"<回车><换行>"，即"\r\n"；在 macOS 系统中，每行结尾是"<回车>"，即"\r"。

savetxt 方法的主要参数含义如下。

- fname 表示文件对象或文件名。
- X 表示需要存储的数组（注意，只能是一维或者二维数组）。
- fmt 表示存储格式（fmt 为 format 的简写），其含义类似于 C 语言风格的格式化输出，默认为科学计数法。
- delimiter 表示不同数组元素的分隔符，默认为空格。
- newline 表示指定换行符，默认为'\n'。
- header 表示在文件开头写入的字符串，类似于表头，如每列的命名，默认为空。
- footer 表示写在文件末尾的字符串，类似于脚注，默认为空。
- comments 表示注释的标记符，默认为"#"。
- encoding 表示写入文件的编码方式。

loadtxt 方法的功能是按照指定某种分隔符将文本文件读入到数组中。为了使数组对齐，该方法要求文本文件中的每行都必须包含相同个数的数据。该方法的功能非常强大，但对应的参数也很多，该方法的原型如下。

```
numpy.loadtxt(fname,dtype = <class'float'>,comments = '#',delimiter = None,
converters = None,skiprows = 0,usecols = None,unpack = False,ndmin = 0, encoding =
'bytes',max_rows = None, *,like=None)
```

其中，较为常用的参数有：第 1 个参数 fname，表示文件对象或文件名；第 2 个参数 dtype，表示读取后转换的数据类型；第 4 个参数 delimiter，表示读入数据的分隔符，若不指定该参数，则默认值为"白空格（whitespace）"[1]。为了使数组元素对齐，该方法要求文本文件中的每行都必须包含相同个数的数值。

loadtxt 和 savetxt 方法相关的示例代码如下。

```
In [25]: array1 = np.array([[1,2,3,4],
                            [5,6,7,8]])
In [26]: np.savetxt('test1.txt',array,fmt = '%d')  #以整型数据保存至 test1.txt
In [27]: array2 = np.loadtxt('test1.txt',dtype = int)  #以整型（int）数据读入
In [28]: array1 == array2                   #判断写入前的数组与重新读入的数组是否一致
Out[28]
array([[ True,True,True,True],
       [ True,True,True,True]])
In [29]: !cat test1.txt                     #显示文本文件的内容，Windows 系统是用户"!type 文件名"
1 2 3 4
5 6 7 8
```

在 In [28]处，我们用逻辑判断"=="来比较写入前和读入后两个数组是否一致，输出结果显示，二者的元素完全一致。从 Out[28]处的输出可以看出，写入本地之前和重新读入的数据一一对应相等。从 In [29]处的输出可以看出，文本文件中的数据是人类可读的（human-readable）。

此外，还有一个细节值得注意，在写入 test1.txt（In [26]）时，数据之间分隔符是空格（这是因为，savetxt 方法默认用空格来分隔不同数组元素）。如果我们"有意识"地用逗号来隔开数据，那么它就是我们下一节要讨论的主题——CSV 文件的读与写。

2.7.3　CSV 文件的读与写

CSV 的全称是 Comma-Separated Values，意为逗号分隔值，有时也称为字符分隔值，因为分隔字符其实也可以不是逗号，如空格或 Tab 键，该类文件的扩展名通常为.csv。由于 CSV 文件以纯文本形式存储数据，而纯文本意味着这类文件是一个字符序列，因此它和前文提到的文本文件（扩展名为.txt）并没有本质的区别。

在 NumPy 中，CSV 文件读与写的方法和文本文件读与写的方法相同，都分别是 savetxt 和 loadtxt，有所不同的是，方法中的参数 delimiter

---

[1] 白空格是指不可见的分隔符，包括回车符（\r）、换行符（\n）、制表符（\t）及空格（' '）。

不再用空格作为默认值，而是显式指定 delimiter=','（默认分隔符为逗号，当然也可以设置为其他值）。示例代码如下。

```
In [30]: vector = np.arange(0,6)
In [31]: np.savetxt('test.csv',vector,fmt = '%1.1f',delimiter = ',')
In [32]: !cat test.csv          #Windows 系统用户请用!type test.csv
0.0
1.0
2.0
3.0
4.0
5.0
```

在 In [30]处，我们将 0～5 这 6 个整数以浮点数形式存入 test.csv 文件中，分隔符用的是逗号。但在 In [31]的验证输出中，我们并没有看到所谓的逗号，这是因为逗号分隔符主要用于在同一行中分隔不同数据，如果一行只有一个数据，自然就用不到逗号，每行结尾的换行符起到自动分隔作用。

下面我们存储一个二维数组，每行有多个数值，并将其保存为.csv 文件，示例代码如下。

```
In [33]: array = np.arange(0,6).reshape(2,3)
In [34]: np.savetxt('test.csv',array,fmt = '%d',delimiter = ',')
In [35]: !cat test.csv          #在 Jupyter 中显示文件
0,1,2
3,4,5
```

从 In[34]处的输出中可以看出，逗号作为分隔符就表现出来了，不同的数据用逗号隔开。在读入 CSV 文件时，NumPy 要指定相同的分隔符来正确解析数据[①]，示例代码如下。

```
In [36]: my_arr = np.loadtxt('test.csv',delimiter = ',',dtype = np.int)
In [37]: my_arr                      #输出验证
array([[0,1,2],
       [3,4,5]])
```

在 In [36]处，以逗号分隔符读入数据，并指定读入后的数据类型为 NumPy 的整型 np.int。事实上，savetxt 和 loadtxt 这两个方法的参数有很多[②]，远远不止上述代码涉及的这几个，更多参数的使用请参考表 2-2。

---

① 需要注意的是，在读入数据时，要么正确指定分隔符，要么不指定。如果不指定分隔符，则 loadtxt 方法会自动用白空格（逗号、空格或 Tab 键）作为分隔符。

② NumPy 中的 savetxt 和 loadtxt 方法中有很多参数，合理使用它们，其功能基本可等同于 Pandas 中的 to_csv()和 read_csv()。

表 2-2　loadtxt 方法中各个参数的功能

参数	功能
fname	被读取的文件名（文件的相对地址或者绝对地址）
dtype	指定读取后被转换的类型
comments	跳过文件中注释开头的行（即不读取以#开头的行）
delimiter	指定读取文件中数据的分割符，可以是逗号、空格或制表符
converters	对读取的数据进行预处理，格式为字典模式，即{列号: 函数}。可以自行设计函数，也可以是一个简单的 lambda 表达式
skiprows	选择跳过的行数（有些行可以略过不读）
usecols	指定需要读取的列（有些列可以略过不读，如索引列）
unpack	选择是否将数据进行向量输出，默认是 False，即将数据逐行输出，当将该参数设置为 True 时，数据将逐列输出
encoding	对读取的文件进行预编码

2.8　基于 NumPy 的综合实践

下面我们以 NumPy 为分析工具，并分别以鸢尾花数据集和电力负荷数据集为例来探讨 NumPy 在数据分析中的使用。

2.8.1　鸢尾花数据集的统计分析

首先，我们以鸢尾花数据集为例来说明常用统计函数的使用。鸢尾花数据集是机器学习领域常见的经典数据集。该数据集最初是由美国植物学家埃德加·安德森（Edgar Anderson）整理出来的。在加拿大加斯帕半岛上，安德森通过观察采集了因地理位置不同而导致鸢尾花性状发生变异的外显特征数据。鸢尾花数据集共包含 150 个样本，涵盖鸢尾花属下的三个亚属，分别是山鸢尾（Iris Setosa）、变色鸢尾（Iris Versicolor）和弗吉尼亚鸢尾（Iris Virginica），如图 2-21 所示。

> 💡 注意
>
> 鸢尾花数据集（iris.csv）有很多版本，有包含字段表头的版本，也有不包含表头只有数据的版本，本例题中使用的版本不包含表头。

山鸢尾

变色鸢尾

弗吉尼亚鸢尾

图 2-21　鸢尾花的三个亚属

下面使用 4 个特征对鸢尾花数据集进行定量分析，分别是花萼长度（sepal_length）、花萼宽度（sepal_width）、花瓣长度（petal_length）、花瓣宽度（petal_width）。读者可以从 UCI（加州大学埃文分校）的机器学习库中下载这个数据集（也可以在随书源代码中找到这个数据集 iris.csv）。

在了解这个数据集背景后，我们就借助 NumPy 设计一个简易的数据分析系统。

【范例 2-1】基于 NumPy 的鸢尾花数据集分析

为了便于讲解，我们使用 Jupyter 格式逐步加载，完整的源代码可以参考随书源代码——iris.py。

（1）读入数据集

由于数据集是一个.csv 文件，这时可以用到前文学到的 loadtxt 方法。

```
In [1]: import numpy as np
# (1) 读入数据，明确分割符为逗号
In [2]: data = np.loadtxt('iris.csv',delimiter = ',',dtype = np.str)①
                                          #数据类似或直接设定为 str
# (2) 数据探索
In [3]: print(data[:5,:])                 #通过数据切片，查看前 5 行数据
[['5.1' '3.5' '1.4' '0.2' 'Iris-setosa']
 ['4.9' '3.0' '1.4' '0.2' 'Iris-setosa']
 ['4.7' '3.2' '1.3' '0.2' 'Iris-setosa']
 ['4.6' '3.1' '1.5' '0.2' 'Iris-setosa']
 ['5.0' '3.6' '1.4' '0.2' 'Iris-setosa']]
```

从上面的输出可以看出，我们已经成功地将数据导入，但导入的数据类型为字符串（np.str）②。下面我们来查看数据的尺寸，即行数和列数。这里行数表示样本数，而列数表示特征数和标签（类别）数之和。

```
In [4]: data.shape
Out[4]: (150,5)
```

从上面的输出可以对这个数据集有个大致的了解：共有 150 个样本，有 4 个特征和 1 个标签（鸢尾花的分类信息）。

下面，我们在通过数据切片技术把鸢尾花样本的特征和标签分开。

```
# (3) 切分数据，提取特征并将其转换为浮点数
In [5]: features = data[:, :-1].astype('float')
In [6]: print(features[:5])  #输出前 5 个样本的特征
[[5.1 3.5 1.4 0.2]
```

---

① 还可以将读取的数据类型设置为字符串 dtype = 'str'.

② 这里需要显式说明读入的为字符串类型（np.str），否则 NumPy 会按默认的浮点数类型读入，而最后一列为鸢尾花的类别，它为字符串类型，无法转换浮点数，从而导致读入数据出错。

```
[4.9 3.  1.4 0.2]
[4.7 3.2 1.3 0.2]
[4.6 3.1 1.5 0.2]
[5.  3.6 1.4 0.2]]
```

　　从上面的输出可以看出，样本特征已经被成功分开，并将其成功转换为浮点数类型，这为后面的数值统计做好了铺垫。下面我们来分隔标签数据。

```
# (4) 切分数据，提取标签
In [7]: labels = data[:,-1]
In [8]: print(labels[:5])   #查看前 5 个标签
['Iris-setosa' 'Iris-setosa' 'Iris-setosa' 'Iris-setosa' 'Iris-setosa']
```

　　下面我们查看共有多少个种类，并探索每个种类各有多少个样本，这里就要用到 np.unique 方法和它的 return_counts 参数。

```
# (5) 查看共有多少个种类，每个种类各有多少个样本
In [9]: uni_labels,counts_by_label = np.unique(labels,return_counts = True)
In [10]: print(uni_labels)                  #共有几个输出种类
['Iris-setosa' 'Iris-versicolor' 'Iris-virginica']
In [11]: print(counts_by_label)             #查看每个种类的样本个数
[50 50 50]
```

　　有了上面的数据探索铺垫，我们就可以做一些简单的统计分析。比如，我们可以对第 1 列（从 0 计数，即花萼长度）进行升序排序。

```
# (6) 简单统计分析
#对第 1 列（即花萼长度）进行排序
In [9]: np.sort(features[:,0])
Out[9]:
array([4.3, 4.4, 4.4, 4.4, 4.5, 4.6, 4.6, 4.6, 4.6, 4.7, 4.7, 4.8, 4.8,
       4.8, 4.8, 4.8, 4.9, 4.9, 4.9, 4.9, 4.9, 4.9, 5. , 5. , 5. , 5. ,
       5. , 5. , 5. , 5. , 5. , 5. , 5.1, 5.1, 5.1, 5.1, 5.1, 5.1,
       5.1, 5.1, 5.2, 5.2, 5.2, 5.2, 5.3, 5.4, 5.4, 5.4, 5.4, 5.4, 5.4,
       5.5, 5.5, 5.5, 5.5, 5.5, 5.5, 5.5, 5.6, 5.6, 5.6, 5.6, 5.6, 5.6,
       5.7, 5.7, 5.7, 5.7, 5.7, 5.7, 5.7, 5.7, 5.8, 5.8, 5.8, 5.8, 5.8,
       5.8, 5.8, 5.9, 5.9, 5.9, 6. , 6. , 6. , 6. , 6. , 6. , 6.1, 6.1,
       6.1, 6.1, 6.1, 6.1, 6.2, 6.2, 6.2, 6.2, 6.3, 6.3, 6.3, 6.3, 6.3,
       6.3, 6.3, 6.3, 6.3, 6.4, 6.4, 6.4, 6.4, 6.4, 6.4, 6.4, 6.5, 6.5,
       6.5, 6.5, 6.5, 6.6, 6.6, 6.7, 6.7, 6.7, 6.7, 6.7, 6.7, 6.7, 6.7,
       6.8, 6.8, 6.8, 6.9, 6.9, 6.9, 6.9, 7. , 7.1, 7.2, 7.2, 7.2, 7.3,
       7.4, 7.6, 7.7, 7.7, 7.7, 7.7, 7.9])
```

　　再比如，我们还可以求每列属性的最小值、最大值、均值、中位数、方差、标准方差、百分数等，示例代码如下。

```
#求每列的最小值
In [10]: np.amin(features, axis = 0)
Out[10]: array([4.3,2.,1.,0.1])
```

```
#求每列的最大值
In [11]: np.amax(features,axis = 0)
Out[11]: array([7.9,4.4,6.9,2.5])
#求每列的均值
In [12]: np.mean(features,axis = 0)
Out[12]: array([5.84333333,3.054,3.75866667,1.19866667])
#求每列的中位数
In [13]: np.median(features,axis = 0)
Out[13]: array([5.8,3.,4.35,1.3 ])
#求每列的方差
In [14]: np.var(features,axis = 0)
Out[14]: array([0.68112222,0.18675067,3.09242489,0.57853156])
#求每列的标准方差
In [15]: np.std(features,axis = 0)
Out[15]: array([0.82530129,0.43214658,1.75852918,0.76061262])
#求每列25%分位数
In [16]: np.percentile(features,25,axis = 0)
Out[16]: array([5.1,2.8,1.6,0.3])
#求每列75%分位数
In [17]: np.percentile(features,75,axis = 0)
Out[17]: array([6.4,3.3,5.1,1.8])
```

事实上，NumPy 的功能远不止于此，我们还可以给数据的每列均配上一个列名和数据类型，通过前文提到的结构化数组，就可以打造一个简易版的数据库。

由于 NumPy 数组中的元素类型必须相同，因此我们不能直接把浮点数的特征值和字符串类型的标签值直接打包进同一个数组，但我们可以将每个样本打包成一个元组。在元组内部可以放进去任意类型的对象。每个元组由 5 部分组成，前 4 个元素是浮点数类型的特征，最后一个是字符串类型的标签。下面我们来构造这个混合型数据源。

```
In [18]:                      #构造混合型数据源
iris_list = []
for feature, label in zip(features, labels):
    temp = list(feature)
    temp.append(label)
    iris_list.append(tuple(temp))
In [19]: iris_list[:5]          #验证前 5 条数据
Out[19]:
[(5.1, 3.5, 1.4, 0.2, 'Iris-setosa'),
 (4.9, 3.0, 1.4, 0.2, 'Iris-setosa'),
 (4.7, 3.2, 1.3, 0.2, 'Iris-setosa'),
 (4.6, 3.1, 1.5, 0.2, 'Iris-setosa'),
 (5.0, 3.6, 1.4, 0.2, 'Iris-setosa')]
```

下面我们为每列构造结构化的数据类型，这个与设计数据库表格的字段数据类型类似。

```
In [20]:                    #为每列设置列名和数据类型
dtype = [('Sepal_Length', float), ('Sepal_Width', float),
         ('Petal_Length', float), ('Petal_Width', float),
         ('Species', 'S20')]
```

有了数据源和数据类型，下面就把这两个部分合并，形成一个命名版本的 NumPy 数组，其实它就是一个简易的数据库表（或 Excel 表）。

```
In [20]:                    #构造指定数据类型的 NumPy 数组
iris_named_data = np.array(iris_list, dtype = dtype)
```

下面我们读取名为 Sepal_Length 的数据，并查看该列的数据类型。

```
In [21]: iris_named_data['Sepal_Length']    #读取花萼长度的值
Out[21]:
array([5.1, 4.9, 4.7, 4.6, 5. , 5.4, 4.6, 5. , 4.4, 4.9, 5.4, 4.8, 4.8,
       4.3, 5.8, 5.7, 5.4, 5.1, 5.7, 5.1, 5.4, 5.1, 4.6, 5.1, 4.8, 5. ,
       5. , 5.2, 5.2, 4.7, 4.8, 5.4, 5.2, 5.5, 4.9, 5. , 5.5, 4.9, 4.4,
       5.1, 5. , 4.5, 4.4, 5. , 5.1, 4.8, 5.1, 4.6, 5.3, 5. , 7. , 6.4,
       6.9, 5.5, 6.5, 5.7, 6.3, 4.9, 6.6, 5.2, 5. , 5.9, 6. , 6.1, 5.6,
       6.7, 5.6, 5.8, 6.2, 5.6, 5.9, 6.1, 6.3, 6.1, 6.4, 6.6, 6.8, 6.7,
       6. , 5.7, 5.5, 5.5, 5.8, 6. , 5.4, 6. , 6.7, 6.3, 5.6, 5.5, 5.5,
       6.1, 5.8, 5. , 5.6, 5.7, 5.7, 6.2, 5.1, 5.7, 6.3, 5.8, 7.1, 6.3,
       6.5, 7.6, 4.9, 7.3, 6.7, 7.2, 6.5, 6.4, 6.8, 5.7, 5.8, 6.4, 6.5,
       7.7, 7.7, 6. , 6.9, 5.6, 7.7, 6.3, 6.7, 7.2, 6.2, 6.1, 6.4, 7.2,
       7.4, 7.9, 6.4, 6.3, 6.1, 7.7, 6.3, 6.4, 6. , 6.9, 6.7, 6.9, 5.8,
       6.8, 6.7, 6.7, 6.3, 6.5, 6.2, 5.9])

In [22]: iris_named_data['Sepal_Length'].dtype    #读取花萼长度这列的数据类型
Out[22]: dtype('float64')
In [23]: iris_named_data['Species'][:5]    #获取标签列的前 5 条数据
Out[23]:
array([b'Iris-setosa', b'Iris-setosa', b'Iris-setosa', b'Iris-setosa',
       b'Iris-setosa'], dtype='|S20')
```

当数据能被我们"随心所欲"地读取出来后，做一些前文提及的分析统计工作自然就很容易。有学习 Pandas 经验的读者可能会感觉到，这些操作与 Pandas 的操作有些相似。的确，Pandas 的很多底层操作都来自 NumPy 的支撑。在第 3 章，我们将开启 Pandas 的学习之旅。

2.8.2 电力负荷数据的处理

接下来，我们通过解析国家电网竞赛中的一道数据分析题来全面回顾

NumPy 的主要操作方法（读者可先行独立完成，然后再对照参考代码，这样会收获更大）。

范例 2-2 "Grid, solar, and EV data from three homes.csv" 文件保存了美国 NY、Austin 及 Boulder 三个城市的电网、太阳能及电动汽车数据，其部分数据如图 2-22 所示，该数据集合共有 9442 条记录，部分记录不完整。（原始数据参见随书源代码文件，elec-process.py）

请编程实现：按照 NY、Austin 及 Boulder 三个城市，将数据划分成三个文件，并以.csv 格式存储。其中分隔后的文件中的数据顺序、结构和表头与原文件保持一致，且每个文件的第一列都为原文件的 DateTime 列，将 NY 数据保存为 "1-NY.csv"，将 Austin 数据保存为 "1-Austin.csv"，将 Boulder 数据保存为 "1-Boulder.csv"（注：不允许使用 Pandas 工具包，否则成绩无效）。

	A	B	C	D	E	F	G	H	I	J
1	DateTime	NY - grid	NY - EV	NY - solar	Austin - grid	Austin - EV	Austin - solar	Boulder - grid	Boulder - EV	Boulder - solar
2	2019/3/1 0:00	0.295	0.003	0.014	0.76	0		0.62	0.004	
3	2019/3/1 0:15	0.463	0.003	0.014	0.751	0		0.77	0.004	
4	2019/3/1 0:30	0.366	0.003	0.014	0.36	0		0.789	0.004	
5	2019/3/1 0:45	0.225	0.003	0.014	0.343	0		0.763	0.004	
6	2019/3/1 1:00	0.198	0.003	0.014	0.329	0		0.799	0.004	
7	2019/3/1 1:15	0.331	0.003	0.014	0.33	0		0.826	0.004	
8	2019/3/1 1:30	0.184	0.003	0.014	0.338	0		0.702	0.004	
9	2019/3/1 1:45	0.297	0.003	0.014	0.348	0		0.704	0.004	
10	2019/3/1 2:00	0.808	0.004	0.014	0.348	0		0.902	0.004	
11	2019/3/1 2:15	0.574	0.004	0.014	0.347	0		0.875	0.004	
12	2019/3/1 2:30	0.405	0.003	0.014	0.349	0		0.901	0.004	
13	2019/3/1 2:45	0.404	0.003	0.014	0.348	0		0.846	0.004	
14	2019/3/1 3:00	0.484	0.003	0.014	0.343	0		0.69	0.004	
15	2019/3/1 3:15	1.371	1.126	0.014	0.342	0		0.691	0.004	
16	2019/3/1 3:30	1.728	1.515	0.015	0.341	0		0.767	0.004	
17	2019/3/1 3:45	0.276	0.003	0.015	0.34	0		0.808	0.004	
18	2019/3/1 4:00	0.576	0.003	0.015	0.356	0		0.931	0.004	
19	2019/3/1 4:15	0.469	0.003	0.015	0.361	0		0.693	0.004	
20	2019/3/1 4:30	0.542	0.004	0.015	0.359	0		0.729	0.004	
21	2019/3/1 4:45	0.875	0.004	0.015	0.401	0		0.844	0.004	

Grid, solar, and EV data from t

图 2-22 电网、太阳能、电动汽车数据（部分）

案例分析

由于在采集电网数据时可能会存在缺失值，因此要做必要的数据预处理。另外，由于数据文件为.csv 文件，它是以纯文本形式存储表格数据（数字和文本）的，因此还涉及字符串的分隔与类型转换。本题读/写文件的方法有多种，下面提供一个比较简洁的方法。

```
01  import numpy as np
02  #读取数据
03  data_np = np.loadtxt('Grid, solar, and EV data from three homes.csv',
04                  dtype = 'str',delimiter = ',')
05  #分隔数据
```

```
06    ny = data_np[:,:4]
07    au = data_np[:,[0,4,5,6]]              #花式索引读取不连续的列
08    bo = data_np[:,[0,7,8,9]]              #花式索引读取不连续的列
09
10    #（3）存储数据
11    np.savetxt('1-NY.csv',ny,fmt="%s",delimiter=',')
12    np.savetxt('1-AU.csv',au,fmt="%s",delimiter=',')
13    np.savetxt('1-BO.csv',bo,fmt="%s",delimiter=',')
```

范例 2-3　（接上题）请编程实现如下功能（elec-stat.py）。

统计 2019 年 3 月 1 日—2019 年 5 月 31 日这三个月（3 月、4 月、5 月）里，三个城市用电数据（电网、太阳能、电动汽车）的占比，并将结果保存为 "3.csv" 文件。其中，第 1 行～第 3 行为 NY 的 3、4、5 月用电数据，第 4 行～第 6 行为 Austin 的 3、4、5 月用电数据，第 7 行～第 9 行为 Boulder 的 3、4、5 月用电数据，第 1 列为电网数据，第 2 列为太阳能数据，第 3 列为电动汽车数据，数据间用逗号分隔。

案例分析

本题考查日期的处理和布尔索引的使用。为了方便处理，我们可以使用 CSV 模块来简化题目要求。参考代码如下。

```
01    import numpy as np
02    def power_stats(file):
03        data = np.loadtxt(file,dtype = 'str',delimiter = ',')
04        #提取日期
05        dates = data[1:,0]
06        #用电数据
07        elec_data = data[1:,1:]
08        #先进行数据预处理，否则类型转换会出错
09        elec_data[elec_data == ''] = '0'
10        #转换数据类型
11        elec_data = elec_data.astype(float)
12        month_3_bool = ['2019/3' in date for date in dates]
13        month_4_bool = ['2019/4' in date for date in dates]
14        month_5_bool = ['2019/5' in date for date in dates]
15
16        elec3 = elec_data[month_3_bool]
17        elec4 = elec_data[month_4_bool]
18        elec5 = elec_data[month_5_bool]
19
20        month3_ratio = np.sum(elec3, axis = 0) / np.sum(elec3)
21        month4_ratio = np.sum(elec4, axis = 0) / np.sum(elec4)
22        month5_ratio = np.sum(elec5, axis = 0) / np.sum(elec5)
23
```

```
24        return month3_ratio,month4_ratio,month5_ratio
25
26    filenames = ['1-NY.csv','1-Austin.csv','1-Boulder.csv']
27    out = []
28    [out.extend(power_stats(file)) for file in filenames]
29
30    np.savetxt('3.csv',out,fmt='%s',delimiter=',')
```

代码分析

本题的难点在于布尔索引的应用。具体来说，如何选择出 3 月、4 月和 5 月这三个月的数据，在代码第 12～14 行，我们用列表推导式，逐个判断子字符串'2019/3'、'2019/4'、'2019/4'是否在日期字符中，如果在，则返回 True；否则返回 False。从而构建了 3 个不同月份的布尔索引，一旦获得这 3 个月份的布尔索引，就可以将它们分别作为数组 elec_data 的下标，用以提取符合条件（其值为 True）的数据。

本题有多种解决方案，其中一种解决方案是将数据中日期字符串转换为日期对象，在日期对象中恰好有月份（month）这个属性，进而我们可以利用 month 属性来构造 3 月、4 月和 5 月这 3 个月的布尔索引。上述代码中的第 11～14 行可以用如下代码实现。

```
01    #转换为日期对象
02    dates = [datetime.strptime(date,'%Y/%m/%d %H:%M') for date in dates_str]
03    #并提取 3 个月份的数据索引
04    month_3_bool = [date.month == 3 for date in dates]
05    month_4_bool = [date.month == 4 for date in dates]
06    month_5_bool = [date.month == 5 for date in dates]
```

2.9　本章小结

本章我们学习了 NumPy 中的高级使用技巧。借助这些使用技巧，能大幅提高我们的数据分析能力。具体说来，我们首先学习了 NumPy 的花式索引，花式索引是指将多个需要访问元素的索引汇集起来，构成一个整型的索引数组，这样就能一次性地读取多个无序甚至重复的数组元素。这个技巧在范例 2-2 中得到明显的应用。

然后我们学习了 NumPy 张量的堆叠与合并，数据的去重与堆叠，这种操作在机器学习合并或分割数据中经常使用。随后，我们讨论了数据常见的统计方法，包括数据的排序、最值、均值、中位数、百分数等方法的使用。

接着，我们较为系统地阐明了 NumPy 文件的读与写。save 方法以二进制格式保存数据，load 方法则从二进制文件读取数据。savetxt 和

loadtxt 这两个方法用于完成数组文本格式的保存与读取。

最后，我们用两个综合实例将前面所学知识做了一次综合应用，使知识融会贯通。

NumPy 是很多数据分析框架的基础，如后续章节提到的 Pandas，它的很多方法都是 NumPy 方法的高级版包装。这种包装方便了用户的使用，大幅提高了用户的数据分析能力。从下一章起，我们就系统地学习基于 Pandas 的数据分析。

2.10　思考与练习

通过本章的学习，请独立完成如下练习题。

2-1　创建一个随机矩阵，然后使该矩阵的每个原始值均减去矩阵每行的均值。

2-2　给定一个具体的值 x，在一个给定数组 Z 中，找到与它最接近的元素值。

2-3　如何利用 NumPy 交换数组的两行元素?

2-4　如何找到数组中出现次数最多的数据?

2-5　如何将一个数组的第 2 列（从 0 计数）和第 6 列分隔开?

2-6　改造 2.5.3 节的案例，利用结构化数组和 argsot 方法对如下 A 和 B 两个数组进行排序，其中 A 为主排序，B 为次排序。

```
A = np.array([9,3,1,3,4,3,6]) # A 数据
B = np.array([4,6,9,2,1,8,7]) # B 数据
```

2-7　（提高题）从本质上，所谓图片就是一系列的数组，彩色图片就是三通道数组，请用 NumPy 和 SciPy 相关函数实现图片的单通道显示及图片的翻转（测试图片的名称为 original.jpg）。

2-8　（提高题）已知 2.8.1 节的鸢尾花数据集，我们有一个样本点[5.8, 1.8, 2.1, 1.7]，请利用 KNN 算法（K 近邻算法，k=3）判定它的类别归属（提示：在距离进行排序时，使用 argsort 方法）。

第 3 章 Pandas 数据分析初步

Pandas 是基于 NumPy 构建的数据分析包，能够使数据分析工作变得更加简单、高效且具有美感。本章我们将主要介绍 Pandas 的两种常用数据处理结构 Series 和 DataFrame，利用它们，我们可以更好地对数据进行预处理和分析。

本章要点（对于已掌握的内容，请在方框中打勾）

☐ 掌握 Series 的用法

☐ 掌握 Pandas 的基本操作

☐ 掌握 CSV 文件的读取与保存

☐ 掌握 Excel 文件的读取与保存

3.1　Pandas 简介与安装

Pandas 是 Python 生态环境下非常重要的数据分析包。Pandas 吸纳了 NumPy 中的众多精华，但"青出于蓝而胜于蓝"。二者最大的不同在于，在设计 Pandas 之初，倾向于支持图表和混杂数据运算，相比之下，NumPy 显得"纯洁"很多，它是基于数组构建的，而数组一旦被设置为某种数据类型（如整型或浮点型），就会保持不变。

Pandas 是基于 NumPy 构建的数据分析包，但它含有比 ndarray（n 维数组）更高级的数据结构和操作工具，如 Series、DataFrame 等。有了这些高效数据结构的辅佐，Pandas 使得数据分析工作变得更加便捷与高效。Pandas 除了可以通过管理索引来快速访问数据、执行分析和转换运算，还可用于高效绘图，而只需寥寥数行代码，一幅优美的数据可视化图便可以显式在屏幕上（当然，Pandas 用了 Matplotlib 作为后端支持）。

此外，Pandas 还是数据读取与预处理的"专家"，既支持从多种数据存储文件（如 CSV、TXT、Excel、HDF5 等格式）中读取数据，又支持从数据库（如 SQL）中读取文件，还支持从 Web（如 JSON、HTML 等）中读取数据。

如果我们利用 Anaconda 安装了 Python，那么 Anaconda 已然为我们安装好了 Pandas。若系统中没有安装 Pandas，则在命令行输入如下命令即可自动在线安装[①]（注意，需要保持连网状态）。

```
pip install pandas                                    #安装事项
```

与 NumPy 一样，即使安装了 Pandas，在使用它时，也需要显式地将 Pandas 加载进内存，同时一般会有如下操作：

```
In [1]: import pandas as pd            #导入 Pandas 包并将其取一个别名 pd
In [2]: print(pd.__version__)          #显示 Pandas 的版本号，测试 Pandas 是否加载到内存
Out[2]: 1.5.1
```

Pandas 的使用便捷，离不开高效的底层数据结构的支持。Pandas 主要有两种数据结构：Series（也称序列或系列，类似于一维数组）和 DataFrame（也称数据帧，类似于二维数组）。本章我们主要介绍这两种数据结构的用法。

对比 NumPy（以下简称 np）和 Pandas（以下简称 pd）的数据结构，二者大致的对应关系如下。

---

① 如果安装过程缓慢，可以使用国内镜像源安装（如清华镜像等）：
pip install -i https://pypi.tuna.tsinghua.edu.cn/simple package_name，其中 package_name 为安装的包名。

pd 多维数据表 = np 多维数组 + 描述

其中：

Series = 1D array（数组）+ index（描述性说明）。

DataFrame = 2D array（数组）+ index + columns （后两种分别为行或列的描述性说明）。

对于一维数组和二维数组，NumPy 和 Pandas 的区别与联系如图 3-1 所示。很显然，Pandas 在每个维度上都添加索引（也称为数据标签），这使得 Pandas 的多维数据表比 NumPy 的多维数组涵盖更多信息，从而也提供更多的数据操作便利性。

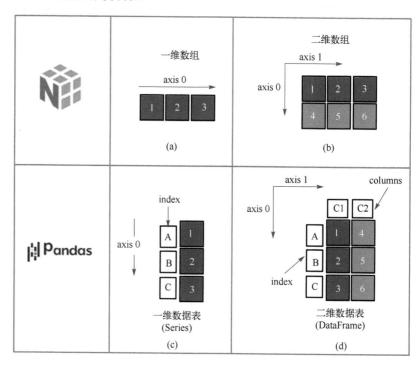

图 3-1　NumPy 与 Pandas 的区别与联系

3.2　Series 类型数据

Series 是 Pandas 的核心数据结构之一，也是理解高阶数据结构 DataFrame 的基础。下面我们来详细探讨 Series 的相关概念及常见操作。

3.2.1　Series 的创建

如果说 NumPy 中的 ndarray 是一种"纯粹的"数组，由于其行或列都没有被命名，因此只能用索引（一种抽象的位置编号）来定位数据，那么可以将 Series 视为一种带有标签的一维数组（labeled array）。Series 是由一组数据及与之对应的标签构成的。Series 是 Pandas 中最基本的数据结构。创建 Series 的语法非常简单，具体如下。

```
pandas.Series(data = None,index = None,dtype = None,name = None,copy = False,fastpath = False)
```

你知道吗？

在 Python 编程中，有个约定俗成的规定，即如果某个变量首字母大写，那么通常表示它是一个类的名称，如 Series 和 DataFrame，反之，如果首字母小写，那么通常表示它是类中的一个方法或全局函数。

在上述构造方法的参数中，data 是最核心的参数，它表示数据源，其类型可以是一系列的整数、字符串，也可是浮点数或某类 Python 对象。

Series 为 data 增加对应的标签作为索引（index）。如果没有显式添加索引，那么 Python 会自动添加一个 $0 \sim n{-}1$ 范围内的参数，并将该标签范围内的索引值设为 n（n 为 Series 对象内含元素的个数）。通常的视图是索引在左、数值在右。我们可以把 Series 理解为 Excel 表格中的一列，如图 3-2 所示。不过 Pandas 默认的索引是从 0 开始计数的，示例代码如下。

```
In [3]: a = pd.Series([2,0,-4,12],name = 'A')    #创建一个 Series 对象 a
In [4]: a                                         #输出 a 的值
Out[4]:
0    2
1    0
2    -4
3    12
Name: A, dtype: int64
```

需要注意的是，在上面的代码中，a 为 Series 对象的名称，而 A 为数据列的名称。对于一个 Series，name 属性的意义不大。

由 Out[4]处的输出可知，Series 显示的数值有两列：第一列是数据对应的索引（index）；第二列是数据本身（values）。可见，Series 是一种带标签的一维数组（one-dimensional labeled array），Series 有两个常用的属性 index 和 values，分别用于获取索引和数组元素值。

```
In [5]: a.values    #获取 Series 中的数组值
Out[5]: array([ 2,0,-4,12])
In [6]: a.index    #获取对应数据的索引值，此处类似于 range(4)
Out[6]: RangeIndex(start = 0,stop = 4,step = 1)
```

图 3-2　Series 的三个属性

当然，在创建 Series 对象时，其标签并不一定是 $0 \sim n{-}1$ 范围内的数值，它也可以被显式指定为其他数值，示例代码如下。

```
In [7]: import numpy as np
In [8]: np.random.seed(0)                        #指定随机数种子，以便让生成数据具有重现性
In [9]: s = pd.Series(np.random.randn(5),        #用 NumPy 随机数组充当数据源
            index=['a','b','c','d','e'])          #指定索引
In [10]: s                                        #查看 Series 对象内容
Out[10]:
a    1.764052
b    0.400157
c    0.978738
d    2.240893
e    1.867558
dtype: float64
In [11]: s.values                                 #查看 Series 中的数据值
Out[11]: array([[1.76405235,0.40015721,0.97873798,2.2408932,1.86755799])
In [12]: s.index                                  #查看 Series 中的索引
Out[12]: Index(['a','b','c','d','e'], dtype='object')
```

3.2.2 索引访问与重建索引

在 Series 中，可以使用 sort_index 方法根据 index 对数值进行排序，当设置 ascending = True 时，可对 index 进行升序排序，反之，当设置 ascending = False 时，可对 index 进行降序排序。index 是 data 的标签，二者是一一对应的，其值随索引的变化而变化。

```
In [13]: s.sort_index(ascending = False)
Out[13]:
e    1.867558
d    2.240893
c    0.978738
b    0.400157
a    1.764052
dtype: float64
```

为了让索引数据更安全，Pandas 中的 Index 对象是不可变的。因此，如果我们尝试修改某个索引元素的值，是不允许的。

```
In [14]: s.index[0] = 'one'                       #尝试对第 0 个索引值进行修改，报错！
Out[14]:
---------------------------------------------------------------------------
TypeError                                 Traceback (most recent call last)
<ipython-input-22-5daa557b070b> in <module>
----> 1 s.index[0] = 'one'
…
TypeError: Index does not support mutable operations
```

从上面输出的错误信息可以看出，Index 对象是不可变的（immutable），即相当于常量。但在特殊情况下，我们可以通过 Series 的 reindex 方法重建索引。

注意

Reindex 方法要求 Index 中的索引值必须是独一无二的，否则它将无法从原始 Series 中抽取数值。

但这里的重建索引，并非修改索引，因为这会违背 Index 对象不可变的原则。重建索引实际上是对索引的顺序进行二次重排，索引（标签）和对应值还是一一对应，只不过是在 Series 中出现的顺序发生了变化。这里索引重排不同于 sort_index 方法，因为 sort_index 方法只能进行升序或降序操作，而 reindex 方法则可以进行任意排序操作。

```
In [15]: s.reindex(['d','a','b','e','c'])
Out[15]:
d    2.240893
a    1.764052
b    0.400157
e    1.867558
c    0.978738
dtype: float64
```

如果在重排索引过程中出现了原 Series 中没有的索引，那么 Pandas 无法根据索引找到对应的值，就只能用一个 NaN（缺失值）代替，示例代码如下。

```
In [16]:s.reindex(['d','a','b','e','c','f'])    #索引 f 在原始 Series 中不存在
Out[16]:
d    2.240893
a    1.764052
b    0.400157
e    1.867558
c    0.978738
f        NaN
dtype: float64
```

在上述代码中，索引参数"f"不在原始 Series 的索引表中，于是 Series 返回的是 NaN（缺失值）。这类似于课堂点名，教师可以不按顺序点名，但如果教师点了一个班级中不存在的学生名，自然是"无人应答"。

对于缺失值，我们可以放手不管，但也可以按照一定的策略进行填充。reindex 方法中提供了 fill_value 参数，通过设置该参数的值，当一旦发现缺失值（不在原 Series 中的索引）时，就自动填充给定值。

```
In [17]: s.reindex(['d','a','b','e','c','f'],fill_value = 1)
                    #若发现缺失值，则用 1 填充
Out[17]:
```

```
d    2.240893
a    1.764052
b    0.400157
e    1.867558
c    0.978738
f    1.000000
```

上述代码填充的是事先固定值（填充数值 1）。实际上，我们还可以利用 method 参数，按照一定的策略进行填充。比如，ffill 表示向前填充（forward fill），它将向前传播找到最后一个有效数值作为填充值。这种策略在处理一些时序数据时，特别有用。比如，某个时间点的气温数据没有采集到，由于温度通常不会大起大落，因此用前一个时段点的有效值来填充当前缺失值，即使不能确保十分准确，但也大体可用。

```
In [18]: s.reindex(['d','a','b','e','c','f'], method = 'ffill')
Out[18]:
d    2.240893
a    1.764052
b    0.400157
e    1.867558
c    0.978738
f    1.867558
dtype: float64
```

思考

请读者思考，为什么索引 "f" 对应的值不是 "0.978738"，而是 "1.867558"？

在上述代码中，索引 "f" 的前一个索引为 "e"，索引 "e" 对应的值为 "1.867558"，那么索引 "f" 的值就被填充为 "1.867558"。读者可以尝试将上述代码中的 ffill 更改为 bfill，即后向填充（backward fill），看看填充的结果是什么？

需要注意的是，前面提到的索引重排方法 reindex，返回的仅仅是一个临时对象，它对原始 Series 的索引和值都没有造成任何影响。读者可以尝试输出结果并观察。

此外，我们在上述前面也提到，Series 的索引值不可更改，但这也不是绝对的。在特殊情况下，还是可以做到修改索引。一种修改策略就是，如果修改一个索引是不允许的，那我们就整体进行设置。

```
In [19]: s.index = ['one','two','three','four','five']    #重新整体设置索引
In [20]: s                                                #查看 Series 对象的索引
Out[20]:
one      1.764052
two      0.400157
three    0.978738
four     2.240893
five     1.867558
dtype: float64
```

3.2.3　通过字典构建 Series

从上面的讨论可以看出，Series 与 Python 中的字典（dict）有相似之处。的确如此，Series 中的 index 可对应于字典中 key，Series 中的 value 与字典中的 value 相同。因此，Series 也可以由现有的字典数据类型来创建，示例代码如下。

```
In [21]: Dict = {'a':1,'b':2,'c':3,'d':4}  #定义一个字典
In [22]: temp = pd.Series(Dict)       #让字典作为数据源来创建 Series，而无须另设 index
In [23]: temp
Out[23]:
a    1
b    2
c    3
d    4
dtype: int64
```

如前所述，字典中的 key 可以对应 Series 中的 index，两者都起到快速定位数据的作用，所以在 In [21]处，无须单独设置 Series 所需的 index 参数。

如果 Pandas 中的 Series 与 Python 中的字典完全一样，那么 Series 就没有存在的必要了。言外之意，Series 与字典还是有不同之处的。我们知道，在字典中，只要 key 保持"独一无二"，value 的类型可以随意设置。而 Series 却是有"讲究"的，充当 Series 数据源的字典，其 value 必须是同一数据类型。此外，二者的索引也是有区别的，Series 的 index 是允许重复的，而字典的 key 是不允许重复的。

如果 Series 中的数据是数值类型，那么它还提供了简单的统计方法（如 describe）供我们使用。describe 方法以列为单位对数据进行统计分析，示例代码如下。

注意

如果充当 Series 数据源的数据类型不同，那么 Pandas 会自动将其转换成相同的数据类型，比如，数据源有浮点型和整型，Pandas 会自动将所有数据类型都转换成浮点型，诸如此类。

```
In [24]: temp.describe()
Out[24]:
count    4.000000
mean     2.500000
std      1.290994
min      1.000000
25%      1.750000
50%      2.500000
75%      3.250000
max      4.000000
dtype: float64
```

describe 方法只对数值型（number）的列进行统计分析，其统计参数

的意义简述如下。

- count：一列数据的个数。
- mean：一列数据的均值。
- std：一列数据的均方差（方差反映一个数据集的离散程度，其值越大，数据间的差异就越大；反之，其值越小，数据间的差异越小，数据集中程度越高）。
- min：一列数据中的极小值。
- max：一列数据中的极大值。
- 25%：一列数据中前 25%数据的分位数。
- 50%：一列数据中前 50%数据的分位数。
- 75%：一列数据中前 75%数据的分位数。

事实上，describe 方法返回的依然是 Series 对象，输出的左边部分为 index（数据的标签），右边部分为数值。因此，我们可以通过"Series 对象['index_name']"的方法来提取对应的统计值。比如，想知道共有多个数据，可以这样做：

```
In [25]: temp.describe()['count']
Out[25]: 4.0
```

再比如，提取 75%的分位数可以这样做：

```
In [26]:temp.describe()['75%']
Out[26]: 3.25
```

3.2.4　Series 中数据的选择

通过上面的操作，我们可以看到，一旦指定 Series 的索引，就可以通过特定索引值访问、修改索引位置对应的数值。在本质上，Series 对象就是一个带有标签的 NumPy 数组。因此，NumPy 中的一些概念和操作方法可直接用于 Series 对象。比如，与 NumPy 数组一样，Series 对象也可通过下标存取对象内部的元素，示例代码如下。

```
In [1]:  import pandas as pd
In [2]: cities = {"Beijing":55000,"Shanghai":60000,"Shenzhen":50000,
"Hangzhou": 20000, "Guangzhou":30000,"Suzhou":None}   #定义一个字典并将其作为数据源
In [3]: apts = pd.Series(cities,name="price")          #通过字典创建 Series 对象
In [4]: apts                                            #输出验证
Out[4]:
Beijing    55000.0
Shanghai   60000.0
```

> **注意**
>
> 所谓分位数，是指用分割点（cut point）将一个随机变量的概率分布范围划分为若干个具有相同概率的连续区间。这里的 25%即一列数据按升序排序后 25%位置的数，50%和 75%意义与 25%相同。

```
Shenzhen      50000.0
Hangzhou      20000.0
Guangzhou     30000.0
Suzhou            NaN
Name: price, dtype: float64
In [5]: apts[0]                              #通过下标访问 Series 中的第 0 个元素
Out[5]: 55000.0
```

在 In [2]处，故意将 Suzhou 不赋值（或者说赋值为 None），于是，Series 输出对应的值为 NaN，其含义就是"Not a Number（这不是一个数）"，其实表明此处有缺失值。

毕竟，Series 对象也称为带有标签的数组，所以它的标签（即特定索引）也是可以用来访问和修改特定位置数据的。

```
In [6]: apts['Beijing']                      #通过索引标签访问给定索引值为 Beijing 的元素
Out[6]: 55000.0
In [7]: apts['Beijing'] = 90000              #通过索引标签修改给定标签的数值
In [8]: apts
Out[8]:
Beijing       90000.0                        #此处的值被修改了
Shanghai      60000.0
Shenzhen      50000.0
Hangzhou      20000.0
Guangzhou     30000.0
Suzhou            NaN
Name: price, dtype: float64
```

通过这些特定的标签，我们还可以按任意顺序访问多个标签对应的值。

```
In [9]: apts[['Shanghai','Guangzhou','Beijing']]   #以乱序访问 Series 中的数据
Out[9]:
Shanghai      60000.0
Guangzhou     30000.0
Beijing       90000.0
Name: price, dtype: float64
```

需要说明的是，如果想要同时访问多个标签对应的数值，那么多个标签需要以列表的形式打包出现，如上面代码中的 apts[['Shanghai', 'Guangzhou', 'Beijing']]，内层实际上只是一个参数，即包括三个元素的列表（list）而已。与 NumPy 类似，我们可以通过 Series 的一组下标来访问不同位置的数值，而且这些位置可以不按照顺序，当取不连续的多个值时，要以列表的形式给出索引参数——这就是所谓的花式索引。

```
In [10]: apts[[1,4,0]]   #通过下标访问多个不同位置的 Series 数值
Out[10]:
Shanghai      60000.0
Guangzhou     30000.0
Beijing       90000.0
Name: price, dtype: float64
```

3.2.5　向量化操作

类似于 NumPy，Pandas 中的数据结构也支持广播操作。比如，在某个向量（vector）乘以某个标量（scalar）的操作中，这个标量会自我复制，并将自身拉伸至维度尺寸与向量相同，然后即可进行逐元素（element-wise）操作，示例代码如下。

```
In [11]:                              #恢复最初数据
cities = {"Beijing":55000,"Shanghai":60000,"Shenzhen":50000,"Hangzhou":20000,
"Guangzhou":30000,"Suzhou":None}
apts = pd.Series(cities,name = "price")    #通过字典创建 Series 对象
In [12]: apts * 3                          #apts 中的每个元素都乘以 3
Out[12]:
Beijing      165000.0
Shanghai     180000.0
Shenzhen     150000.0
Hangzhou      60000.0
Guangzhou     90000.0
Suzhou           NaN
Name: price,dtype:float64
```

上述代码的运行流程如图 3-3 所示。需要说明的是，NaN（Not a Number，缺失值）参与的任何计算，返回的结果依然是 NaN。

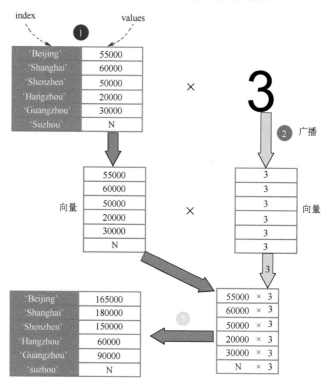

图 3-3　Pandas 中的广播操作

在底层实现上，Pandas 的很多操作都是基于 NumPy 实现的，而在 NumPy 中，向量化操作通常意味着并行处理。类似地，我们还可以实施向量化的加法操作。

```
In [13]: apts + apts
Out[13]:
Beijing      180000.0
Shanghai     120000.0
Shenzhen     100000.0
Hangzhou      40000.0
Guangzhou     60000.0
Suzhou            NaN
Name: price, dtype: float64
```

需要注意的是，前面在 Series 上的操作，其实并没有破坏原有 Series 的数值，而是临时生成了一个新的 Series 对象来存储处理的结果。

例如，在 In [12]处，将 Series 数组中的所有元素都乘以 3，此时 Pandas 会创建一个匿名的 Series 对象来接收这个处理结果，原有的 Series 对象 apts 的值并没有受到任何影响。

此外，Series 对象也可以作为 NumPy 函数的一个参数。顾名思义，在本质上，Series 就是"一系列"的数据，类似向量数组。这样一来，Series 就可以在 NumPy 函数的操作下，达到"向量进，向量出"的目的，而不像 C 或 Java 等编程语言一样使用 for 循环来完成类似地操作。

```
In [14]: import numpy as np
In [15]:  import pandas as pd
In [16]: np.random.seed(0)          #为了确保代码的复现性，这里我们设置了随机数种子
In [17]: s = pd.Series(np.random.randn(5), index = ['a','b','c','d','e'])
In [18]: s                          #显示 Series 中的元素
Out[18]:
a    1.764052
b    0.400157
c    0.978738
d    2.240893
e    1.867558
dtype: float64
In [19]: a = np.square(s)           #对对象 s 中的每个元素求平方
In [20]: a                          #验证 a 中的值
Out[20]:
a    3.111881
b    0.160126
c    0.957928
d    5.021602
e    3.487773
```

```
dtype: float64
In [21]: b = np.sin(s)              #对对象 s 中的每个元素取正弦值
In [22]: b
Out[22]:
a    0.981384
b    0.389563
c    0.829794
d    0.783762
e    0.956288
dtype: float64
```

3.2.6　布尔索引

　　同样，类似于 NumPy，Series 也支持利用布尔表达式提取符合条件的数值。

```
In [23]:                                        #恢复最初数据
cities = {"Beijing":55000,"Shanghai":60000,"Shenzhen":50000,"Hangzhou":20000,
"Guangzhou":30000,"Suzhou":None}
apts = pd.Series(cities,name = "price")         #通过字典创建 Series 对象

In [24]: apts > apts.median()                   #判断 apts 的元素是否大于所有数据的中位数
Out[24]:
Beijing      True
Shanghai     True
Shenzhen     False
Hangzhou     False
Guangzhou    False
Suzhou       False
Name: price, dtype: bool
```

　　In [24]处的逻辑判断会产生一个与 apts 对象相同维度的布尔矩阵，而这个布尔矩阵本身又可以作为 Series 对象的下标，用于获取其值为 True 的位置对应的数值，从而达到过滤不符合要求的样本，进而抽取到特定样本的目的。

```
In [25]: apts[apts > apts.median()]
Out[25]:
Beijing     55000.0
Shanghai    60000.0
Name: price, dtype: float64
```

3.2.7　切片访问

　　类似于 NumPy，我们可以通过索引、切片（slice）选取或处理 Series 中连续的一个或多个值，其返回结果依然是 Series 类型的对象。

```
In [26]: apts[:3]                              #访问 apts 中的前 3 个元素
Out[26]:
Beijing      55000.0
Shanghai     60000.0
Shenzhen     50000.0
Name: price, dtype: float64
```

由于基于数值的切片操作的访问区间是左闭右开的，因此上述代码 In [26]处的操作结果是，提取第 0 个元素（计数是从 0 开始的，在切片中，0 可以省略）、第 1 个元素和第 2 个元素，第 3 个元素是访问不到的。

如前所述，Series 对象是一个有标签属性（index）的数组，这个标签也可以用来作为切片的依据，示例代码如下。

```
In [27]: apts['Beijing':'Shenzhen']
Out[27]:
Beijing      55000.0
Shanghai     60000.0
Shenzhen     50000.0
Name: price, dtype: float64
```

需要特别需要注意的是，与基于数值的切片不同，**基于标签的切片访问，其访问区间是左右均闭合**，也就是说，访问是"指到哪打到哪"，不留余地。因此，从 Out[27]处的输出可以看出，索引为 Beijing、Shanghai 和'Shenzhen'的这 3 个元素的值都被读取到了。

此外，切片不仅支持读取操作，而且它也支持批量赋值操作，示例代码如下。

```
In [28]: apts['Beijing':'Shenzhen'] = 90000     #切片赋值，此处利用过了广播技术
In [29]: apts                                   #输出验证
Out[29]:
Beijing        90000.0
Shanghai       90000.0
Shenzhen       90000.0
Hangzhou       20000.0
Guangzhou      30000.0
Suzhou             NaN
Name: price, dtype: float64
```

3.2.8　数值的删除

当想要删除 Series 中的一条或者多条数据时，可以使用 Series 提供的 drop 方法。

```
In [1]:   import pandas as pd
In [2]: a = pd.Series([2, 0, -4, 12])      #构建一个 Series 对象 a
In [3]: a                                   #验证 a 的值
Out[3]:
0    2
1    0
2   -4
3   12
dtype: int64
In [4]: a.drop(0)          #删除索引为 0 的数据，等价于 a.drop(labels = 0)
Out[4]:
1    0
2   -4
3   12
dtype: int64
```

In [4]处的 drop 方法返回的是删除指定索引后的 Series 视图。如前所述，如果我们不显式指定 Series 的 index 属性，那么 Pandas 就会给 Series 赋值 0～n 的索引，这些索引就是数值的标签。因此 In [4]处的代码功能等价于下面的代码功能。

```
In [5]: a.drop(labels = 0)          #删除带关键字的参数
Out[5]:
1    0
2   -4
3   12
dtype: int64
```

如前所述，对 Series 的删除操作并不会影响原有 Series 中的数据，原有 Series 中的数据依然保持不变。

定义

所谓深拷贝（deep copy)是指源对象与拷贝对象互相独立，其中任何一个对象的改变都不会对另外一个对象造成影响。

```
In [6]: a          #重新验证，发现 Series 对象 a 的数据并没有改变
Out[6]:
0    2
1    0
2   -4
3   12
dtype: int64
```

之所以这样，是因为 drop 方法操作的流程是这样的：先将原始的 Series 数据复制到一个新的内存空间（即所谓的深拷贝），然后再在新的临时 Series 上，删除指定索引值，这时，新旧两个 Series 分处不同的内存空间，操作起来自然互不干涉。

如果我们想一次性删除多个索引对应的值，那么需要把多个索引值打

包为一个列表，示例代码如下。

```
In [7]: a.drop([0,1])                    #同时删掉索引为 0 和 1 的数据
Out[7]:
2    -4
3    12
dtype: int64
```

在某些情况下，如果我们的确想删除原始 Series 中的数据，那么该怎么办呢？办法还是有的。我们可以在 drop 方法中多启用一个参数 inplace，它是一个布尔类型变量，默认值为 False，如果将其设置为 True，drop 方法的操作就会在"本地"完成，最终删除效果便会体现在原始 Series 上。

```
In [8]: a.drop([0,1],inplace = True)     #本地删除操作
In [9]: a                                #验证 a 的值，删除完成
Out[9]:
2    -4
3    12
dtype: int64
```

3.2.9　数值的添加

我们可以删除 Series 中的数据，自然也可以为其添加新的数据。

```
In [1]: import pandas as pd
In [2]: s1 = pd.Series([2,0,-4,12])      #创建 Series 对象 s1
In [3]: s1                               #输出 s1 的值
Out[3]:
0     2
1     0
2    -4
3    12
dtype: int64
In [4]: s1.index.values                  #输出 s1 的索引
Out[4]: array([0,1,2,3])
```

在 Series 中，为一个不存在的索引赋值，实际上等价于为 Series 添加新元素。

```
In [5]: s1['zero'] = 'new1'              #为索引是'zero'的对象赋值'new1'
In [6]: s1['one'] = 111                  #为索引是'one'的对象赋值 111
In [7]: s1                               #输出验证 s1 的值
Out[7]:
0        2
1        0
2       -4
```

```
3       12
zero    123
dtype: object
```

从 Out[4]处可以观察到 s1 的所有索引，而在 In [5]和 In [6]处，我们分别为两个不存在的索引对象赋值，在这种情况下，这两个 index-value 对，就是为 Series 对象 s1 添加的两个数据单元。

除了为 Series 对象添加单个数据单元，我们还可以为一个 Series 对象整体添加另外一个 Series 对象。这时，我们需要使用 append 方法。

```
In [8]: a = pd.Series([2,0,-4,12])        #复原 Series 对象 a
In [9]: a                                  #验证 a 的值
Out[9]:
0    2
1    0
2   -4
3   12
dtype: int64
In [10]: import numpy as np
In [11]: np.random.seed(0)
In [12]: b = pd.Series(np.random.rand(3))  #利用随机数创建一个 Series 对象 b
In [13]: b                                 #显示 b 中的数据
Out[13]:
0   1.764052
1   0.400157
2   0.978738
dtype: float64
In [14]: a.append(b)    #将 Series 对象 b 中的数据追加到 Series 对象 a 后面
Out[14]:                #在 Pandas1.4 及以上版本失效，可使用 a._append(b)代替
0    2.000000
1    0.000000
2   -4.000000
3   12.000000
0    1.764052
1    0.400157
2    0.978738
dtype: float64
```

默认情况下，append 方法不会改变两个被叠加对象的索引值，如 Out[13]处的输出，它有两套 "0、1、2" 这样的索引值。重复的索引值不

利于通过索引来访问 Series 中的元素。为保证代码跨版本的兼容性，可用 concat 代替 append 方法。

为了解决这个问题，我们可以在 append 方法中令 ignore_index = True，这样一来，原始 Series 中的索引都会被忽略，而由 Pandas 统一给 value 重新分配数值型的索引，而新的索引将重新从 0 编号，从而构成有序的自然数序列，示例代码如下。

```
In [14]: a._append(b,ignore_index = True)
                        #等价于 concat([a,b],axis=0,ignore_index=True)
Out[14]:
0      2.000000
1      0.000000
2     -4.000000
3     12.000000
4      1.764052
5      0.400157
6      0.978738
dtype: float64
```

3.3　DataFrame 类型数据

如果我们把 Series 看作 Excel 表中的一列，那么 DataFrame 就是 Excel 中的一张表（见图 3-4）。从数据结构的角度来看，若把 Series 比作一个带标签的一维数组，则 DataFrame 就是一个带标签的二维数组，它可以由若干个一维数组（Series）构成，也就是说，DataFrame 是 Series 的"容器"。无论是行还是列，单独拆分出来 DataFrame 的都是一个 Series。在图 3-4 中，两个 Series 对象（即 apples 和 oranges）构造了一个较大的 DataFrame 对象。

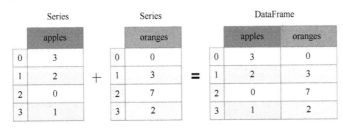

图 3-4　Series 与 Dataframe 的关系

DataFrame 是一种表格型数据结构，它含有一组有序的列，每列的值可以不同。在机器学习实践中，有关 DataFrame 更为常见的描述如下（见图 3-5）。

- 每行代表一个实例（instance）。
- 每列代表一个特征（feature）。

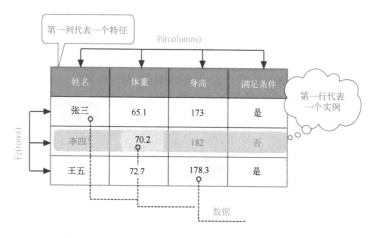

图 3-5　机器学习视角下的行与列

3.3.1　构建 DataFrame

为了方便访问数据，DataFrame 不仅有行索引（好比 Excel 表中最左侧的索引编号），还有列索引（好比 Excel 表中各个列的列名）。我们可以通过字典、Series 等基本数据结构来构建 DataFrame。最常用的方法之一是，先构造一个由列表或 NumPy 数组组成的字典，然后再将字典作为 DataFrame 中的参数。示例代码如下。

```
In [1]: import pandas as pd
In [2]: data= {'col1':[1,2],'col2':[3,4]}
In [3]: df = pd.DataFrame(data = data)
In [4]: print(df)
   col1  col2
0    1    3
1    2    4
```

字典的"键-值"对中的"键"自动变成了 DataFrame 的列名（columns），而"值"自动变成了 DataFrame 的值（values），而其索引（index）需要另外定义。如果字典中的值是一个列表，那么列表的长度就是行数。从 In [4]处的输出可以验证这一点。

为每行配备一个标签，得到的就是行索引，它位于 DataFrame 对象的最左侧。从上面的输出可以看出，与 Series 类似地是，在默认情况下，DataFrame 的索引也是从 0 开始的自然数序列。

与 Series 一样，我们可以使用 dtype 属性显示每列的数据类型，用 values 属性显示 DataFrame 中的值，这个值就是一个 NumPy 数组。

```
In [5]: df.dtypes
Out[5]:
```

```
col1    int64
col2    int64
dtype: object
In [6]:df.values
Out[6]:
array([[1,3],
       [2,4]])
```

当然，我们也可以在创建 DataFrane 时，显式指定行名（index）和列名（columns），然后用 index 和 columns 来分别查看索引名（行索引）和列名（列索引），示例代码如下。

```
In [7]: import numpy as np
In [8]: data1 = np.arange(9).reshape(3,3)
In [9]: df2 = pd.DataFrame(data1,columns = ['one','two','three'],
            Index = ['a','b','c'] )
In [10]: df2
  one  two  three
a   0    1     2
b   3    4     5
c   6    7     8
In [11]: df2.index            #读取行的名称
Out[11]: Index(['a','b','c'], dtype = 'object')
In [12]: df2.columns          #读取列的名称
Out[12]: Index(['one','two','three'],dtype = 'object')
```

index 和 columns 分别是行索引和列索引（见图 3-6），通过它们可以方便地访问 DataFrame 中的数据。在后面的示例代码中，会显著体现出这一点。

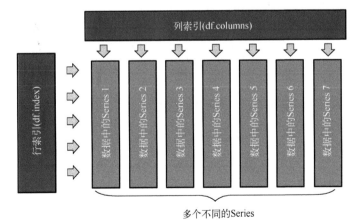

图 3-6　DataFrame 中的行索引和列索引

本质上，可将一个 DataFrame 视为由若干个 Series 构成。也就是说，Series 是构成 DataFrame 的天然数据源。下面，我们再来看看如何使用 Series 来创建 DataFrame。

```
In [13]: row1 = pd.Series(np.arange(3),index = ['one','two','three'])
In [14]: row2 = pd.Series(np.arange(3),index = ['a','b','c'])
In [15]: row1.name = 'Series1'
In [16]: row2.name = 'Series2'
In [17]: df3 = pd.DataFrame([row1,row2])      #利用多个 Series 创建 DataFrame
Out [18]: print(df3)                          #输出验证
         one  two  three    a    b    c
Series1  0.0  1.0    2.0  NaN  NaN  NaN
Series2  NaN  NaN    NaN  0.0  1.0  2.0
```

观察 Out[18]处的输出可以发现，原来 Series 中的 index 变成了 DataFrame 中的 columns，而 name 变成了 DataFrame 中的 index（行索引），数据缺失的位置自动用 NaN 填充。

除了可以通过 index、values 等属性来获取 DataFrame 的行索引和数值，还可以通过 columns 属性获取 DataFrame 的列索引，通过 ndim 属性获取 DataFrame 的维度，通过 shape 属性获取 DataFrame 的数据尺寸。

```
In [19]: df3.index              #获取行索引
Out[19]: Index(['Series1','Series2'],dtype='object')
In [20]: df3.values             #获取数值
Out[20]: array([[ 0.,1.,2.,nan,nan,nan],
                [nan,nan,nan,0.,1.,2.]])
In [21]: df3.columns            #获取列索引
Out[21]: Index(['one','two','three','a','b','c'],dtype='object')
In [22]: df3.ndim               #获取维度
Out[22]: 2
In [23]: df3.shape              #获取尺寸
Out[23]: (2,6)
```

3.3.2 访问 DataFrame 中的列与行

DataFrame 中具有行索引和列索引，这些索引实际上就是一些标签，有了这些好用的标签，访问 DataFrame 的数据非常方便。我们假设 DataFrame 的一个对象为 df，下面给出访问行或列数据（区块）的主要方法，如表 3-1 所示。在随后的章节中，我们用代码具体说明这些方法的使用。

表 3-1　DataFrame 中的主要区块访问方法

访问位置	方法	说明
访问特定的列	df[col]	访问 col 对应的单个列，如 df ['one']，单个列即为 Series 对象
访问特定的若干列	df[[col1,col2]]	访问列表中[col1, col2]包含的若干列，若干列即为一个 DataFrame 对象
通过标签访问特定的行	df.loc['index_one']	返回行索引对应的某一行，单行即为 Series 对象
通过标签访问特定的若干行	df.loc['[index_one', 'index_two']]	返回列表中行索引对应的若干行，多行即为 DataFrame 对象
访问特定的若干行	df[m: n]	访问第 m~n−1 行，如 df2[0:2]。数值型切片区间为左闭右开
访问特定的块	df.iloc[m1:m2, n1:n2]	访问第 m1~m2−1 行与第 n1~n2−1 列交叉的区块，如 df2[0:2,1:3]
访问特定的块	df.loc[行标签, 列标签]	访问行和（或）列标签定位数据块。如 df2.loc['c', 'two':'three']
访问特定的位置	df.at[行标签, 列名标签]	访问[行名, 列名]交叉定位处的值，如 df2.at['c','three']

> 💡 注意
>
> 1.如果行索引为数值型的索引，则不用双引号引起来。
>
> 2.df.iloc[0,:]表示首行；df.iloc[0,0]表示首行与首列交叉定位的首元素。

3.3.2.1　访问特定的列

首先说明 DataFrame 列的访问。访问 DataFrame 中的列数据很方便，因为 DataFrame 提供了特殊属性——columns，所以通过具体的列名称，就可以轻松获取一列或多列数据。

```
In [1]: import numpy as np
In [2]: import pandas as pd
In [3]: data = np.arange(9).reshape(3,3)
In [4]: df = pd.DataFrame(data,columns = ['one','two','three'],
                index = ['a','b','c'] )
In [5]: df                    #显示 DataFrame 中的内容
Out[5]:
   one  two  three            #列的名称
a    0    1      2
b    3    4      5
c    6    7      8
In [6]: df.columns            #读取 df2 的列名
Out[6]: Index(['one','two','three'],dtype = 'object')
```

从 Out[6]处的输出可以看出，df.columns 返回的是一个数组对象，如果想读取这个对象的值，那么还需要进一步读取这个索引的 values 属性。

```
In [7]: df.columns.values
Out[7]: array(['one','two','three'],dtype = object)
```

从 Out[7]处的输出可以看出，df.columns.values 返回的是一个列表对象，我们可以直接用访问数组的方式（如下标）来访问它。

```
In [8]: df.columns.values[0]        #访问第 0 列的列名（从 0 计数）
Out[8]: 'one'
```

如果我们已知一个 DataFrame 对象的列名，那么就可以用它作为索引读取对应的列。

```
In [9]: df['one']        #获取列名为 one 的一列数据
Out[9]:
a    0
b    3
c    6
Name: one, dtype: int64
```

在 Pandas 中，DataFrame 还有一个特点，就是列的名称可以直接作为 DataFrame 对象的属性来访问。例如，对于 df 而言，它有三列，其列名分别为 one、two 和 three。事实上，df 这个对象同时拥有这三个属性。

我们知道，访问一个对象属性的方法是"对象名.属性名"，示例代码如下。

```
In [10]: df.one        #获取列名为 one 的一列数据
Out[10]:
a    0
b    3
c    6
Name: one, dtype: int64
```

> **注意**
> Python 变量名规则是：以英文字母或下画线开头，但不能以数字开头，且命名中不能包含空格。

由上面的输出可以看到，df.one 和 df ['one']是等价的，类似地，df.two 和 df['two']是等价的，依此类推。但有一点需要注意，如果列名的字符串包含空格或其他不符合 Python 变量命名规范的情况，则不能通过访问对象属性的方式来访问某个特定的列。

也就是说，df.one 通过"对象名.属性名"来访问某个列的方式虽然很"优雅"，但适用范围有限。相比而言，df['one']这类访问方式适用范围更广，因为方括号内的字符串被引号引起来，所以无须受制于 Python 变量命名规则的限制。

此外，上述方法对单个列是有效的。如果想要同时访问多个列，还得"规规矩矩"地将多个列的名称打包进一个列表中，如在 In [11]处，df[['two','one']]里层的['two','one']就是一个包含两个列名的列表。在列表中，各个列之间可以混排，甚至可以重复。

```
In [11]: print(df[['two','one' ]])        #访问列名为'two'和'one'的两列
Out[11]:
```

```
     two  one
a     1    0
b     4    3
c     7    6
```

3.3.2.2　访问特定的行

前面我们讨论了如何访问 DataFrame 对象中的一列或多列。下面我们来讨论如何访问 DataFrame 中的一行或多行。若想获取 DataFrame 中一行或多行数据，最简单的方法莫过于使用切片技术，DataFrame 的切片使用方法与列表、NumPy 的切片使用方法类似地。

In [11]处故意调换了 one 和 two 两列的顺序，以示 Pandas 读取数据的灵活性。

```
In [12]: df[:1]          #获取行号区间为[0:1)的 1 行数据①
Out[12]:
   one  two  three
a    0    1      2
```

由于使用数值切片技术，访问区间是左闭右开的，所以 In [12]处所能读取的行范围仅仅是第 0 行。类似地，In [13]处的含义是访问第 0 行和第 1 行数据。

```
In [13]: df[0:2]     #获取行号区间为[0:2)的两行数据，即第 0 行和第 1 行 ，等价于 df[:2]
Out[13]:
   one  two  three
a    0    1      2
b    3    4      5
```

以数值切片技术来获取 DataFrame 的行数据，这种方法类似于 NumPy。但是这样没有充分显示 DataFrame 的标签信息。我们完全可以使用行的具体标签（通常是字符串）来进行切片，示例代码如下。

```
In [14]: df['a' : 'b']        #利用行索引（标签）来切片
Out[14]
   one  two  three
a    0    1      2
b    3    4      5
```

3.3.2.3　利用 loc 方法访问特定区域

事实上，DataFrame 还提供了好用的 loc 方法，这里的 loc 是 location（位置）的简写，其参数 index 是行或列的**标签名称**。通过 loc 方法，我们可以访问特定的数据区域。

需要特别注意的是，loc 方法中的参数为行或列的标签，当用标签作为上下界时，上下界都是封闭的，如 df.loc['a' : 'b']能够取到第 a 行和第 b 行。

这与数值索引时的上界为开区间（取不到）有明显区分。如 df[1:2]，第 2 行是取不到的。

---

① 请注意，df[1]返回的是第 1 行的数据，且返回的是一个 Series 对象。而 df[:1]返回的是从第 0 行到第 1 行的数据，第 1 行取不到，实际上，返回的也是第 0 行的数据，但由于后者使用了切片技术，所以返回的是一个 DataFrame 对象。

```
In [15]: df                                    #输出验证
Out[15]:
   one  two  three
a   0    1     2
b   3    4     5
c   6    7     8
In [16]: df.loc[ ['a','b'] ]                    #通过行标签访问两行数据①
Out[16]:
   one  two  three
a   0    1     2
b   3    4     5
In [17]: df.loc[:,'two':'three']  #利用列索引来进行切片，访问所有行的第'two'列和第'three'列
Out[17]
   two  three
a   1     2
b   4     5
c   7     8
In [18]: df.loc['c','two':'three']      #访问第 c 行与第 two 列、第 three 列交叉的区域
Out[18]:
two     7
three   8
Name: c, dtype: int64
```

我们也可以使用切片来访问多个毗邻的行数据。示例代码如下。

```
In [19]: df['a':'b']                    #效果等同于 In [16]处代码
Out[19]:
   one  two  three
a   0    1     2
b   3    4     5
```

3.3.2.4 通过 iloc 方法访问特定区域

如前所述，通过 loc 方法可以使用特定的标签（包括行标签和列标签）来获取特定区域的数据。事实上，Pandas 还有一个方法 iloc 也能访问特定区域的数据。与 loc 不同的是，iloc 方法完全是基于数据的数值索引（0~$n-1$，n 是在轴方向上元素的个数），也就是说，它的参数都是数值（该方法开头的"i"是指 integer，特指数值型行或列的序号）或者是布尔索引，而不能是行或列的标签。iloc 方法的用法与 NumPy 的切片用法完全一样，可以把它视作 DataFrame 版本的切片操作。

```
In [20]: df.iloc[:,1:]     #获取所有行与第 1 列之后交叉区域的所有数据
Out[20]:
```

---

① 本行代码等价于 df.loc['a':'b']。使用切片的前提是，所访问的行是连续的。而使用列表中包含多个标签的方法，有很多便利之处，如标签可以不连续、逆序、混排，甚至重复。

```
      two   three
a      2      3
b      5      6
c      8      9
```

在 iloc 方法中，行和列的索引用逗号隔开，逗号前是行索引，逗号后是列索引（请注意，行和列索引都必须是整型或者布尔型）。如 In[20]处的逗号前的 "：" 没有指明数字，表明没有限制范围，即要取所有行。逗号后的 "1：" 表示从第 1 列开始（从 0 开始计数，下同），到最后一列结束。

当方括号中没有逗号时，表示的是行索引（或者说所有列都要取到）。如果仅给出一个数字，则返回这个行索引代表的一行数据。如 In[21]处的 iloc[1]，表示取第 1 行数据。

```
In [21]: df.iloc[1]     #获取第 1 行（从 0 开始计数，下同）数据
Out[21]:
one      2
two      5
three    8
Name: b, dtype: int64
```

注意，df.iloc[1]返回的是 DataFrame 的一行，这个临时对象其实是一个匿名的 Series 对象。但 df.iloc[1:2]通过切片操作，返回的也是第 1 行（因为第 2 行是取不到的），但这个临时对象却是一个匿名的 DataFrame 对象。

```
In [22]: df.iloc[1:2]   #返回切片对象，这是一个 DataFrame 对象
Out[22]:
   one  two  three
b   3    4     5
```

 注意

In [21]处的 df.iloc[1]等价于 df.iloc [1,:]，表示第 1 行涉及所有列的区域，在切片过程中，如果不对后面维度的区域加以限制，则可以省略。

当然，我们也可以利用 iloc 方法返回 DataFrame 的多行数据。如果这些行数据是连续的，则可用行索引的切片操作来获取；如果这些行数据是不连续的，则可以把这些间断的索引编号汇集起来，赋值给一个列表，然后将这个列表当作 iloc 方法的参数再进行获取示例代码如下。

```
In [23]: df.iloc[0:2]      #连续的行用切片表示，返回第 0 行和第 1 行数据，等价于 df[0:2]
Out[23]:
   one  two  three
a   0    1     2
b   3    4     5
In [24]: df.iloc[[0,2]]    #不连续的行用列表表示，返回第 0 行和第 2 行数据
Out[24]:
   one  two  three
a   0    1     2
c   6    7     8
```

iloc 方法的优势并不体现在对行的访问上，而是体现在它对区域精确的定位上，方括号内每增加一个逗号，就增加一个维度的控制权。例如，df.iloc[2,2]表示获取第 2 行第 2 列的数据，实际上就是获取一个确定的单元格（cell）数值。此时，iloc 方法就等价于另一个方法 at[行索引，列索引]，该方法也用于访问特定的数据单元格。

```
In [25]: df.iloc[2,2]          #获取第2行第2列的数据（从0开始计数）
Out[25]: 8
In [26]: df.at['c','three']    #语法格式为 at[行索引，列索引]
Out[26]: 8
```

类似于 NumPy，iloc 方法支持行切片和列切片并用，从而定位出一个连续的区块。

```
In [27]: df.iloc[0:2,1:]   #获取第0行、第1行和从第1列开始至最后1列的区域数据
Out[27]:
   two  three
a    4      7
b    5      8
```

In[27]处代码实现的功能是，获取前两行（即第 0 行和第 1 行）与所有列交叉区域的数据。由于行维度的读取是从 0 开始的，所以冒号前面的 0 是可以省略的，即 df.iloc[0:2,1:]等价于 df2.iloc[:2,1:]。

3.3.3 DataFrame 的删除操作

有了行或列索引的协助，DataFrame 对数据就可以进行精准删除了。类似于 Series，当给出行索引或列索引标签时，在 DataFrame 中同样可以使用 drop 方法删除特定的行或列。

```
In [1]: import pandas as pd
In [2]: data = {'one':[1,2,3],'two':[4,5,6],'three':[7,8,9]}
In [3]: index = list('abc')  #将字符串展开并将其转换为列表['a','b','c']
In [4]: df = pd.DataFrame(data,index = index)
In [5]: df                                    #输出验证
Out[5]:
   one  two  three
a    1    4      7
b    2    5      8
c    3    6      9
In [6]: col3 = df['three']                    #获取第3列
In [7]: type(col3)                            #验证 col3 的数据类型为 Series
Out[7]: pandas.core.series.Series
In [8]: df.drop('three',axis = 'columns')     #删除 three 这一列数据
```

```
Out[8]:
    one  two
a    1    4
b    2    5
c    3    6
```

设置 axis = 'columns'表示删除第 3 列，从 Out[8]处输出的结果可以看出，的确达到了删除第 3 列的效果。删除列还可以通过设置 axis = 1 来实现，它与 axis = 'columns'是等价的。

类似于 Series 中的 drop 方法，上述的删除操作其实是一个"假删除"。Out[8]处输出的结果仅是原有数据的一个临时视图，原始 DataFrame的数据并没有发生变化，示例代码如下。

```
In [9]: df                          #验证：df 的数据并没有发生变化
Out[9]:
    one  two  three
a    1    4    7
b    2    5    8
c    3    6    9
```

那么如何让删除效果体现在原始 DataFrame 中呢？有两种方法可以达到该目的，第一种方法是利用生成的裁剪后的视图（实际上是存储于另外地址空间的一个临时 DataFrame 对象）覆盖原始的 DataFrame 对象，示例代码如下。

```
In [10]: df = df.drop('three',axis = 1)   #覆盖式删除
In [11]: df                               #验证：df 的数据发生变化
Out[11]:
    one  two
a    1    4
b    2    5
c    3    6
```

删除 DataFrame 原始列的第二种方法，就是要借助 drop 方法中的另外一个参数 inplace（本地），其默认值为 False，此时我们将其设置为 True。

```
In [12]: df = pd.DataFrame(data,index = index)   #将 df 的数据复原
In [13]: df.drop('three',axis = 1,inplace = True)  #按列方向本地删除一列
In [14]: df                                       #验证：df 的数据少了一列
Out[14]:
    one  two
a    1    4
b    2    5
c    3    6
```

事实上，我们还可以利用全局内置函数 del，在原始 DataFrame 对象

中删除某一列，示例代码如下。

```
In [15]: df = pd.DataFrame(data,index = index)    #将 df 的数据复原
In [16]: del df['three']                          #删除第三列 three
In [17]: df                                       #输出验证
Out[17]:
   one  two
a    1    4
b    2    5
c    3    6
```

类似地，如果我们把利用 drop 方法删除列方向设置为删除行方向（axis = 0），这样就可达到删除行的目的。

```
In [18]: df = pd.DataFrame(data,index = index) #将 df 的数据复原
In [19]: df.drop('a',axis = 0)                  #在行方向上删除第 a 行
Out[19]:
   one  two  three
b    2    5      8
c    3    6      9
```

我们可以通过下面的尝试，同时删除多行数据，这时需要把多个行号用列表的方括号括起来。

```
In [21]: df.drop(['a','c'], axis = 0)  #同时删除 df 中的第 a 行和第 c 行
Out[21]:
   one  two  three
b    2    5      8
```

同样，In [21]处的操作也没有真正删除 df 中的数据。如果我们想真正删除 df 本地数据，如前所述，需要把 drop 方法中的参数 inplace 设置为 True。

3.3.4　添加行与列

前面我们讨论了 DataFrame 的删除操作。下面，我们来看看如何在 DataFrame 中添加行或列。

3.3.4.1　添加行数据

在 DataFrame 中，添加一个新行并不复杂。使用 loc(index)方法就可以添加一个新行，这里的 index 就是一个 DataFrame 对象中原来没有的行索引。为一个先前没有的行索引赋值，实质上就是添加一个新行。示例代码如下。

```
In [1]: import pandas as pd
In [2]: import numpy as np
In [3]: data = np.array([[1,3],[2,1],[5,6]])
```

```
In [4]: df = pd.DataFrame(data,columns = list('AB'))
In [5]: print(df)                          #输出验证
   A  B
0  1  3
1  2  1
2  5  6
In [6]: df.loc[3] = [7, 8]                 #添加一个新行
In [7]: print(df)                          #输出验证
   A  B
0  1  3
1  2  1
2  5  6
3  7  8
```

> 💡 **注意**
>
> 需要注意的是，在 In [6] 处 loc 方法中的参数 "3" 是一个行标签。只不过这个行标签碰巧是个数字而已。

在 In [6]处，我们使用数字作为行索引。事实上，我们完全可以使用更加具有可读性的字符串来作为行索引，示例代码如下。

```
In [8]: df.loc['new_row'] = 3              #添加一个新行
In [9]: print(df)                          #输出验证
         A  B
0        1  3
1        2  1
2        5  6
3        7  8
new_row  3  3
```

从上面的输出可以看到，在 In [8]处，我们的确成功为 df 对象添加了一个新行，其行索引名称为 new_row。同时，我们也要注意，在进行赋值操作时，该行等号右边的数据只有一个。而在创建这个 DataFrame 对象时，它有两列。显然，所给数据（仅有一个 3）不够填充一行，这时 Pandas 会利用广播技术，把数据广播为两个，这就是 df 最后一行有两个 3 的原因。

当然，如果我们（以列表的形式）提供了足够的数据，那么 Pandas 就不会使用广播技术了。

```
In [10]: df.loc['new_row2'] = [11, 22]     #添加一个新行
In [11]: print(df)                         #输出验证


          A   B
0         1   3
1         2   1
2         5   6
3         7   8
new_row   3   3
new_row2  11  22
```

事实上，我们还可以使用 DataFrame 中的 append 方法，把一个 DataFrame 对象整体追加到另外一个 DataFrame 对象之后，从而达到批量添加多行数据的目的，其效果类似于 NumPy 中的 vstack 方法（垂直堆叠）。

```
In [12]: df1 = pd.DataFrame({'a':[1,2,3,4],'b':[5,6,7,8]})
In [13]: df1                    #输出验证
Out[13]:
   a  b
0  1  5
1  2  6
2  3  7
3  4  8
In [14]: df2 = pd.DataFrame({'a':[1,2,3],'b':[5,6,7]})
In [15]: df2                    #输出验证
Out[15]:
   a  b
0  1  5
1  2  6
2  3  7
In [16]: df1.append(df2)        #将 df2 追加到 df1 之后。在 Pandas 1.4 及以上版本中使用
df1.append(df2)
Out[16]:
   a  b
0  1  5
1  2  6
2  3  7
3  4  8
0  1  5
1  2  6
2  3  7
```

从 Out[16]的输出结果可以看出，df2 对象的确能够追加到 df1 对象之后，但合并前的两个 DataFrame 对象的行索引都被保留，但它们彼此是有重复的，这种行索引的不唯一性，对我们通过行索引访问某个特定行造成了困难。那么如何解决这个问题呢？与前文类似，我们可以在 append 方法中使用参数 ignore_index，并将其设置为 True，示例代码如下。

```
In [17]: df1.append(df2,ignore_index = True)
      #在 Pandas 1.4 及以上版本中使用 append 方法，或者使用 concat 方法代替 append 方法
Out[17]:
   a  b
0  1  5
1  2  6
2  3  7
3  4  8
4  1  5
```

```
5    2    6
6    3    7
```

顾名思义，ignore_index 的含义就是忽略原有 DataFrame 对象的索引，由 Pandas 重新构造一组新的行索引，新索引为 0～n–1，n 为两个 DataFrame 对象行数之和。示例代码如下。

3.4.4.2　添加列数据

前面我们讨论了如何在 DataFrame 对象中添加行，下面我们来讨论如何在 DataFrame 对象中添加列。先来构建一个简单的 DataFrame 对象。示例代码如下。

```
In [1]: df1 = pd.DataFrame({"col_1":[1,2,3,4],#创建一个 2 列的数据对象
                            "col_2":[5,6,7,8]},
                           index = list('abcd'))
In [2]: print(df1)                 #输出验证
   col_1  col_2
a    1      5
b    2      6
c    3      7
d    4      8
```

为 DataFrame 添加一列的语法更加简洁，其格式为 df['col_name'] = values，这里，df 为 DataFrame 的对象名，方括号内的 col_name 就是新添加的列名称，values 就是为列的赋值。

```
In [3]: df1['new_col_1'] = 3      #添加列名为 new_col_1，利用广播技术填充数据
In [4]: print(df1)                #输出验证
   col_1  col_2  new_col_1
a    1      5        3
b    2      6        3
c    3      7        3
d    4      8        3
```

从上面的输出结果可以看出，如果列名 col_name 不在原有的 DataFrame 列名范畴之内，那么对其进行赋值，实际效果就是为这个 DataFrame 添加一个新列。

类似地，在 DataFrame 中添加行的操作，当对列进行赋值时，如果赋值的数量只有一个，不足以覆盖所有行，那么 Pandas 就会用广播技术将数值的数量扩展为与行数相同。In [3]处的代码就是利用广播技术对数据进行了扩展。

当然，更一般的场景是，我们为某个新列赋足够多的值，即等同于行的个数，示例代码如下。

```
In [5]: df1['new_col_2'] = [1,2,3,4]          #添加列名为 new_col_2
In [6]: print(df1)                            #输出验证
   col_1  col_2  new_col_1  new_col_2
a    1      5         3          1
b    2      6         3          2
c    3      7         3          3
d    4      8         3          4
```

实际上，我们还可以利用 Pandas 的 insert 方法来添加一个新列。

```
[7]: df1.insert(2,value = [11,22,33,44],column = 'col_3')   #添加列名为 col_3
In [8]: print(df1)                            #输出验证
   col_1  col_2  col_3  new_col_1  new_col_2
a    1      5     11        3          1
b    2      6     22        3          2
c    3      7     33        3          3
d    4      8     44        3          4
```

insert 方法的第一个参数为插入的列索引，这里表示从第 2 列插入数据（从 0 开始计数），column 表示插入的列名，value 表示添加的列值。

在添加行时，我们曾采用 append 方法让两个 DataFrame 对象在垂直方向堆叠，那么有没有类似 NumPy 中的 hstack 方法，能让两个 DataFrame 对象在水平方向（即列的方向上）拼接在一起的方法呢？答案是有的，那就是 concat 方法。

```
In [7]: df1 = pd.DataFrame([['a',1],['b',2]],columns = ['letter','number'])
In [8]: df2 = pd.DataFrame([['c',3],['d',4]],columns = ['letter','number'])
In [9]: print(df1)
  letter  number
0    a       1
1    b       2
In [10]: print(df2)
  letter  number
0    c       3
1    d       4
In [11]: pd.concat([df1,df2],axis = 1)        #水平方向堆叠
Out[11]:
  letter  number letter  number
0    a       1      c       3
1    b       2      d       4
```

从 Out[11]处的输出可以看出，pd.concat([df1,df2], axis = 1)的确达到了将两个不同的 DataFrame 对象在水平方向拼接的功能，这里用到的轴方向参数是 axis = 1，与使用 axis = 'columns'可以实现相同的功能，而且更具有可读性。

由于 df1 和 df2 这两个对象的列名称是完全相同的，因此列索引是存

在重复性的，如果我们不想出现相同的列索引，那么同样可以设置 ignore_index = True，这时，df1 和 df2 的索引将被全部抹掉，而由 Pandas 自行设定 0~n−1 的索引，其中，n 为两个 DataFrame 对象的列数之和，参见 In [12]处代码。

```
In [12]: pd.concat([df1,df2],ignore_index = True,axis = 1)
Out[12]:
   0 1 2 3
0  a 1 c 3
1  b 2 d 4
```

如果设置轴方向参数 axis = 1，那么就可以利用 concat 方法，在列的方向实施不同 DataFrame 对象的连接，那么是否能设置 pd.concat 的轴方向参数 axis = 0 或 axis = 'index'，在行方向上连接不同 DataFrame 对象呢？答案是肯定的，此时 concat 方法就等价于 append 方法，这个就留给读者自己去实践吧。

有关 Pandas 的操作指令其实还有很多，需要我们在实践中慢慢摸索，逐步掌握。

> 你知道吗？
>
> concat 是单词 concatenate（连接）的简写。
>
> concat 方法是一种通用的 DataFrame 堆叠方法，当 axis = 0 时，该方法的功能等价于 append 方法的功能。

3.4 基于 Pandas 的文件读取与分析

Pandas 的核心在于数据分析，但首先要解决数据的来源和归宿问题，这就涉及数据的读取和保存。从外部文件读/写数据，也是 Pandas 的重要功能。Pandas 提供了多种 API 函数，以支持多种类型数据（如 CSV、Excel、SQL 等）的读/写，其中常用的 API 函数如表 3-2 所示。

表 3-2 Pandas 中常用的 API 函数

文件类型	文件说明	读取函数	写入函数
CSV	该类型文件以纯文本形式存储，通常以逗号分隔开表格中的数据（数字和文本）	read_csv	to_csv
HDF	美国国家超级计算应用中心（NCSA）研制的一种能高效存储和分发科学数据的层级数据格式	read_hdf	to_hdf
SQL	一种用结构化查询语言编写的数据库查询脚本文件	read_sql	to_sql
JSON	一种轻量级的文本数据交换格式文件	read_json	to_json
HTML	一种由超文本标记语言编写的网页文件	read_html	to_html
PICKLE	Python 内部支持的一种序列化文件	read_pickle	to_pickle

用一句话就能总结表 3-2 中呈现的内容，即"read_数据格式"表示读取对应格式的文件，而"to_数据格式"表示存储对应格式的文件。下面我们就以常用的 CSV 文件和 Excel 文件为例，来说明 Pandas 的文件处理能力，其他类型文件的操作也是类似地。

3.4.1 读取 CSV 文件——以工资信息表为例

假设我们要处理的数据源是 Salaries.csv，下面先利用 Pandas 的 read_csv 方法读取其中的数据。Pandas 支持在线读取数据，所以在 In [2] 处，可以直接使用一个标识数据源的网络地址。当然，如果这个 CSV 文件已经提前下载到本地，则可以使用如下方式直接读取。

```
In [1]: import pandas as pd
In [2]: df = pd.read_csv("Salaries.csv")
In [3]: df                          #输出验证：显示部分数据
Out [3]:
```

	rank	discipline	phd	service	sex	salary
0	Prof	B	56	49	Male	186960
1	Prof	A	12	6	Male	93000
2	Prof	A	23	20	Male	110515
3	Prof	A	40	31	Male	131205
4	Prof	B	20	18	Male	104800
...	...	...	...	...	...	...
73	Prof	B	18	10	Female	105450
74	AssocProf	B	19	6	Female	104542
75	Prof	B	17	17	Female	124312
76	Prof	A	28	14	Female	109954
77	Prof	A	23	15	Female	109646

78 rows × 6 columns

此时，数据源文件 Salaries.csv 需要与当前 Python 脚本处于同一路径，否则需要添加该文件所在的路径。为了适应各种应用场景，read_csv 方法还配置了大量可用的参数，这里我们仅说明部分常用的参数，更多内容请读者参考 Pandas 官网文献。

```
read_csv(filepath_or_buffer,sep = ',',delimiter = None,header = 'infer',names =
None,index_col = None,converters = None,parse_dates = None,…,)
```

- filepath_or_buffer：指定要读取的数据源，可以是网络链接地址 URL，也可以是本地文件。

- sep：指定分隔符（Separator），如果不指定参数，则默认将英文逗号（,）作为数据字段间的分隔符。

- delimiter：定界符，备选分隔符（如果指定该参数，则前面的 sep 参数失效），支持使用正则表达式来匹配某些不标准的 CSV 文件。delimiter 可视为 sep 的别名。

- header：指定行数作为列名（相当于表格的表头行，用来说明每个列的字段含义），如果文件中没有列名，则默认为 0（即设置首行作为列名，真正的数据在 0 行之后）。如果没有表头，则起始数据就是正式的待分析数据，此时应该将这个参数设置为 None。

- index_col：指定某个列（如 ID、日期等）作为行索引。如果这个参数被设置为包含多个列的列表，则表示设定多个行索引；如果不设置，Pandas 会启用一个 0～n–1（n 为数据行数）范围内的数字作为列索引。

- converters：用一个字典数据类型指明将某些列加工为特定类型的数据。在字典中，key 用于指定特定的列，value 用于指定加工操作，通常为某个实施加工的函数名。

- parse_dates：指定是否对某些列的字符串启用日期解析，该参数是布尔类型，默认为 False，即字符串被原样加载，该列的数据类型就是 Object（相当于 Python 内置的字符串数据 str）。如果将该参数设置为 True，则这一列的字符串（如果是合法字符串）会被解析为日期类型。

3.4.2 DataFrame 中的常用属性

一旦我们把数据正确读取到内存中，就形成一个 DataFrame 对象，这样可以使用各种属性或方法来访问、修改 DataFrame 对象中的数据。

下面我们先来看看 DataFrame 中都有哪些常用属性，其名称及描述如表 3-3 所示。

表 3-3　DataFrame 中的常用属性

属性名称	属性描述
dtypes	返回各个列的数据类型
columns	返回各个列的名称
axes	返回行标签和列标签
ndim	返回维度数，如二维
size	返回元素个数（类似于 Excel 表中的单元格个数）
shape	返回一个元组，描述数据的维度信息，如(3,5)表示 3 行 5 列，两者的乘积 15 就是它的 size 属性
values	返回一个存储 DataFrame 数值的 Numpy 数组

表 3-3 所示的是部分 DataFrame 属性，在前面的代码示例中已经有所涉及，其他属性功能与 Series 类似，大多都能"见名知意"，这里就不再赘述了。

在查询 DataFrame 列的类型时，有以下两个细节值得注意。

（1）在 Pandas 中，所谓的"O（为 Object 的简写）"类型在本质上就是 Python 中的字符串（str）类型，其主要用途就是存储文本类型的数据。

（2）若查看多列（多于两列）数据类型，则使用 dtypes 属性；若查询单列数据类型，则使用 dtype 属性。单列数据实际上就是一个 Series，所以前者是复数形式，而后者是单数形式。

DataFrame 对象的部分属性示例代码如下。

```
In [4]: df['rank'].dtype              #查看 rank 这列的数据类型用 dtype 属性
Out[4]: dtype('O')                     #字符串类型
In [5]: df[['rank','discipline']].dtypes   #查看多个列的数据类型用 dtypes 属性
Out[5]:
rank          object
discipline    object
dtype: object
In [6]: df.shape              #获取 DataFrame 的尺寸
Out[6]: (78,6)               #数值共有 78 行、6 列
In [7]: df.axes              #获取 DataFrame 对象的行标签和列标签
Out[7]:
[RangeIndex(start = 0,stop = 78,step = 1),
 Index(['rank','discipline','phd','service','sex','salary'],dtype = 'object')]
```

3.4.3　DataFrame 中的常用方法

前面我们简单介绍了 DataFrame 中的常用属性，下面我们再来列举一下 DataFrame 中的常用方法，如表 3-4 所示。

表 3-4　DataFrame 中的常用方法

方法	功能描述
head([n])/tail([n])	返回前/后 n 行记录，[n]表明参数 n 是可选项，如果不提供该参数的值，则采用默认值，下同。此处默认值为 5
describe	返回所有数值类型列的统计信息
df.info	返回索引、数据类型及内存信息
max /min	返回所有数值列的最大值/最小值
mean /median	返回所有数值列的均值/中位数
std	返回所有数值列的标准差
sample([n])	从 DataFrame 中随机抽取 n 个样本
dropna	将数据集合中所有含有缺失值的记录删除
count	对符合条件的记录计数
value_counts	查看某列中值不同的元素个数
groupby	按给定条件进行分组

下面我们用示例代码来验证上述部分方法的功能。首先打开一个文件，若要显示文件的前若干条记录，并查看文件导入是否正常，则可以使用 head 方法。示例代码如下。

```
In [8]: df.head()
Out [8]:
```

	rank	discipline	phd	service	sex	salary
0	Prof	B	56	49	Male	186960
1	Prof	A	12	6	Male	93000
2	Prof	A	23	20	Male	110515
3	Prof	A	40	31	Male	131205
4	Prof	B	20	18	Male	104800

head 方法中其实是有参数的，其参数 n 默认值为 5。所以，即使我们不设置数值也会默认显示前 5 行。如果我们想显示前 10 行，则需要显式指定这个参数值。

```
In [9]: df.head(10)
Out [9]:
```

	rank	discipline	phd	service	sex	salary
0	Prof	B	56	49	Male	186960
1	Prof	A	12	6	Male	93000
2	Prof	A	23	20	Male	110515
3	Prof	A	40	31	Male	131205
4	Prof	B	20	18	Male	104800
5	Prof	A	20	20	Male	122400
6	AssocProf	A	20	17	Male	81285
7	Prof	A	18	18	Male	126300
8	Prof	A	29	19	Male	94350
9	Prof	A	51	51	Male	57800

类似地，如果我们想显示 DataFrame 的倒数若干行（即尾部）记录，则可以使用 tail 方法，该方法的默认值也为 5。如果想显示最后 n 行，而当 n 不等于 5 时，则需要显式指定该参数的值。

```
In [10]: df.tail()                    #显示 DataFrame 中的最后 5 行记录
Out [10]:
```

	rank	discipline	phd	service	sex	salary
73	Prof	B	18	10	Female	105450
74	AssocProf	B	19	6	Female	104542
75	Prof	B	17	17	Female	124312
76	Prof	A	28	14	Female	109954
77	Prof	A	23	15	Female	109646

在 Pandas 中，describe 方法常用于生成描述性的统计数据。对于数值类型的数据，统计结果包括计数、平均值、标准差、最小值、最大值及百

分位数。默认情况下，百分位数包括 25%分位数、50%分位数（即中位数）和 75%分位数。

```
In [11]: df.describe()    #显示数值型列的统计信息
Out [11]:
```

	phd	service	salary
count	78.000000	78.000000	78.000000
mean	19.705128	15.051282	108023.782051
std	12.498425	12.139768	28293.661022
min	1.000000	0.000000	57800.000000
25%	10.250000	5.250000	88612.500000
50%	18.500000	14.500000	104671.000000
75%	27.750000	20.750000	126774.750000
max	56.000000	51.000000	186960.000000

与 describe 方法类似地一个方法是 info，它会返回数据源的索引、列名称、数据类型及内存使用信息。

```
In [12]: df.info()    #显示数据源的索引、列名称等信息
Out [12]:
    <class 'pandas.core.frame.DataFrame'>
    RangeIndex: 78 entries, 0 to 77
    Data columns (total 6 columns):
     #   Column      Non-Null Count   Dtype
    ---  ------      --------------   -----
     0   rank        78 non-null      object
     1   discipline  78 non-null      object
     2   phd         78 non-null      int64
     3   service     78 non-null      int64
     4   sex         78 non-null      object
     5   salary      78 non-null      int64
    dtypes: int64(3), object(3)
    memory usage: 3.8+ KB
```

如前所述，当 DataFrame 列的名称符合 Python 命名规则时，df['salary']（访问 DataFrame 子集的格式）和 df.salary（即列名作为 DataFrame 对象的属性）是等价的。二者返回的结果都是名为 salary 的这一列，这是一个 Series 对象。我们知道，Series 对象中有 mean（求均值）和 median（求中位数）等方法，因此可以得到如下输出。

```
In [13]: df['salary'].mean()       #返回 salary 这一列的均值
Out[13]: 108023.78205128205
In [14]: df.salary.median()        #返回 salary 这一列的中位数
Out[14]: 104671.0
```

如果我们想统计有多少条记录，则可以读取任意一列，然后用 count 方法

进行计数。比如，如果我们想利用"sex（性别）"这一列来统计有多少位教师，则进行如下操作。

```
In [15]: df.sex.count()
Out[15]: 78
```

但如果我们想分别统计男女教师各有多少位该怎么办呢？这时就需要另外一种好用的方法——values_counts，示例代码如下。

```
In [16]: df.sex.value_counts()
Out[16]:
Male     39
Female   39
Name: sex, dtype: int64
```

value_counts 方法能够计算出一列中每个不同类别在该列中重复出现的次数，实际上就是分类频数。该方法还支持计数大小的排序，这时需要启用该方法中的参数 ascending，它是一个布尔参数，当将其设置为 True 时，表示升序；当将其设置为 False 时，表示降序。

在上述数据集合中，针对 sex 这一列的统计数据，恰巧男（Male）、女（Female）教师都是 39 位，排名不分先后。因此，下面我们通过 discipline 这一列来完成排序测试。

```
In [17]: df['discipline'].value_counts(ascending = True)
Out[17]:
A   36
B   42
Name: discipline, dtype: int64
```

有时，我们可能需要得到各个分类的占比，而非具体计数值，这时还可以启用该方法中的另一个参数 normalize，并将这个布尔参数设置为 True。

```
In [18]: df['discipline'].value_counts(normalize = True, ascending = True)
Out[18]:
A   0.461538
B   0.538462
Name: discipline, dtype: float64
```

3.4.4　DataFrame 的条件过滤

与 Series 一样，我们也可以利用布尔矩阵来提取条件为真的 DataFrame 子集，从而过滤掉不符合我们要求的数据。比如，我们想要提取年收入高于 130 000 美元的人员，就可以用如下代码实现。

```
In [19]: df[df.salary >= 130000]    #利用布尔矩阵提取符合条件的数据
Out[19]:
```

	rank	discipline	phd	service	sex	salary
0	Prof	B	56	49	Male	186960
3	Prof	A	40	31	Male	131205
11	Prof	B	23	23	Male	134778
13	Prof	B	35	33	Male	162200
14	Prof	B	25	19	Male	153750
15	Prof	B	17	3	Male	150480
19	Prof	A	29	27	Male	150500
26	Prof	A	38	19	Male	148750
27	Prof	A	45	43	Male	155865
31	Prof	B	22	21	Male	155750
36	Prof	A	45	45	Male	146856
40	Prof	A	39	36	Female	137000
44	Prof	B	23	19	Female	151768
45	Prof	B	25	25	Female	140096
58	Prof	B	36	26	Female	144651
72	Prof	B	24	15	Female	161101

df.salary >= 13000 返回的结果实际上是一个由 False/True 构成的布尔矩阵，可通过如下代码进行查看。

```
In [17]: df.salary >= 130000     #布尔矩阵
Out[17]:
0      True
1     False
2     False
   ...省略大部分输出
76    False
77    False
Name: salary, Length: 78, dtype: bool
```

如果把这个布尔矩阵当作 DataFrame 对象的索引，即 df[df.salary >= 130000]，则可以提取符合条件（相应位置为 True）的数据。

事实上，df[df.salary >= 130000] 返回的结果是一个与原始 DataFrame 对象等长的 Series 对象，只不过该结果是匿名的。紧抓面向对象编程的精髓，不断通过 "." 操作访问 DataFrame 或 Series 的方法或属性，便可循环操作上一轮的操作结果。比如，我们想查询年收入高于 130 000 美元的人数，可以在前面操作结果上直接利用 count 方法来返回结果。

```
In [21]: df[df.salary >= 130000].count()
Out[21]:
rank        16
discipline  16
phd         16
service     16
sex         16
salary      16
dtype: int64
```

💡思考

如果我们想获得收入低于 130 000 美元的人数。我们可以利用以下两种方法来完成。

方法一：df[(df.salary < 130000)]。

方法二：df[~ (df.salary >= 130000)]，请读者思考，方法二是何用意？

多个逻辑操作可以用"与（&）""或（|）""非（～）"进行组合。比如，如果我们想获得年收入高于 130 000 美元的女性，则可以通过如下代码实现。

```
In [22]: df[(df.salary >= 130000)& (df.sex == 'Female')]
Out[22]:
   rank discipline  phd  service     sex  salary
40 Prof          A   39       36  Female  137000
44 Prof          B   23       19  Female  151768
45 Prof          B   25       25  Female  140096
58 Prof          B   36       26  Female  144651
72 Prof          B   24       15  Female  161101
```

上面返回的结果仍然是一个 DataFrame 对象。更进一步，如果我们想获得年收入高于 130 000 美元的女性的平均收入，则可继续通过"."操作对应的方法或属性名来实现。

```
In [23]: df[(df.salary >= 130000)& (df.sex == 'Female')].salary.mean()
Out[23]: 146923.2
```

3.4.5　DataFrame 的切片操作

前面我们讨论了 DataFrame 对象的布尔索引操作，下面再讨论 DataFrame 的切片操作。DataFrame 的切片操作基本上是延续了 Numpy 在二维数组上的切片操作。不过 DataFrame 中有了行和列索引，因此可以通过各种 Python 语法糖让切片操作更加便捷。

比如，若要返回第 5 行～第 10 行数据，则可以通过如下代码实现。

```
In [24]: df[5:10]
Out[24]:
```

	rank	discipline	phd	service	sex	salary
5	Prof	A	20	20	Male	122400
6	AssocProf	A	20	17	Male	81285
7	Prof	A	18	18	Male	126300
8	Prof	A	29	19	Male	94350
9	Prof	A	51	51	Male	57800

由于用了数值切片，切片的取值区间是左闭右开的，因此上述操作，取不到编号为 10 的这一行。

事实上，我们还可以通过 DataFrame 的 loc 方法读取特定行和特定列交叉的切片部分。比如，若要读取第 5 行～第 10 行的 rank、sex 和 salary 这三列内容，则可以通过如下代码完成切片操作。

```
In [25]: df.loc[5:10,['rank','sex','salary']]
Out[25]:          #注意：这里可以取到编号为 10 的这一行，请思考为什么
```

	rank	sex	salary
5	Prof	Male	122400
6	AssocProf	Male	81285
7	Prof	Male	126300
8	Prof	Male	94350
9	Prof	Male	57800
10	Prof	Male	128250

实际上，如果读者对前面学习的知识了然于胸，那么上述操作也可以不用 loc 方法，而直接使用下面代码，请读者自行思考原因。

注意

loc 方法中的参数为标签，将标签作为切片，左右区间均是闭合的。即使这些标签是数字，也遵循这个原则。

```
In [26]: df[5:11][['rank','sex','salary']]
         #请思考：区间为什么是[5:11]？
Out[26]:
```

	rank	sex	salary
5	Prof	Male	122400
6	AssocProf	Male	81285
7	Prof	Male	126300
8	Prof	Male	94350
9	Prof	Male	57800
10	Prof	Male	128250

3.4.6 DataFrame 的排序操作

在 DataFrame 中，我们可以针对某一列或某几列，对整个 DataFrame 中的数据进行排序，默认的排序方式是升序。比如，我们可以对数据源 Salaries.csv 中的数据按照收入的升序进行排序，示例代码如下。

```
In [27]: df_sorted = df.sort_values( by = 'salary')
In [28]: df_sorted.head()    #显示收入最低的前 5 个记录
Out [28]:
```

	rank	discipline	phd	service	sex	salary
9	Prof	A	51	51	Male	57800
54	AssocProf	A	25	22	Female	62884
66	AsstProf	A	7	6	Female	63100
71	AssocProf	B	12	9	Female	71065
57	AsstProf	A	3	1	Female	72500

sort_values 方法中有一个参数 ascending（升序），该参数默认值为 True，所以如果我们不显式指定该参数，而是通过 by 这个参数指定排序指标，则表示按该指标的升序进行排序。

由于 In [27]处的返回结果是一个 DataFrame 对象，因此以 In [27]和 In [28] 这两句可以按照下列方式合并。

```
In [29]: df.sort_values( by ='salary').head()    #语句合并
```

sort_values 方法中的 by 参数可以接收一个用列表表达的多个排序指标，随后的参数 ascending 也可以接收一个由布尔值构成的列表，并与前面参数 by 指定的排序指标一一对应。

比如，如果我们想按 service 的升序和 salary 的降序来排序，那么通过下面的代码就可以完成。

```
In [30]: df_sorted = df.sort_values( by =['service', 'salary'],
                                      ascending = [True, False])
In [31]: df_sorted.head()            #显示排序的前 5 个记录
Out [31]:
```

	rank	discipline	phd	service	sex	salary
52	Prof	A	12	0	Female	105000
17	AsstProf	B	4	0	Male	92000
12	AsstProf	B	1	0	Male	88000
23	AsstProf	A	2	0	Male	85000
43	AsstProf	B	5	0	Female	77000

在 In [30]处，参与排序的指标由参数 by 指定，即['service', 'salary']，排序的类型（升序还降序）由参数 ascending 指定，即[True, False]。这两个列表存在一一对应关系，第一个排序指标 service 对应第一个排序类型 True，即为升序；第二个排序指标 salary 对应第二个排序类型 False，即为降序。

于是，这个组合排序的规则是这样的：先按 service 排序（升序），这是主排序；当按 service 排序时，如果部分行的数据相同，那么就启用第二个关键字 salary 排序，它是按降序来排序的。

3.5 实战：读取 Excel 文件——以电力负荷数据为例

💡提示

数据源名称为 Load_Forcast.xlsx，读者可在随书电子资源中获取。

在前面知识铺垫的基础上，下面我们以电力负荷数据为例，讲解一下如何读取 Excel 文件。我们知道，电力负荷预测在电力调度、售电公司参与现货市场的工作中起到关键作用。而影响电力负荷的因子有很多，如天气的温度、湿度、风速、降雨、前一天的电力负荷等。

在下面的案例中，上述电力负荷因子分为 5 张表，共存于一个 Excel 文件中（名为 Load_Forcast.xlsx，可参考随书源代码，如图 3-7 所示）。

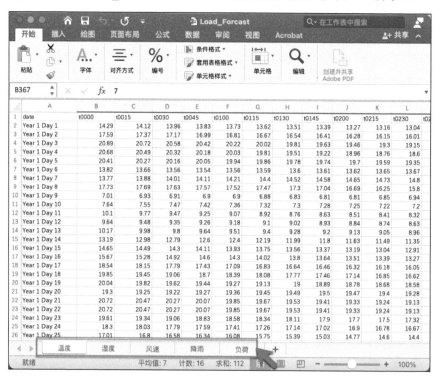

图 3-7 电力负荷数据

下面我们来说明如何利用 Pandas 中的 read_excel 方法处理相关数据，其原型如下。

```
pandas.read_excel(io,sheet_name = 0,header = 0,names = None,index_col = None,
usecols = None,squeeze = False,dtype = None,engine = None,converters = None,
true_values = None,false_values = None,skiprows = None,nrows = None,na_values = None,
keep_default_na = True,na_filter = True,verbose = False,parse_dates = False,
date_parser = None,thousands = None,comment = None,skipfooter = 0,convert_float =
None,mangle_dupe_cols = True,storage_ options = None)
```

该方法支持从本地文件系统或 URL 中读取以.xls、.xlsx、.xlsm、.xlsb 等为扩展名的 Excel 文件。通过配置不同的参数选项，该方法支持读取单个工作表或多个工作表。read_excel 方法的参数有很多，这里我们挑选几个常用参数来说明它们的用法。

3.5.1　数据源参数

read_excel 方法的第一个参数是 io，是指输入和输出，实际上就是用于指定 Excel 数据源。这个数据源可以是本地字符串路径，或者是远程的 URL 地址。针对电力负荷数据，我们用相对路径即可读取本地对应的 Excel 文件。

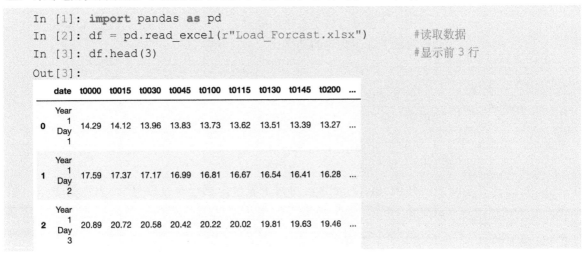

```
In [1]: import pandas as pd
In [2]: df = pd.read_excel(r"Load_Forcast.xlsx")      #读取数据
In [3]: df.head(3)                                     #显示前 3 行
Out[3]:
```

	date	t0000	t0015	t0030	t0045	t0100	t0115	t0130	t0145	t0200	...
0	Year 1 Day 1	14.29	14.12	13.96	13.83	13.73	13.62	13.51	13.39	13.27	...
1	Year 1 Day 2	17.59	17.37	17.17	16.99	16.81	16.67	16.54	16.41	16.28	...
2	Year 1 Day 3	20.89	20.72	20.58	20.42	20.22	20.02	19.81	19.63	19.46	...

从输出的结果可以看出，我们仅读入了第一个表（即温度）的数据。如果我们仅指定 Excel 表的路径，而不添加其他个性化参数，那么 Pandas 默认读取第一个 sheet（表单，本例指"湿度"这个表单）的全部数据。

3.5.2　特定表单参数

如果我们想读取特定表单的数据，那么就需要使用第二个参数 sheet_name。若不设置该参数，则其默认值为 0（即第 0 个表单）。当然，该值也可以显式设置，设置的名称可以是具体名称（用字符串表示，如湿度），也可以用表单的编号表示，表单的编号从 0 开始计数，从左向右依次递增。比如，如图 3-7 所示的第二个表单湿度的编号为 1。

```
In [4]: df = pd.read_excel(r"Load_Forcast.xlsx",sheet_name = '湿度')  #指定表单名
                                                                       #读取名为湿度表单的数据
In [5]: df.head()                                                      #显示前 3 行
Out[5]:
```

	date	t0000	t0015	t0030	t0045	t0100	t0115	t0130	t0145	t0200	...
0	Year 1 Day 1	47.97	48.42	48.85	49.15	49.38	49.56	49.67	49.71	49.69	...
1	Year 1 Day 2	47.42	48.46	49.44	50.55	51.72	52.74	53.62	54.40	55.14	...
2	Year 1 Day 3	48.12	48.84	49.50	50.26	51.22	52.28	53.40	54.48	55.51	...

3 rows × 97 columns

由于"湿度"这个表单的编号为 1（从 0 计数），因此 In[4]处的代码功能等价于如下代码的功能。

```
In [6]: df = pd.read_excel(r"Load_Forcast.xlsx",sheet_name = 1)
```

表单名称（字符串）或表单编号（整数）可以混合使用，它们可以共同形成一个列表，然后将其赋值给 sheet_name，从而获取特定的表单。

```
In [7]: df = pd.read_excel(r"Load_Forcast.xlsx", sheet_name = [1, '降雨'])
```

💡 **提示**

读者可以用 type(df)来验证代码 In [6]处的 df 对象的身份。返回结果将是 "dict（字典）"。

代码 In [7]处会返回两个表单，第一个是编号为 "1" 的表单，即湿度表，第二个是降雨表。由于返回的是两个表单，因此无法直接显示。故此处的 df 实际上是一个类似于字典的数据结构，其中 key 就是 sheet_name 给出的值（如 "1" 或 "降雨"），而该值对应它们所标识的表单。

```
In [8]: df
Out[8]:
{1:            date t0000  t0015  t0030  t0045  t0100  t0115  t0130  t0145 \
 0     Year 1 Day 1  47.97  48.42  48.85  49.15  49.38  49.56  49.67  49.71
 1     Year 1 Day 2  47.42  48.46  49.44  50.55  51.72  52.74  53.62  54.40
 2     Year 1 Day 3  48.12  48.84  49.50  50.26  51.22  52.28  53.40  54.48
 ...（省略大部分数据）
```

```
[396 rows x 97 columns],
'降雨':            date  t0000  t0015  t0030  t0045  t0100  t0115  t0130  t0145  \
0    Year 1 Day 1   0.0    0.0    0.0    0.0    0.0    0.0    0.0    0.0
1    Year 1 Day 2   0.0    0.0    0.0    0.0    0.0    0.0    0.0    0.0
2    Year 1 Day 3   0.0    0.0    0.0    0.0    0.0    0.0    0.0    0.0
...    ...    ...    ...    ...    ...    ...    ...    ...
...（省略大部分数据）
[396 rows x 97 columns]}
```

　　既然上述代码中 df 是有序字典对象（OrderedDict），那么我们就可以使用字典的关键字来读取对应的表单。

```
In [9]: df[1].head(3)          #获取 key 为 1 的 DataFrame 对象中的前 3 行
Out[9]:
```

	date	t0000	t0015	t0030	t0045	t0100	t0115	t0130	t0145	t0200	...
0	Year 1 Day 1	47.97	48.42	48.85	49.15	49.38	49.56	49.67	49.71	49.69	...
1	Year 1 Day 2	47.42	48.46	49.44	50.55	51.72	52.74	53.62	54.40	55.14	...
2	Year 1 Day 3	48.12	48.84	49.50	50.26	51.22	52.28	53.40	54.48	55.51	...

3 rows × 97 columns

　　在上述代码中，需要特别注意的是，df[1]中的"1"就是字典的"key"。类似地，我们可以通过 df['降雨']来获得 key 为降雨的表单。

```
In [10]: df['降雨'].head(3)     #获取 key 为"降雨"的 DataFrame 对象中的前 3 行
Out[10]:
```

	date	t0000	t0015	t0030	t0045	t0100	t0115	t0130	t0145	t0200	...
0	Year 1 Day 1	0.0	0.0	0.0	0.0	0.0	0.0	0.0	0.0	0.0	...
1	Year 1 Day 2	0.0	0.0	0.0	0.0	0.0	0.0	0.0	0.0	0.0	...
2	Year 1 Day 3	0.0	0.0	0.0	0.0	0.0	0.0	0.0	0.0	0.0	...

3 rows × 97 columns

　　如果将 sheet_name 设置为 None，则 None 表示引用所有表单。我们可以通过 concat 将所有的表单水平方向连接起来。

```
In [11]: df = pd.read_excel(r"Load_Forcast.xlsx",sheet_name = None)
#读取所有表单
In [12]: df.keys()                    #查看字典 df 的 key，即各个表单的名称
Out[12]: dict_keys(['温度','湿度','风速','降雨','负荷'])
In [13]: data_combine = pd.concat(list(df.values()),axis = 1)   #水平方向堆叠
In [14]: data_combine.head(3)   #显示合并后的前 3 行
Out[14]:
```

	date	t0000	t0015	t0030	t0045	t0100	t0115	t0130	t0145	t0200	...
0	Year 1 Day 1	14.29	14.12	13.96	13.83	13.73	13.62	13.51	13.39	13.27	...
1	Year 1 Day 2	17.59	17.37	17.17	16.99	16.81	16.67	16.54	16.41	16.28	...
2	Year 1 Day 3	20.89	20.72	20.58	20.42	20.22	20.02	19.81	19.63	19.46	...

3 rows × 485 columns

3.5.3 表头读数

在 Excel 中，表格通常都会有表头（header）。为了表达更加丰富的信息，有些表头可能不止一行。当我们读取数据时，需要区分表头和数值部分，这时 read_excel 方法中的 header 参数就发挥作用了，其格式如下。

```
header(int,list of int,default 0)
```

header 表示用第几行作为表头，默认 header = 0，即默认第 0 行为表头（从 0 计数），该行数据不充当数值。若 header = 1，则表示将第 1 行作为表头，依此类推；若设置 header = None，则表示数据源中没有表头，即全部数据都是需要处理的数值。

Excel 的表头也可以有多行，这时需要设置多行表头。比如，header=[1,2,3]，它表示选择第 1、2、3 行的数据作为表头。

```
In [14]: df = pd.read_excel(r'Load_Forcast.xlsx',header=[1,2,3])
Out[14]: df.head(1)                    #显示表头之后的第 1 行数据
```

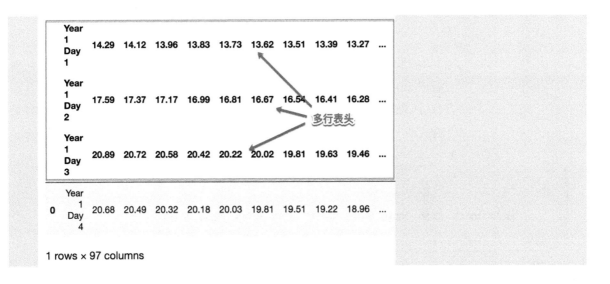

	Year 1 Day 1	14.29	14.12	13.96	13.83	13.73	13.62	13.51	13.39	13.27	...
	Year 1 Day 2	17.59	17.37	17.17	16.99	16.81	16.67	16.54	16.41	16.28	...
	Year 1 Day 3	20.89	20.72	20.58	20.42	20.22	20.02	19.81	19.63	19.46	...
0	Year 1 Day 4	20.68	20.49	20.32	20.18	20.03	19.81	19.51	19.22	18.96	...

多行表头

1 rows × 97 columns

3.5.4 表头名称参数

参数 names（默认值为 None）表示自定义表头的名称，即设置各个列的名称。如果表头有很多列，则需要传递数组或类似于数组的列表来涵盖这些列的名称。

```
In [15]: df = pd.read_excel(r'Load_Forcast.xlsx')
In [16]: df.head(1)     #显示前 1 行，重点查看默认的表头
Out[16]:
```

	date	t0000	t0015	t0030	t0045	t0100	t0115	t0130	t0145	t0200	...
0	Year 1 Day 1	14.29	14.12	13.96	13.83	13.73	13.62	13.51	13.39	13.27	...

1 rows × 97 columns

```
In [17] df = pd.read_excel(r'Load_Forcast.xlsx',names = range(97)) #修改表头
In [18]: df.head()                    #显示前 1 行，重点查看表头被修改的情况
Out[18]:
```

	0	1	2	3	4	5	6	7	8	9	...
0	Year 1 Day 1	14.29	14.12	13.96	13.83	13.73	13.62	13.51	13.39	13.27	...

1 rows × 97 columns

3.5.5 索引列参数

参数 index_col 用于指定某个（或某些）列为索引列，它们充当 DataFrame 的行标签，默认值为 None，即不采用表单中的任何列作为索引，而是采用 0~n–1 范围内的数值作为默认索引，n 为数据行数。如果 index_col 被设置为一个列表，则表明要采用多级索引（MultiIndex）。

```
In [19]: df = pd.read_excel('Load_Forcast.xlsx',index_col = 0)   #设置第0列为索引
In [20]: df.head(2)
Out[20]:                                             #索引发生了变化，变成了日期
```

date	t0000	t0015	t0030	t0045	t0100	t0115	t0130	t0145	t0200	t0215	...
Year 1 Day 1	14.29	14.12	13.96	13.83	13.73	13.62	13.51	13.39	13.27	13.16	...
Year 1 Day 2	17.59	17.37	17.17	16.99	16.81	16.67	16.54	16.41	16.28	16.15	...

3.5.6 解析列参数

在 Excel 表中，并不是所有列的数据都是我们需要的，这时就可以用 usecols 来筛选解析的列。usecols 默认值为 None，即解析所有的列。如果解析的列是字符串（str），则用 Excel 列字母和列范围的逗号分隔列表。比如，"A:E" 表示读取第 A 列～第 E 列，再如，"A,D,E:H"，表示读取第 A 列、第 D 列，以及第 E 列～第 H 列。当用字符串作为列切片时，左右区间都是闭合的。

如果 usecols 的赋值是列表，则表示只解析列表内元素对应的若干列。

```
In [21]: df = pd.read_excel(r'Load_Forcast.xlsx',usecols = 'A:C')
#只读取第A列～第C列，共三列数据
In [22]: df.head(3)
Out[22]:
```

	date	t0000	t0015
0	Year 1 Day 1	14.29	14.12
1	Year 1 Day 2	17.59	17.37
2	Year 1 Day 3	20.89	20.72

如果 usecols = [0, 1, 2, 5]，则表示解析第 0、1、2、5 列，共 4 列数据。

```
In [23]: df = pd.read_excel(r'Load_Forcast.xlsx',usecols = [0,1,2,5])
```
　　　　　　　　#只读取第 0、1、2、5 列共 4 列数据

```
In [24]: df.head(3)
Out[24]:
```

	date	t0000	t0015	t0100
0	Year 1 Day 1	14.29	14.12	13.73
1	Year 1 Day 2	17.59	17.37	16.81
2	Year 1 Day 3	20.89	20.72	20.22

3.5.7　数据转换参数

Converters 的本意是"转换器"，用于对指定列的数据进行指定函数的处理，传入参数为列名与函数组成的字典。key 可以是列名或者列的序号，values 是函数，这个函数可以是用户通过 def 自定义的函数，也可以直接是 lambda 表达式。converters 参数在数据预处理中用途较广。

比如，假设我们的任务是读取表单的前 3 列（列的编号为 0、1 和 2），但想在读入时做一些简单好预处理，如将第 0 列的数值加上一对引号，第 1 列加上 10，第 2 列减去 10，就可以通过如下代码来完成。

```
In [25]: df = pd.read_excel(r'Load_Forcast.xlsx',
            usecols = [0,1,2],                        #解析特定的列
            converters={0: lambda x : '\"' + x +'\"', #做简单预处理
               1: lambda x : x + 10,
               2: lambda x : x - 10} )
In [26]: df.head(3)
Out[26]:
```

	date	t0000	t0015
0	"Year 1 Day 1"	24.29	4.12
1	"Year 1 Day 2"	27.59	7.37
2	"Year 1 Day 3"	30.89	10.72

事实上，read_excel 方法中还有很多有用的参数，更多详情还需要读者参阅 Pandas 的官方文献，限于篇幅，这里不再展开讨论。

3.6　本章小结

在 Pandas 中，我们主要学习了类似于一维数组的 Series，类似于二维数组的 DataFrame。在 Series 部分，我们讨论了 Series 的创建、数据访

问、切片操作、数据的增加与删除等。在 DataFrame 部分，我们学习了
DataFrame 的行或列操作，并详细说明了基于 Pandas 的文件操作（包括
CSV 文件和 Excel 文件）、条件过滤、切片操作等。这些基础性操作涵盖
了 Pandas 数据分析的大部分操作，值得我们认真掌握。

最后，我们用两个实例说明了 Pandas 的使用。在第一个案例中，我们
通过对 CSV 文件的操作，学习了 DataFrame 的常见属性、方法、条件过
滤、切片和排序操作。在第二个案例中，我们主要学习了如何操作 Excel
文件，并系统学习了 read_excel 方法中常用参数的使用方法。

3.7 思考与练习

通过对本章内容的学习，请独立完成如下练习。

3-1 编写一个 Pandas 程序来获取给定 DataFrame 的前 3 行。示例字
典数据和列表的行标签数据如下所示。

```
exam_data = {'name': ['Anastasia', 'Dima', 'Katherine', 'James', 'Emily',
'Michael', 'Matthew', 'Laura', 'Kevin', 'Jonas'],
    'score': [12.5, 9, 16.5, np.nan, 9, 20, 14.5, np.nan, 8, 19],
    'attempts': [1, 3, 2, 3, 2, 3, 1, 1, 2, 1],
    'qualify': ['yes', 'no', 'yes', 'no', 'no', 'yes', 'yes', 'no', 'no', 'yes']}
labels = ['a', 'b', 'c', 'd', 'e', 'f', 'g', 'h', 'i', 'j']
```

3-2 （综合题）编写一个 Pandas 程序来获取给定数据集合
（openfood.tsv，部分数据如图 3-8 所示），然后进行如下操作。

	code	url	creator	created_t	created_datetime
0	3087	http://world-en.openfoodfacts.org/product/0000...	openfoodfacts-contributors	1474103866	2016-09-17T09:17:46Z
1	24600	http://world-en.openfoodfacts.org/product/0000...	date-limite-app	1434530704	2015-06-17T08:45:04Z
2	27083	http://world-en.openfoodfacts.org/product/0000...	canieatthis-app	1472223782	2016-08-26T15:03:02Z
3	27205	http://world-en.openfoodfacts.org/product/0000...	tacinte	1458238630	2016-03-17T18:17:10Z
4	36252	http://world-en.openfoodfacts.org/product/0000...	tacinte	1422221701	2015-01-25T21:35:01Z
5	39259	http://world-en.openfoodfacts.org/product/0000...	tacinte	1422221773	2015-01-25T21:36:13Z
6	39529	http://world-en.openfoodfacts.org/product/0000...	teolemon	1420147051	2015-01-01T21:17:31Z

图 3-8 openfood 部分数据

（1）读取 tsv 文件（openfood.tsv），将读取的结果分配给一个名为 food 的数据帧（openfood.tsv 详见随书资源）。

（2）显示前 10 行。

（3）查看数据集中有多少个样本，每个样本有多少个特征。

（4）数据集中有多少列？

（5）打印所有列的名称。

（6）第 105 列的名称是什么？

（7）第 105 列是什么数据类型？

（8）如何查看 food 数据帧的索引数据集？

（9）第 20 个样本的产品名（product_name）是什么？

3-3 （提高题）编写一个 Pandas 程序来获取给定数据集合（Automobile_data.csv，部分数据如图 3-9 所示），然后进行如下操作。

	index	company	body-style	wheel-base	length	engine-type	num-of-cylinders	horsepower	average-mileage	price
0	0	alfa-romero	convertible	88.6	168.8	dohc	four	111	21	13495.0
1	1	alfa-romero	convertible	88.6	168.8	dohc	four	111	21	16500.0
2	2	alfa-romero	hatchback	94.5	171.2	ohcv	six	154	19	16500.0
3	3	audi	sedan	99.8	176.6	ohc	four	102	24	13950.0
4	4	audi	sedan	99.4	176.6	ohc	five	115	18	17450.0

图 3-9　Automobile 部分数据

（1）显示前 5 行。

（2）确定数据集中的 NaN（缺省值）并更新 CSV 文件（Automobile_data-2.csv）。

（3）重新读入更新后的 CSV 文件，并设置其第一列为索引。

（4）找出价格最高的汽车生产公司的名称。

（5）找出品牌为 mercedes-benz 的汽车所有信息。

（6）对每家公司的汽车数量分别进行统计。

（7）找出每家公司的最高售价及其对应的车型。

（8）找出每家公司的汽车行驶平均里程。

（9）按价格（price）和马力（horsepower）对所有汽车进行降序排序。

第 4 章　Pandas 数据预处理与深加工

在本章中，我们将主要介绍 Pandas 高阶使用方法，包括数据预处理和一些高级使用技巧，这些技巧包括数据清洗、函数引用与映射、索引处理、聚合与分组、数据重塑与透视等。掌握这些数据深度加工的技巧，能提高我们的数据处理能力。

本章要点（对于已掌握的内容，请在方框中打勾）

☐ 掌握利用 Pandas 对默认值的处理方法

☐ 掌握函数应用与映射

☐ 掌握索引的相关处理

☐ 掌握分组与聚合

☐ 掌握 Pandas 的重塑与透视

4.1　数据清洗

俗话说，"磨刀不误砍柴工"。在数据分析领域中，这个"磨刀"的大部分工作就是"数据清洗（data cleaning）"。数据清洗通常是数据分析的第一步，通常也是最烦琐且耗时的一步。据统计，数据清洗通常会占整个分析过程的 80%以上的时间[①]。

那什么是数据清洗呢？简单来说，数据清洗包括但不限于：对数据进行重新审查和校验，以清除重复信息、纠正错误数据、填充缺失数据，去除与分析目标无关的数据，确保数据的一致性。数据清洗是整个数据分析过程中不可缺少的一个环节，其处理的质量直接影响下游数据分析的结论或机器学习模型训练的效果。

我们先来讨论数据缺失处理的问题。

你知道吗？

NaN（Not a Number，非数）是计算机科学中数值数据类型的一类值，表示未定义或不能表示的值。常在浮点数运算中使用。首次引入 NaN 的是 1985 年的 IEEE 754 浮点数标准。

4.1.1　缺失值标记与检测

在处理数据过程中，数据不完备是常态。Pandas 对缺失值的处理十分友好。在 NumPy 中，常使用 np.nan 创建一个缺失值，或直接用 Python 中的 None 来表达。

```
In [1]: import pandas as pd
In [2]: import numpy as np
In [3]: arr = np.array([1,2,3,np.nan])      #人为创建含有缺失值的数据源
In [4]: temp = pd.Series(arr,index=['a','b','c','d'])   #由数组创建 Series
In [5]: temp
Out[5]:
a    1.0
b    2.0
c    3.0
d    NaN
dtype: float64
```

在 Pandas 中，可使用 isnull（或 isna）和 notnull（或 notna）等两类方法来检测数据中是否含有缺失值，这种方法对 Series 和 DataFrame 均有效。

```
In [6]: temp.isnull()            #判定是否有缺失值，返回布尔类型的结果
Out[6]:
```

① MCKINNEY W. Python for data analysis: Data wrangling with Pandas, NumPy, and IPython[M]. O'Reilly Media, Inc., 2012.

```
a       False
b       False
c       False
d       True
dtype: bool
```

使用 isnull/isna 方法返回的是与原始 Series 相同维度的布尔型 Series，其中，True 表示该位置处的数据为缺失值。notnull/notna 在功能上与 isnull/isna 正好相反，它将逐个判断 Series 中的元素是否不为缺失值，如果不为缺失值，则返回 True。

```
In [7]: temp.notna()                    #布尔判断：没有缺失值
Out[7]:
a       True
b       True
c       True
d       False
dtype: bool
```

Pandas 中的全局方法 isnull 还可以直接把 Series 对象作为参数，来判断 Series 对象是否含有缺失值。

```
In [8]:pd.isnull(temp)
Out[8]:
a       False
b       False
c       False
d       True
dtype: bool
```

当处理的数据量非常庞大时，缺失值可能存在于大量正常数据中，我们很难看出哪些数据是缺失值。这时用布尔表达式的形式，可以很容易把这样的数据筛选出来。

```
In [9]: temp [temp.isnull()]            #筛选出缺失值
Out[9]:
d   NaN
dtype: float64
In [10]: temp [temp.notna()]            #筛选出正常值
Out[10]:
a    1.0
b    2.0
c    3.0
dtype: float64
```

对"脏数据"（如格式不统一、不准确、有缺失值等）的处理，自然不能简单地删除，因为即使它们信息残缺，但依然包含很多有价值的信息，所以对这些"脏数据"应适当加以处理，变废为宝，这样做非常有意义。

所幸 Pandas 提供了强大的数据清洗功能，通过必要的处理可以得到可用的数据。表 4-1 提供了常用的数据清洗方法。

表 4-1　常用的数据清洗方法

类别	方法名	功能描述
缺失值检测	isnull	布尔判断，如果存在缺失值，则返回 True
	notnull	布尔判断，如果没有缺失值，则返回 True
缺失值填充	fillna	若存在缺失值，则用指定的值进行填充，默认值为 0
缺失值丢弃	dropna	若存在缺失值，则无条件将其抛弃
	dropna(how = 'all')	若当前单元格所在的行或列都为缺失值（NaN），则抛弃数据
	dropna(axis = 1, how = 'all')	若列方向（axis = 1）的所有数据都为缺失值，则抛弃该列
	dropna(axis = 1, how = 'any')	若列方向有任意一个缺失值，则抛弃该列
	dropna(thresh = 5)	若所在行的数据有效值小于 5 个，则抛弃该行数据，这里的 thresh 是可修改的阈值

4.1.2　检测形式各异的缺失值

我们先来讨论缺失值的检测方法。缺失值的样式不限于前文提到的 NaN，它还有很多形式。Pandas 提供了各式各样的缺失值，如下所示的空字符串、NA 或 NULL 等都可以视作缺失值。

```
'', '#N/A', '#N/A N/A', '#NA', '-1.#IND', '-1.#QNAN', '-NaN', '-nan', '1.#IND',
'1.#QNAN', '<NA>', 'N/A', 'NA', 'NULL', 'NaN', 'n/a', 'nan', 'null'.
```

然而，上述缺失值并没有涵盖所有缺失值情况。这时，我们需要准确识别"个性化"的缺失值。当然，准确识别的能力需要具备行业知识。

下面我们举例说明缺失值的检测方法。假设我们有一个 CSV 文件，其名称为 comments.csv，若将其常规读入，则得到如下结果。

```
In [1]: import pandas as pd
In [2]: import numpy as np
In [3]: df = pd.read_csv('comment.csv')        #读入数据
In [3]: df                                     #输出验证
Out[3]:
```

	name	age	sex	comment
0	张三	41	0	很赞，很喜欢
1	李四	0	1	还可以了，只能说一分价钱一分货
2	王五	32	1	该用户无评论

从上面的输出结果可以看出，整个 DataFrame 好像并没有缺失值，因为每个单元格都有值。但仔细查看就会发现，用户"李四"的年龄为"0"，这是不可能的。用户"王五"的评论为"该用户无评论"，这是没有价值的。这些值实际上就是缺失值。

针对前面代码所示的特殊情况，Pandas 的设计者在 read_csv 等读入数据的方法中提供了 na_values 参数，该参数可以让用户自己指定自己认为的缺失值的样式。

基于多个列具有不同样式的缺失值的情况，我们可以通过字典的形式来指定不同列对应的不同缺失值，如{列名 1: 缺失值 1 的样式, 列名 2: 缺失值 2 的样式, …}，示例代码如下。

```
In [4]: df = pd.read_csv('comment.csv',
na_values={'age': 0, 'comment' : '该用户无评论'})
In [5]: df                                    #输出验证
Out[5]:
```

	name	age	sex	comment
0	张三	41.0	0	很赞，很喜欢
1	李四	NaN	1	还可以了，只能说一分价钱一分货
2	王五	32.0	1	NaN

从上面的输出结果可以看出，age 列中的"0"和 comment 列中的"该用户无评论"都被标记为缺失值（NaN）。除了用列名加以区分，我们还可以通过列的索引编号（如 1 或 3 等）来指定特定的列。

```
In [6]: df = pd.read_csv('comment.csv',na_values = {1 : 0,
                                      3 : '该用户无评论'})
```

在上述代码中，In [4]处和 In [6]处的代码在功能上完全等价。所不同的是，In [4]处的代码指定了列的名称，可读性更强，而 In [6]处的代码更加简洁。

前文我们讨论了如何检测样式各异的缺失值。一旦找到缺失值，下一步的工作就是如何处理它们。面对缺失值，我们通常有以下三种策略：

策略一：将含有缺失值的样本（即行）删除。

策略二：将含有缺失值的列（即特征向量）删除。

策略三：用某些值（如 0、均值、中值或特定值等）填充缺失值。

前两个策略涉及 dropna 方法，第三个策略涉及 fillna 方法。我们先来讨论 dropna 方法的使用。

4.1.3　缺失值的删除

在数据预处理过程中，如果遇到了缺失值，且对我们研究目标的影响不大，那么就可以使用 dropna 方法将其清除，其方法原型如下。

```
DataFrame.dropna(axis = 0,how = 'any',thresh = None,subset = None,inplace = False)
```

dropna 方法的各参数含义如下：

- axis：可选参数。决定对包含缺失值的行还是列进行删除操作。其取值范围为[0 或 index, 1 或 columns]。若取值为 0 或 index，则表示删除包含缺失值的行；若取值为 1 或 columns，则表示删除包含缺失值的列，默认为 0。

- how：可选参数。该参数与 axis 配合使用，表示以何种（how）程度删除缺失值。

  - how='any'：只要有缺失值出现（哪怕只有一个），就删除整行或整列。此时删除的门槛最低，any 为默认值。

  - how='all'：只有当行或列中的所有值都缺失，才删除该行或该列。此时删除的门槛最高。

- thresh：可选参数，用于设置删除的阈值。在指定 axis 上，至少有 thresh 个非缺失值（non-NA）保留，否则给予删除。比如，若 axis = 0 且 thresh = 5，表示如果该行中非缺失值（有意义的值）的数量小于 5，则删除该行；若有效值数量大于或等于 5，则保留该行。

- subset：可选参数，其值为一个列表，它是原始 DataFrame 的子集。启用该参数的意义在于，仅在这个子集中查看是否有缺失值。

- inplace：可选参数，用于确定是否在原数据集合上进行操作。若该参数的值为 True，则表示本地操作，dropna 返回 None；否则，返回操作后的 DataFrame 视图，该视图删除了必要的缺失值，但对原数据集合没有任何影响。

下面我们详细说明这个方法的使用。首先构造一个含有缺失值的 DataFrame 对象。

```
In [1]: import pandas as pd
In [2]: import numpy as np
In [3]:
技术图书 = {'课程':["大数据导论","人工智能","深度学习","Python 极简讲义","数据分析与可视
```

```
化",np.nan],
     '价格' :[35,55,78,128,80,np.nan],
     '学习周期':['30天','40天','35天','45天',np.nan,np.nan],
     '折扣':[10,np.nan,12,25,pd.NaT,np.nan],
     '':[np.nan,np.nan,np.nan,np.nan,np.nan,np.nan]}
index_labels = ['r1','r2','r3','r4','r5','']
df_na = pd.DataFrame(技术图书,index = index_labels)
In [4]: df_na                                    #输出验证
Out[4]:
```

	课程	价格	学习周期	折扣	
r1	大数据导论	35.0	30天	10	NaN
r2	人工智能	55.0	40天	NaN	NaN
r3	深度学习	78.0	35天	12	NaN
r4	Python极简讲义	128.0	45天	25	NaN
r5	数据分析与可视化	80.0	NaN	NaT	NaN
	NaN	NaN	NaN	NaN	NaN

下面，我们尝试利用不同的参数来删除缺失值。首先，调用不配任何参数的 dropna 方法。

```
In [5]: df_na.dropna()
Out[5]:
```

课程	价格	学习周期	折扣

你知道吗？

类似于 NaN，NaT（Not a Time，非时间）也可被视为一种缺失值标识。NaT 是指在本应该存储日期类型数值的地方，存储了非日期数值或空值。

从输出结果可以看出，dropna 方法把所有元素都删除了。这是为何？这是因为，dropna 方法不配任何参数，并不表示它没有参数，而是会启用默认参数。默认参数为 axis=0，how='any'，inplace=False，它表示在行方向（axis=0）只要存在一个缺失值（how='any'），就会把整行删除。但需要注意的是，由于默认参数 inplace=False，其删除结果并不会影响原始 df_na 的数据，下同。

下面我们依次为 dropna 方法添加新的参数 how='all'。

```
In [6]: df_na.dropna(how = 'all')
Out[6]:
```

	课程	价格	学习周期	折扣	
r1	大数据导论	35.0	30天	10	NaN
r2	人工智能	55.0	40天	NaN	NaN
r3	深度学习	78.0	35天	12	NaN
r4	Python极简讲义	128.0	45天	25	NaN
r5	数据分析与可视化	80.0	NaN	NaT	NaN

In [6]处代码的功能是，在行方向上（axis = 0，默认参数），只有当所有值都为缺失值时，才删除当前行。因此，可以看到，只有最后一行的数据被删除了。

当然，我们也可以指定某个特定子集，在该子集内查找缺失值，如果找到缺失值，则按规则删除，示例代码如下。

```
In [7]: df_na.dropna(subset = ['课程','学习周期'])
Out[7]:
```

	课程	价格	学习周期	折扣	
r1	大数据导论	35.0	30天	10	NaN
r2	人工智能	55.0	40天	NaN	NaN
r3	深度学习	78.0	35天	12	NaN
r4	Python极简讲义	128.0	45天	25	NaN

在 In [7]处，仅在"课程"和"学习周期"这两列的子集空间查找缺失值，一旦找到任意一个缺失值（默认值 how = 'any'），则在行方向上（默认值 axis = 0）删除整行。因此，从 Out[7]处可以看出，仅将 r5 行和最后一个没有索引的行进行了删除。

下面我们再来看看 thresh 参数的使用方法。

```
In [8]: df_na.dropna(thresh = 2)
Out[8]:
```

	课程	价格	学习周期	折扣	
r1	大数据导论	35.0	30天	10	NaN
r2	人工智能	55.0	40天	NaN	NaN
r3	深度学习	78.0	35天	12	NaN
r4	Python极简讲义	128.0	45天	25	NaN
r5	数据分析与可视化	80.0	NaN	NaT	NaN

In [8]处的功能是，在行方向上（默认值 axis = 0），如果有效值少于 2 个（thresh = 2，不包括 2），则删除整行；否则保留该行。因此，我们可以看到，最后一行被删除了，因为这一行没有有效值。如前所述，以上操作返回的均是原始 DataFrame 的视图，如果想将删除效果作用到原始 DataFrame 对象上，则需要设置 inplace = True。

4.1.4 缺失值的填充

前面我们讨论了如何删除缺失值。如前所述，即使某些行或列有部分缺失，但依然有价值，因此需要保留这些缺失值，并要做必要的填充，保证数据的可用性。

填充缺失值最常用的方法是 fillna，其原型如下。

```
DataFrame.fillna(value = None,method = None,axis = None,inplace = False,limit
= None,downcast = None)
```

我们首先简要介绍 fillna 中的参数。value 表示要填充的值，method 是填充的方法（可选），具体用法后文会详述。

- axis 用于指定沿哪个轴进行填充。若该值为 0 或 index，则表示按行方向进行填充；若该值为 1 或 columns，则表示按列方向进行填充。

- inplace 表示是否在本地填充。若该值为 True，则填充的结果会影响原始 DataFrame 对象；否则，填充结果不影响原始 DataFrame 对象。

- limit 表示填充的上限数量。一旦填充个数达到这个上限，即使还有缺失值，也不做处理。

- downcast 表示向下进行数据类型转换。这里的"向下"表示数据精度降低，如将浮点型数据（如 1.0）转换成整型数据（如 1）。

下面我们结合 Pandas 官方给出的代码示例来说明上述几个参数的使用。首先构建一个包含缺失值的 DataFrame 对象。

```
In [9]: df = pd.DataFrame([[np.nan,2,np.nan,0],
                           [3,4,np.nan,1],
                           [np.nan,np.nan,np.nan,5],
                           [np.nan,3,np.nan,4]],
                           columns = list("ABCD"))
In [10]: df
Out[10]:
```

	A	B	C	D
0	NaN	2.0	NaN	0
1	3.0	4.0	NaN	1
2	NaN	NaN	NaN	5
3	NaN	3.0	NaN	4

由上面的输出可以看到，首先 np.nan 被转换为 NaN；其次我们看到，如果原始数据集中的某列有缺失值，则整型数据被转换成浮点型数据，这种转换实际上是向上转换（upcast），即低精度的整型数据统一转换成高精度的浮点型数据。

下面，我们先用数值"0"来填充缺失值。

```
In [11]: df.fillna(0)                    #用 0 来填充缺失值
Out[11]:
```

	A	B	C	D
0	0.0	2.0	0.0	0
1	3.0	4.0	0.0	1
2	0.0	0.0	0.0	5
3	0.0	3.0	0.0	4

从上面的输出可以看到，所有的缺失值都被填充为 0，确切地说是 0.0。如果我们启用 downcast 参数，那么 Pandas 将尝试推断（infer）把浮点型数据（如 2.0）向下转换成整型数据（如 2）。通常来说，该参数的应用场景有限。

```
In [12]: df.fillna(0, downcast = 'infer')    #用 0 来填充缺失值
Out[12]:
```

	A	B	C	D
0	0	2	0	0
1	3	4	0	1
2	0	0	0	5
3	0	3	0	4

下面我们换一种策略来填充缺失值，这时启用 fillna 方法中的 method 参数。method 参数的赋值可以是 backfill、bfill、pad、ffill、None。其中，backfill 和 bfill 是等价的，pad 和 ffill 是等价的。该参数的默认值为 None，表示不启用填充策略。

- ffill（pad）：表示前向填充，用前一个有效值来填充当前缺失值。从有效值的角度来看，被填充的位置在其前（即有效值的索引编号小）。

- bfill（backfill）：表示后向填充，表示将下一个有效值作为当前缺失值的填充值。从有效值的角度来看，被填充的位置在其后（即有效值的索引编号大）。

基于前面的案例，我们先用 method = "ffill"来前向填充，示意图如图 4-1 所示。

```
In [13]: fillna(method = "ffill")            #向前填充
```

	A	B	C	D
0	NaN	2.0	NaN	0
1	3.0	4.0	NaN	1
2	NaN	NaN	NaN	5
3	NaN	3.0	NaN	4

(a) 填充前

	A	B	C	D
0	NaN	2.0	NaN	0
1	3.0	4.0	NaN	1
2	3.0	4.0	NaN	5
3	3.0	3.0	NaN	4

(b) 填充后

图 4-1　向前填充对比示意图

下面我们再用 method = "bfill"策略来填充，填充前后的示意图如图 4-2 所示。

```
In [14]: fillna(method = "bfill")                    #向前填充
```

	A	B	C	D
0	NaN	2.0	NaN	0
1	3.0	4.0	NaN	1
2	NaN	NaN	NaN	5
3	NaN	3.0	NaN	4

(a) 填充前

	A	B	C	D
0	3.0	2.0	NaN	0
1	3.0	4.0	NaN	1
2	NaN	3.0	NaN	5
3	NaN	3.0	NaN	4

(b) 填充后

图 4-2　向后填充对比示意图

以上填充策略都是针对整个 DataFrame 对象而言的。但有时，我们需要精细化操作，针对每列填充不同的值该如何操作呢？这时，我们就可以利用字典模式，给每个列都赋一个值。比如，在前面的评论数据集中，我们就可以给 age 这一列的缺失值赋一个平均年龄（虽然不尽合理，但聊胜于无），在 comment 这一列，默认为"好评!"，具体代码如下。

```
In [15]: df_comment = pd.read_csv('comment.csv',
                         na_values = {'age'    : 0,
                         'comment': '该用户无评论'})
In [16]: age_mean = df_comment.age.mean()             #获取平均年龄为36.5
In [17]: values = {"age": age_mean, "comment": "好评! "}  #定义填充字典
In [18]: df_comment.fillna(value=values)              #填充缺失值
Out[18]:
```

	name	age	sex	comment
0	张三	41.0	0	很赞，很喜欢

| 1 | 李四 | (36.5) | 1 | 还可以了，只能说一分价钱一分货 |
| 2 | 王五 | 32.0 | 1 | (好评!) |

在某些情况下，我们还可以使用 replace 方法将 DataFrame 中的值替换成我们需要的特定值，这与 fillna 方法实现的填充效果类似。

```
In [19]: df_score = pd.DataFrame({
            '张三': [88,70,80,78,92,666],
            '李四': [99,0,90,75,83,67]},
        Index = [['语文','数学','英语','化学','生物','物理']])
In [20]: df_score          #输出验证，0 分和 666 分不合理，需要替换
Out[20]:
```

	张三	李四
语文	88	99
数学	70	0
英语	80	90
化学	78	75
生物	92	83
物理	666	67

```
In [21]: df_score.replace({666:66,0:10})          #替换不合理数据
Out[21]:
```

	张三	李四
语文	88	99
数学	70	100
英语	80	90
化学	78	75
生物	92	83
物理	66	67

In [21]处的 replace 方法使用了一个字典映射，将"666"替换为"66"，将"0"替换为"10"（这里不追求合理性，仅说明 replace 的用法）。事实上，replace 方法也有 method 参数，其用法与 fillna 方法的 method 参数相同。相比 fillna 方法，replace 方法更加灵活，比如，replace 方法能利用正则表达式来表达较为复杂的填充策略，示例代码如下。

```
In [22]:
df = pd.DataFrame({'A':['bat','foo','bait'],
```

```
                          'B':['abc','bar','xyz']})
In [23]: df                              #输出验证
Out[23]:
```

	A	B
0	bat	abc
1	foo	bar
2	bait	xyz

```
In [24]: df.replace(to_replace = r'^ba.$',value = 'new',regex = True)
Out[24]:
```

	A	B
0	new	abc
1	foo	new
2	bait	xyz

In [24]处的 replace 方法中的参数 to_replace 是正则表达式的匹配模式（"to_replace="可以省略）。具体到本例，该参数表示以 ba 开头（^ba）并以任意单个字符结尾（.$）的所有字符串（实际上匹配字符串长度为 3），凡是符合这个模式的字符串都被转换为字符串 new。若想启用正则表达式，则还需要启用 regex 参数，并将其设置为 True。

4.2　数据的标准化

在机器学习和数据分析中，样本可能有多个特征，不同特征也有不同的定义域和取值范围。量纲的不同会使计算数值（如聚类的距离）的差异性非常大。

比如，对于颜色而言，245 与 255 之间相差 10；对于天气的温度而言，37℃与 27℃之间也相差 10。虽然都相差 10，但相差的幅度却大不相同。这是因为，颜色的值域是 0～255，而通常气温的年平均值在–40℃～40℃，这样，前者的差距幅度在 10/256 = 3.9%，而后者的差距幅度是 10/80 = 12.5%。为了消除特征之间不同量纲和取值范围差异带来的影响，通常需要对数据进行标准化处理。

4.2.1　MAX-MIN 归一化

为了让不同量纲的特征有相同的"地位"，通过对不同特征做归一化缩放（Scaling）处理，即把特征值映射到区间[0, 1]内进行处理。归一化机制有很多，最简单的方法莫过于 MAX-MIN 归一化，其规则是：找到特征

中的最大值（MAX）和最小值（MIN），对于某个特征值 x，其归一化结果 $\tilde{x}$ 为

$$\tilde{x} = \frac{x - \text{MIN}}{\text{MAX} - \text{MIN}} \qquad (4\text{-}1)$$

　　MAX-MIN 归一化能对原始数据进行线性变换，使结果映射到区间[0, 1]内。图 4-3 演示了这个归一化过程。下面用一个简单的例子来说明对归一化值的求解。假设训练集合中有 5 个样例，其中某个特征的值分别为[6, 9, 1, 2, 8]。

```
In [1]: import numpy as np
In [2]: a = np.array([6, 9, 1, 2, 8])          #构建一个数组
In [3]: a_min,a_max = a.min(),a.max()          #求得最小值、最大值
In [4]: a_min,a_max                            #输出最小值、最大值
Out[4]: (1,9)
In [5]: a_nomal = (a - a_min)/(a_max - a_min)  #求得归一化数值
In [6]: print(a_nomal)
[0.625 1.    0.    0.125 0.875]
```

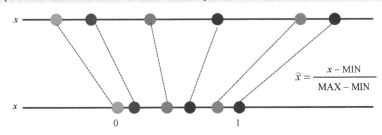

图 4-3　MAX-MIN 归一化示意图

　　下面我们以常用的葡萄酒（wine）数据集为例来说明问题。葡萄酒数据集可以在 UCI 公开机器学习数据库下载，为了便于用户学习，这类经典数据集被很多机器学习或深度学习框架变成了内置数据集。只要安装了这些计算框架，利用简单的 API 就可以直接访问它们。葡萄酒数据集是对意大利同一地区种植的葡萄进行化学分析的结果，这些葡萄酒来自三个不同品种的葡萄。

> 💡 注意
>
> 默认 Anaconda 发布的 Python，安装了机器学习框架 sklearn。
>
> 若是用户单独安装的 Python，则可用如下指令安装 skleran。
>
>
> pip install sklearn

```
In [7]:
01   from sklearn.datasets import load_wine
02   wine = load_wine()
```

　　在上述代码中，我们使用了机器学习框架 sklearn 中提供的内置数据集[①]。

```
In [8]:
01   import pandas as pd
02   df = pd.DataFrame(wine.data)          #加载葡萄酒特征数据
In [9]: df                                 #输出验证
```

---

① scikit-learn（简称 sklearn）是用于 Python 编程语言的机器学习框架，内置了很多常见的数据集。

Out[9]

	0	1	2	3	4	5	6	7	8	9	10	11	12
0	14.23	1.71	2.43	15.6	127.0	2.80	3.06	0.28	2.29	5.64	1.04	3.92	1065.0
1	13.20	1.78	2.14	11.2	100.0	2.65	2.76	0.26	1.28	4.38	1.05	3.40	1050.0
2	13.16	2.36	2.67	18.6	101.0	2.80	3.24	0.30	2.81	5.68	1.03	3.17	1185.0
3	14.37	1.95	2.50	16.8	113.0	3.85	3.49	0.24	2.18	7.80	0.86	3.45	1480.0
4	13.24	2.59	2.87	21.0	118.0	2.80	2.69	0.39	1.82	4.32	1.04	2.93	735.0
...	...	...	...	...	...	...	...	...	...	...	...	...	...
173	13.71	5.65	2.45	20.5	95.0	1.68	0.61	0.52	1.06	7.70	0.64	1.74	740.0
174	13.40	3.91	2.48	23.0	102.0	1.80	0.75	0.43	1.41	7.30	0.70	1.56	750.0
175	13.27	4.28	2.26	20.0	120.0	1.59	0.69	0.43	1.35	10.20	0.59	1.56	835.0
176	13.17	2.59	2.37	20.0	120.0	1.65	0.68	0.53	1.46	9.30	0.60	1.62	840.0
177	14.13	4.10	2.74	24.5	96.0	2.05	0.76	0.56	1.35	9.20	0.61	1.60	560.0

178 rows × 13 columns

从上面的输出可以看出，葡萄酒数据集共有 13 个不同的特征，各个特征的量纲不同，并且取值范围不同，如果不进行 MAX-MIN 归一化操作，则可能会对分类算法的精度产生很大影响。我们暂时不讨论机器学习算法，仅从 MAX-MIN 归一化操作来处理这些数据。下面我们仅用一行代码完成对所有特征（列）的 MAX-MIN 归一化处理。

```
In [10]: normalized_df = (df - df.min())/(df.max() - df.min())    #归一化
In [11]: normalized_df                                            #输出验证
Out[11]:
```

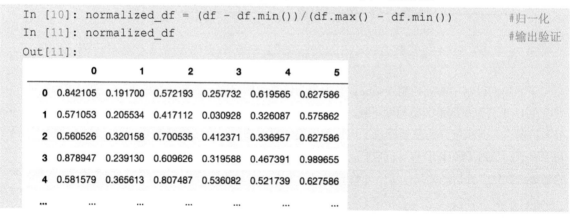

	0	1	2	3	4	5
0	0.842105	0.191700	0.572193	0.257732	0.619565	0.627586
1	0.571053	0.205534	0.417112	0.030928	0.326087	0.575862
2	0.560526	0.320158	0.700535	0.412371	0.336957	0.627586
3	0.878947	0.239130	0.609626	0.319588	0.467391	0.989655
4	0.581579	0.365613	0.807487	0.536082	0.521739	0.627586
...	...	...	...	...	...	...

从上面的输出可以看出，所有列的数值都被归一化到[0, 1]区间内。如果我们定向地将部分列进行归一化操作，则可以自行设计一个简单的归一化函数，然后再用 apply 方法（后面章节会详细讨论）将该函数应用于这些列，示例代码如下。

```
In [12]:
def MinMaxScale(col):
    col = (col - col.min()) / (col.max() - col.min())
    return col
```

```
In [13]: df[[1,3,12]].apply(MinMaxScale)   #将标号为 1、3 和 12 的列进行归一化操作
Out[13]:
```

	1	3	12
0	0.191700	0.257732	0.561341
1	0.205534	0.030928	0.550642
2	0.320158	0.412371	0.646933
3	0.239130	0.319588	0.857347
4	0.365613	0.536082	0.325963
...	...	...	...

事实上，机器学习框架 sklearn 也提供了专门的 MAX-MIN 归一化工具 MinMaxScaler，示例代码如下。

```
In [14]: from sklearn.preprocessing import MinMaxScaler
In [15]: = MinMaxScaler()
In [16]: pd.DataFrame(scaler.fit_transform(df))   #将缩放后的数组充当数据源
Out[16]:                                           #仅显示部分截图
```

	0	1	2	3	4	5
0	0.842105	0.191700	0.572193	0.257732	0.619565	0.627586
1	0.571053	0.205534	0.417112	0.030928	0.326087	0.575862
2	0.560526	0.320158	0.700535	0.412371	0.336957	0.627586
3	0.878947	0.239130	0.609626	0.319588	0.467391	0.989655
4	0.581579	0.365613	0.807487	0.536082	0.521739	0.627586
...	...	...	...	...	...	...

4.2.2　零均值标准化

除了 MAX-MIN 归一化，常用的数据标准化操作还有零均值标准化（Z-Score Normalization）。该方法又称 Z-分值标准化、标准差归一化，是当前使用最广泛的一种数据标准化方法之一。

该方法的操作流程是特征值减去该特征的均值，再除以方差，即

$$\tilde{x} = \frac{x - \text{mean}(x)}{\text{sqrt}(\text{var}(x))} \tag{4-2}$$

零均值标准化会将原始数据映射到均值为 0、标准差为 1 的分布上。如果初始特征值服从正态分布，那么缩放后的特征值同样也服从正态分布，只不过是方差和均值发生了变化。

接着利用葡萄酒数据集来说明这个数据标准化处理方法的使用。

```
In [17]: normalized_df2 = (df - df.mean()) / df.std()
In [18]: normalized_df2
```

你知道吗？

零均值又称 Z 分数（Z-score）或标准分数（standard score）。"Z" 是 "Zero" 的缩写，表示均值为 0。

```
Out[18]:
```

	0	1	2	3	4	5	6	7	8	9	10
0	1.514341	-0.560668	0.231400	-1.166303	1.908522	0.806722	1.031908	-0.657708	1.221438	0.251009	0.361158
1	0.245597	-0.498009	-0.825667	-2.483841	0.018094	0.567048	0.731565	-0.818411	-0.543189	-0.292496	0.404908
2	0.196325	0.021172	1.106214	-0.267982	0.088110	0.806722	1.212114	-0.497005	2.129959	0.268263	0.317409
3	1.686791	-0.345835	0.486554	-0.806975	0.928300	2.484437	1.462399	-0.979113	1.029251	1.182732	-0.426341
4	0.294868	0.227053	1.835226	0.450674	1.278379	0.806722	0.661485	0.226158	0.400275	-0.318377	0.361158
...	...	...	...	...	...	...	...	...	...	...	...
173	0.873810	2.966176	0.304301	0.300954	-0.331985	-0.982841	-1.420891	1.270726	-0.927563	1.139596	-1.388840
174	0.491955	1.408636	0.413653	1.049555	0.158126	-0.791103	-1.280731	0.547563	-0.316058	0.967055	-1.126341
175	0.331822	1.739837	-0.388260	0.151234	1.418411	-1.126646	-1.340800	0.547563	-0.420888	2.217979	-1.607590
176	0.208643	0.227053	0.012696	0.151234	1.418411	-1.030776	-1.350811	1.351077	-0.228701	1.829761	-1.563840
177	1.391162	1.578712	1.361368	1.498716	-0.261969	-0.391646	-1.270720	1.592131	-0.420888	1.786626	-1.520090

178 rows × 13 columns

4.3　数据变换与数据离散化

数据预处理阶段除了包括数据清洗、标准化，还可能包括数据变换，其中还包括数据变换及连续数据的离散化。下面我们简单介绍其中的部分方法。

4.3.1　类别型数据的哑变量处理

对于一些类别数据，如鸢尾花的品类、葡萄酒的档次、天气的好坏等，是常见的特征变量或分类目标。但在数学建模中，很多算法并不能直接处理非数值型（即字符串类型）变量，因此需要对这些类别变量进行转换，将其转换成某种数值型的特征。其中最常见的策略之一就是将这些变量转换为哑变量（dummy variables）。

哑变量又称虚拟变量，用以反映某个属性差异程度是人为构造的变量。通常会把某个类中的不同子类赋值为 $0, 1, \cdots, n-1$，其中 n 为类别的数量。注意，类别的数值编号并没有大小之分，主要用于体现出彼此的不同。

在 Pandas 中，我们可以用 get_dummies 方法来完成特征的哑变量处理。下面我们以一个简易的工资数据集（salary.dat）为例来说明这个方法的使用（工资数据集参见随书源代码）。

```
In [1]: import pandas as pd
In [2]: df = pd.read_table('salary.dat',delim_whitespace = True)
In [3]: df.head()
```

```
Out[3]:
```

	sx	rk	yr	dg	yd	sl
0	male	full	25	doctorate	35	36350
1	male	full	13	doctorate	22	35350
2	male	full	10	doctorate	23	28200
3	female	full	7	doctorate	27	26775
4	male	full	19	masters	30	33696

In [2]处读入数据所用的方法是 read_table，数据之间的分隔符用的是
"白空格"（white-space，即 Tab、空格、回车或换行等不可见字符）。In [3]
处显示了前 5 行数据。

数据表中的各个列的含义为：sx 表示 sex，即性别；rk 表示 rank，即
职称的等级，如 full 表示正教授，associate 表示副教授等；yr 表示 year，
获得职称的年限；dg 表示 degree，即最高学历，如 doctorate 表示博士，
masters 表示硕士；yd 表示获得最高学位的年限（years of degree）；sl 表示
salary，即收入。

显然，诸如性别（sx）、职称（rk）、学位（dg）都属于离散型数据，
它们难以被机器学习算法所使用，因此需要提前将其转换为哑变量。如将
sx（性别）这一列转换成哑变量可以进行如下操作。

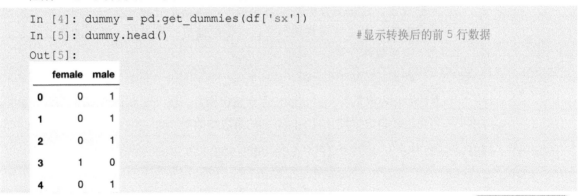

```
In [4]: dummy = pd.get_dummies(df['sx'])
In [5]: dummy.head()                      #显示转换后的前 5 行数据
Out[5]:
```

	female	male
0	0	1
1	0	1
2	0	1
3	1	0
4	0	1

在纵向上看，类别的不同值（如 femal 或 male）变成了一个个列，只
有取值为这个特性，才在对应的位置赋 1，其他位置赋 0。如第 3 行数据
（从 0 计数）为 femal，则在 femal 这列的第 3 行赋 1。

在横向上看，每个哑变量类似独热编码（one-hot encoding）即在 N
个类别中，只有一个类别取值为 1，其他类别均取值为 0。我们可以通过
concat 方法将这个哑变量与原始数据表在水平方向拼接起来，这样更便
于比较。

💡 你知道吗？

独热编码即 one-hot 编
码，又称为一位有效编
码，其方法是使用 N 位
对 N 个状态进行编码，
在任意时刻，其中只有
一位有效。

```
In [6]: df2 = pd.concat([df,dummy],axis = 1)
In [7]: df2.head()
Out[7]:
```

	sx	rk	yr	dg	yd	sl	female	male
0	male	full	25	doctorate	35	36350	0	1
1	male	full	13	doctorate	22	35350	0	1
2	male	full	10	doctorate	23	28200	0	1
3	female	full	7	doctorate	27	26775	1	0
4	male	full	19	masters	30	33696	0	1

这里再次强调的是，离散特征的赋值没有大小之分，在某一行上，将 female 赋值为 0，并不表明它比 male 的赋值 1 要小，赋值不同的目的是体现二者是不同的。一旦特征在数值上有了差异，就可以在回归、分类、聚类等机器学习算法中，计算特征之间的距离或相似度。

类似地，我们还可以对 rk 列和 dg 列进行类似地哑变量处理。这个实践工作就交给读者自己动手完成吧。

4.3.2 连续型变量的离散化

在数据预处理阶段，我们可能常常会遇到年龄、长度、消费金额等连续型数值。而在很多机器学习模型中，尤其是分类算法中，通常要求数据是离散的，因此就需要提前将连续型数值进行离散化。常用的离散化方法之一就是数据分箱。

数据分箱是指将数据的取值范围划分为若干个间隔（也称 bin），bin 的个数由数据本身的特点决定或由用户自己指定。在 Pandas 中，cut 方法常被用作将连续型数据划分成不同类别的离散型数据。cut 方法的原型如下所示。

```
pandas.cut(x,bins,right = True,labels = None,retbins = False,precision = 3,
include_lowest = False,duplicates = 'raise',ordered = True)
```

cut 方法的主要参数如表 4-2 所示。

表 4-2　cut 方法的主要参数

参数名称	功能说明
x	待离散化的数据，其类型必须是一维的类数组（array-like）数据
bins	指定间隔区间。可以是单个整数 int，也可以是标量序列。如果是单个整数，则表明是间隔的数量；如果是一个标量序列，则每两个相邻的标量就构成一个间隔（bin）
right	布尔变量。表示区间（bins）的右侧是否为闭区间，默认为 True。比如，对于 bins=[1, 2, 3, 4]，若将 right 设置为 True，则表示(1,2], (2,3], (3,4]构成了三个分隔 bin 区间
labels	为每个不同的 bin 设置一个标签。接收值为数组或 False。如果是数组，则数组中的值分别为不同的 bin 标识；如果是 False，则为每个 bin 取一个整数的标号

续表

参数名称	功能说明
retbins	接收布尔值，表示是否返回区间的标签
precision	设置 bin 标签的精度，默认为 3

下面举例说明 cut 方法的使用。先来说明将区间等分的情况。

```
In [1]: import numpy as np
In [2]: import pandas as pd
In [3]: pd.cut(x = np.array([1,7,5,4,6,3]),bins = 3)
Out[3]:
[(0.994,3.0],(5.0,7.0],(3.0,5.0],(3.0,5.0],(5.0,7.0],(0.994,3.0]]
Categories(3,interval[float64]):[(0.994,3.0] < (3.0,5.0] < (5.0,7.0]]
```

在上述代码中，np.array([1, 7, 5, 4, 6, 3])就是被分割的数据对象 x，又因为将参数 bins 的值设置为整数 3，所以表明 cut 方法会在最小值（1）与最大值（7）之间进行 3 等分。需要注意的是，该方法会把 x 的范围在每一边都扩大 0.1%，以便包括上下边界，即 x 的最小值和最大值。

从以上的输出可以看出，利用 cut 方法划分了三个区间，(0.994, 3.0]、(3.0, 5.0] 和 (5.0, 7.0]。然后该方法把数据序列 x 中的每个元素都分别打上标签，并标出其所属的区间范围，于是有了[(0.994, 3.0], (5.0, 7.0], (3.0, 5.0], (3.0, 5.0], (5.0, 7.0], (0.994, 3.0]]这样的输出序列。其含义就是 x 中的第一个数值 1 属于(0.994, 3.0]这个 bin 区间，数值 7 属于(5.0, 7.0]这个 bin 区间，依此类推。

上面所示的 bin 划分是最大值与最小值之间的等分。事实上，我们也可以进行非等分，这时 bins 不再是一个整数，而是一个划分区间的列表。举例来说，成绩通常是从 0 到 100 的连续值，这时我们可以利用 cut 方法将其离散为三个等级，如不及格（0～59）、中等（60～79）、良好（80～100）。这时参数 bins 的值就是非等分的，划分 bin 的列表是[0, 59, 79, 101]。列表相邻两个数值就构成了一个 bin。在默认设置 right = True 的情况下，bin 的区间是左开右闭。于是 bin 的划分区间为(0,59]、(59,79]、(79,101]。我们先来创建 5 个取值区间为 30～100 的随机整数来充当成绩。

```
#利用随机数产生 20 个 30～100 的整数来充当成绩
In [4]: score_list = np.random.randint(30,100,size = 5)
```

为了便于查看，我们先用 pandas._testing 包下面的方法 rands，用rands(3)创建 3 个随机字符充当学生的姓名。这在测试环节是常用的操作技巧。然后再用这些成绩充当数据源，于是这两个列就构成一个 DataFrame 对象。

 你知道吗？

在 rands 方法中，rand 表示随机数，最后一个字符 's' 表示字符串。合在一起，就是创建随机字符串。该方法中的整型参数就是随机字符串的长度。

```
In [5]: from pandas._testing import rands
In [6]: df = pd.DataFrame()                           #创建一个空 DataFrame 对象
#用三个随机字符串充当学生的姓名，每次运行结果均不同
In [7]: df['student'] = [rands(3) for in range(len(score_list))]
In [8]: df['score'] = score_list
In [9]: df.head()                                     #显示前 5 条数据
Out[9]:
```

	student	score
0	yKs	72
1	PHM	47
2	38J	84
3	Ib0	84
4	Xr7	32

下面我们来对成绩（score）这一列进行数据分箱操作，实际上就是数据离散化。

```
In [10]: bins = [0,59,79,100]                         #指定分隔区间
In [11]: score_cut = pd.cut(df['score'],bins)
In [12]: print(score_cut)
Out[13]:
0    (59,79]
1    (0,59]
2    (79,100]
3    (79,100]
4    (0,59]
Name: score, dtype: category
Categories (3, interval[int64]): [(0,59] < (59,79] < (79,100]]
```

我们可以利用 value_counts 方法统计每个分箱（bin）区间的数据量。

```
In [14]: print(pd.value_counts(score_cut))            #统计每个区间人数
Out[14]:
(0,59]      2
(59,79]     2
(79,100]    1
Name: score, dtype: int64
```

我们还可以将数据分箱的结果附加在原始数据集中，以便对比，示例代码如下。

```
In [15]: df['所属区间'] = pd.cut(df['score'],bins)
In [16]: df.head()
```

```
Out[16]:
```

	student	score	所属区间
0	yKs	72	(59, 79]
1	PHM	47	(0, 59]
2	38J	84	(79, 100]
3	lb0	84	(79, 100]
4	Xr7	32	(0, 59]

上述方法给出的结果可读性并不高，这时我们可以启用 cut 方法中的 label 参数，为每个分箱取一个名字，同时也可以将其附加到原来的数据上。

```
In [17]:                                           #为每个区间指定一个标签
df['所属类别'] = pd.cut(df['score'],bins,labels = ['不及格','中等','良好'])
In [18]: df.head()
Out[18]:
```

	student	score	所属区间	所属类别
0	yKs	72	(59, 79]	中等
1	PHM	47	(0, 59]	不及格
2	38J	84	(79, 100]	良好
3	lb0	84	(79, 100]	良好
4	Xr7	32	(0, 59]	不及格

从上面的输出可以看出，分箱结果的可读性提高了很多。进一步我们还可以利用前面所学的知识，将分数的等级转换为哑变量。

```
In [19]: dummy = pd.get_dummies(df['所属类别'])     #将分数等级转换为哑变量
In [20]: dummy                                     #输出验证
Out[20]:
```

	不及格	中等	良好
0	0	1	0
1	1	0	0
2	0	0	1
3	0	0	1
4	1	0	0

```
In [21]: pd.concat([df,dummy],axis = 1)            #合并到原始数据表中
Out[21]:
```

	student	score	所属区间	所属类别	不及格	中等	良好
0	yKs	72	(59, 79]	中等	0	1	0
1	PHM	47	(0, 59]	不及格	1	0	0
2	38J	84	(79, 100]	良好	0	0	1
3	Ib0	84	(79, 100]	良好	0	0	1
4	Xr7	32	(0, 59]	不及格	1	0	0

4.4 函数的映射与应用

在数据分析过程中，除了进行必要的预处理，经常还会对数据进行一定程度上的深加工。"深加工"自然需要定义一些函数（包括 lambda 表达式）。定义好的函数该如何应用于 Pandas 对象上的行或列呢？通常有三种函数可以实现，其操作思想相似，但操作的对象和施加作用的范围有所不同，如图 4-4 所示。

	DataFrame	Series
apply	✓	✓
map		✓
applymap	✓	

图 4-4 map、apply 和 applymap 函数的适用范围

（1）map 函数：将函数映射到 Series 对象的每个元素中。

（2）apply 函数：将函数应用到 DataFrame 对象的行或列上，行或列是通过 axis（轴）参数来控制的。apply 也可以直接应用在某个 Series 对象上，此时无须指定 axis 参数。

（3）applymap 函数：将函数应用到 DataFrame 对象的每个元素（element-wise）上。

4.4.1 map 函数的使用

下面我们先来说明 map 函数的使用方法。假设我们有如下所示的 DataFrame 对象。

```
In [1]: import pandas as pd
In [2]: data = { '水果': ['苹果','香蕉','火龙果','哈密瓜'],
```

```
                '价格': ['8.1元','5元','12.5元','9.7元']}
In [3]: df_fruit = pd.DataFrame(data,index = ['Row 1','Row 2','Row 3','Row 4'])
In [4]: df_fruit                                    #输出验证
```

	水果	价格
Row 1	苹果	8.1元
Row 2	香蕉	5元
Row 3	火龙果	12.5元
Row 4	哈密瓜	9.7元

从上面的输出可以看出，在 **df_fruit** 中，水果的"价格"这一列的每个元素都带有一个单位"元"，这表明，我们无法简单地将这一列用 astype 方法将其转换为浮点数。因此在数据转换前，必须要进行一定的数据预处理——将价格提取出来，并把后面的"元"字去掉。

能够达到上述目的的操作方法有很多种，我们给出其中一种方案——设计一个映射函数 pure_price，将"价格"这一列的数值部分全部提取出来。

> 你知道吗？
>
> 在正则表达式中，"." 表示匹配除换行符 "\n" 之外的任意字符；"*" 表示匹配前一个字符 0 次或无穷次；"+" 表示匹配前一个字符 1 次或无穷次。

```
In [5]:
01    import re
02    def pure_price(string):
03        return re.findall(r'\d+\.?\d*',string)[0]
```

简单分析一下上述代码。由于这里用到了正则表达式，因此首先在第 01 行处导入 re 包（正则表达式包），然后设计一个提取数值的正则表达式 r'\d+\.?\d*'。在这个表达式中，r 表示 raw（原始的），其含义是 Python 随后的字符串是"原生态"的字符串，即不存在所谓的转义字符。

- \d+：\d 表示匹配数字，+用于匹配一次或者多次数字。注意，这里不可以写成*，因为即便是小数，小数点之前也至少需要有一个数字。

- \.?：用于匹配小数点。. 之后的问号? 表示这个小数点可有可无[①]，因为它代表的含义是前面的字符出现零次或一次。

- \d*：用于匹配小数点之后的数字，小数点后面有零个或多个数字，因此用 * 来表达匹配零个或多个数字。

我们用了 re 包中的 findall 方法，它会返回所有符合正则表达式模式的数值字符串，由于可能返回多个这样的值，因此该方法用列表来容纳多个值。即使该方法仅返回一个数值字符串，也需要用列表容纳。因此，若要提取第一个这样的数值，则需要用列表的索引下标 0，即 findall(r'\d + \.?\d*', string)[0]。

---

① 匹配除换行符 \n 之外的任何单字符。若要匹配 . ，则需要使用 \. 。

设计好上述函数后，我们就可以把它用在"价格"这一列。本质上，由于 DataFrame 的一列就是一个 Series 对象，因此，我们可以用 map 函数将这个函数作用在这一列上，示例代码如下。

```
In [8]: df_fruit['价格'] = df_fruit['价格'].map(pure_price)
In [9]: df_fruit                                              #输出验证
Out[9]:
```

	水果	价格
Row 1	苹果	8.1
Row 2	香蕉	5
Row 3	火龙果	12.5
Row 4	哈密瓜	9.7

从上面的输出可以看出，我们的确把"价格"这一列的数值全部提取出来了。这里需要注意的是，在使用 map 函数调用外部函数时，只需要指定函数的名称（如这里的 pure_price，类似于 C 语言中的函数指针），而不需要添加函数后面的一对括号，map 函数会自动把 Series 数据单元中的每个数值都当作调用函数 pure_price 的第一个参数值。事实上，由于 pure_price 函数足够简单，因此我们也可以将其变为一个 lambda 表示，示例代码如下。

```
df_fruit['价格'] = df_fruit['价格'].map(lambda x :re.findall(r'\d+\.?\d*',x)[0])
```

如果读者对正则表达式不够熟悉，则可以用一种简单替换的策略将"元"替换掉。

```
In [10]:
def convert_price(price):
    new_price = price.replace("元",'')                    #将"元"替换为空字符串
    return new_price
In [11]: df_fruit['价格'] = df_fruit['价格'].map(convert_price)
```

上述代码的功能是将"元"替换为空字符串，其效果和前面使用正则表达式方法是一致的。相比于替换策略，使用正则表达式能实现的功能更加强大，不过应用在此处略显复杂。

接下来，还需要注意的一个细节是，虽然我们的确把"价格"这一列的数据全部提取出来了，但它们依然是字符串，可用 dtypes 方法来验证它们的类型。因此，在进行数值统计前，需要把这些字符串类型的数组全部转换为浮点数。

```
In [12]: df_fruit.dtypes                     #验证数据类型
Out[12]:
水果    object
价格    object
```

```
dtype: object
In [13]: df_fruit['价格'] = df_fruit['价格'].astype('float32')    #类型转换
In [14]: df_fruit.dtypes                         #再次验证数据类型
Out[14]:
水果      object
价格      float32
dtype: object
In [15]: df_fruit                                #输出验证
Out[15]:
```

	水果	价格
Row 1	苹果	8.1
Row 2	香蕉	5.0
Row 3	火龙果	12.5
Row 4	哈密瓜	9.7

从 Out[12]处的输出可以看出，一开始"价格"这一列的数据类型是 object，在 Pandas 中，它就是 string 类型。而在 In [13]处，我们用 astype 方法将这一列转换为浮点数，再次验证时（In [14]处），发现数据类型已经变成了 float32，在输出的 DataFrame 中，原来的数值 5 变成了 5.0。

最后，我们再做一个扫尾工作：把"价格"这一列的名称改成更具有可读性的"价格（元）"，这时需要用到 rename 方法，在这个方法中，同样使用字典的方式，将更改前后的目标列名称用"key: value"的方式呈现出来，示例代码如下。

```
In [16]: df_fruit.rename(columns = {'价格': '价格(元)'})        #更改列名称
Out[16]:
```

	水果	价格(元)
Row 1	苹果	8.1
Row 2	香蕉	5.0
Row 3	火龙果	12.5
Row 4	哈密瓜	9.7

使用 map 函数不仅可以调用某个函数，将 Series 中的每个元素都转换成另外一种形式，还可以直接将数据映射为另外一种表达形式。比如，在机器学习的分类任务中，算法无法直接处理字符串的标签，而是将字符串的标签映射为某个编码，这时 map 函数就能发挥作用。我们先构建一个可用的 Series 对象。

```
In [17]: import numpy as np
In [18]: animal = pd.Series(['cat','dog',np.nan,'dog','rabbit','cat'])
```

```
In [19]: animal                          #输出验证
Out[19]:
0       cat
1       dog
2       NaN
3       dog
4     rabbit
5       cat
dtype: object
```

现在我们的任务是将所有的 cat 编码为 0，所有的 dog 编码为 1，所有的 rabbit 编码为 2。我们可以这样做：先通过字典（dict）构建映射关系，然后再用 map 函数完成这个映射关系。

```
In [20]: animal.map({'cat':0,'dog':1,'rabbit':2})
In [21]: animal
0    0.0
1    1.0
2    NaN
3    1.0
4    2.0
5    0.0
dtype: float64
```

如前文介绍，map 函数还可以接收一个函数，如字符串的 format 方法。

```
In [22]: animal.map('I am a {0}'.format)          #注意：format 方法后面没有一对括号
In [23]: animal
Out[23]:
0      I am a cat
1      I am a dog
2      I am a nan
3      I am a dog
4    I am a rabbit
5      I am a cat
dtype: object
```

在上述操作中，Series 中的每个元素都依次称为 format 方法中的参数。从以上的输出可以看出，Series 中的 NaN 也参与了的 map 运算。这通常是没有意义的，如果不想让类似地情况发生，那么可以启用 map 函数的参数 na_action，并将其设置为 ignore，这样就可以避免 NaN 数据参与 map 运算了。

```
In [24]: animal.map('I am a {0}'.format, na_action = 'ignore')
In [25]: animal
Out[25]: 0      I am a cat
```

```
1       I am a dog
2             NaN
3       I am a dog
4    I am a rabbit
5       I am a cat
dtype: object
```

4.4.2　apply 函数的使用

下面我们来讨论一下 apply 函数的使用。该函数是 Pandas 中所有函数中使用自由度最高的函数之一，其函数原型如下：

```
DataFrame.apply(func,axis = 0,raw = False,result_type = None,args = (),
**kwargs)
```

该函数中最有用的是第一个参数 func，它相当于 C/C++的函数指针，用于确定某行或某列所应用函数的名称。所操作数据的轴方向（行或列）由 axis 参数确定。

当 axis = 1（或 axis = 'columns'）时，参数 func 会作用在每行数据上。每行都会运算出一个结果，将所有结果汇总起来，就组合成一个计算结果 Series 对象，这个对象的行数和原始 DataFrame 相同。

类似地，当 axis = 0（或 axis = 'index'）时，就会把 DataFrame 对象的每列数据都传递给 func 进行计算。下面我们来说明 apply 函数的使用。我们先构建一个待处理的 DataFrame 对象。

```
In [1]: import pandas as pd
In [2]:
data = { 'A': [1,2,3,4],
         'B': [10,20,30,40],
         'C': [20,40,60,80]}
In [3]: index = ['Row 1','Row 2','Row 3','Row 4']
In [4]: df = pd.DataFrame(data, index = index)
In [5]: df                                          #输出验证
Out[5]:
```

	A	B	C
Row 1	1	10	20
Row 2	2	20	40
Row 3	3	30	60
Row 4	4	40	80

如前所述，apply 函数用于沿着 DataFrame 指定的轴或直接作用于 Series 来应用特定的函数，默认参数 axis = 0。让我们从一个简单的示例开始，使用 NumPy 通用函数 np.sqrt 作为函数。

```
In [6]: df.apply(np.sqrt,axis = 0)          # axis = 0 是默认值，因此可以省略
Out[6]:
```

	A	B	C
Row 1	1.000000	3.162278	4.472136
Row 2	1.414214	4.472136	6.324555
Row 3	1.732051	5.477226	7.745967
Row 4	2.000000	6.324555	8.944272

由于 np.sqrt 是一个非约减函数，因此在列方向上对每个元素进行平方根，在这种情况下与 np.sqrt(df) 的效果相同，示意图如图 4-5 所示。

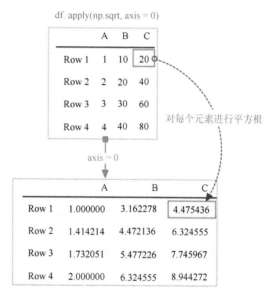

图 4-5　在 axis = 0 方向应用非约减函数

如果我们在每列都使用一个约减函数（如 np.sum、np.mean、np.max 及 np.min 等），则函数操作的结果就会把一列"浓缩"为一个标量数值。下面我们以 np.sum 来说明这种情况，其对应的示意图如图 4-6 所示。

```
In [7]: df.apply(np.sum,axis = 0)
Out[7]:
A    10
B    100
C    200
dtype: int64
```

在前面的操作中，我们使用的是 NumPy 中的内置函数，事实上，在 apply 函数中，方法也可以自定义方法。下面我们就自定义一个求和方法，而不再使用 NumPy 中的 np.sum。

```
In [8]:                                      #自定义一个函数
```

```
def do_sum(series):
    return series.sum()
```

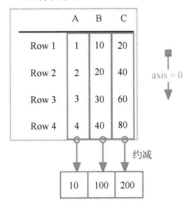

图 4-6　在 axis=0 方向应用约减函数

下面我们就在列方向上应用这个函数。这次，我们更进一步，把求和的结果添加一行，这个新行的索引为 col_sum。示例如下代码。

```
In [9]: df.loc['col_sum'] = df.apply(do_sum,axis = 0)
                                    #按垂直方向应用自定义的函数
In [10]: df                         #输出验证
Out[10]:
```

	A	B	C	D
Row 1	1	10	20	31
Row 2	2	20	40	62
Row 3	3	30	60	93
Row 4	4	40	80	124
col_sum	10	100	200	310

由于行名 col_sum 在原 DataFrame 对象中没有出现过，如前面的章节所述，因此通过 loc 方法对一个不存在的行进行赋值，实际上就是添加了一个新行。在调用 do_sum 函数时，我们并没有给 do_sum 参数赋值，由于 axis = 0，因此 apply 方法按列操作，自动将每列数据当作 do_sum 的第一个参数，示意图如图 4-5 所示。

类似地，apply 函数在行方向上同样支持约减与聚合，这时需要设置 axis = 1。比如，我们将每行内的数据（即同一行不同列的元素）相加，并将结果保存到一个新列"D"中，示例代码如下，对应的示意图如图 4-7 所示。

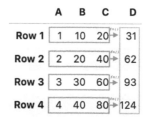

图 4-7 利用 apply 方法在 axis = 1 条件下的工作示意图

```
In [11]: df['D'] = df.apply(do_sum,axis = 1)        #按行方向应用 apply 函数
In [12]: df                                         #输出验证
Out[12]:
```

	A	B	C	D
Row 1	1	10	20	31
Row 2	2	20	40	62
Row 3	3	30	60	93
Row 4	4	40	80	124

由于 do_sum 方法过于简单，因此这时可以用 lambda 表达式（即匿名函数）来完成类似地功能。恢复原始 df 数据，执行如下等价代码。

```
In [13]: df['D'] = df.apply(lambda x : x.sum(),axis = 1)
                                    #按水平方向应用 lambda 表达式
In [14]: df                         #输出验证
Out[14]:
```

	A	B	C	D
Row 1	1	10	20	31
Row 2	2	20	40	62
Row 3	3	30	60	93
Row 4	4	40	80	124

如果我们的需求相对复杂，如第 D 列结果是个加权平均，即第 A 列值的 10%、第 B 列值的 20% 和第 C 列值的 70%，那么该如何操作呢？这时就需要启用"列名"，以区分同一行的不同列，示例代码如下。

```
In [15]:
def my_sum(row):                                    #自定义一个求和方法 my_sum
    return row['A'] * 0.1 + row['B'] * 0.2 + row['C'] * 0.7
In [16]: df['D'] = df.apply(my_sum,axis = 1)         #在每行数据上都要应用 my_sum
In [17]: df
Out[17]:
```

	A	B	C	D
Row 1	1	10	20	16.1

Row 2	2 20	40	32.2
Row 3	3 30	60	48.3
Row 4	4 40	80	64.4

总结一下，当 axis = 0 时，对每列执行指定方法；当 axis = 1 时，对每行执行指定方法。无论是 axis = 0 还是 axis = 1，其传入指定方法的默认形式均为 Series。

事实上，apply 函数也可以直接作用于 Series 对象。由于 Series 就是某一行或某一列，方向已然确定，因此就不需要指定 axis 参数了。比如，我们创建一个新列 E，它的值是将第 D 列的值除以 3（得到的），示例代码如下。

```
In [18]: df['E'] = df['D'].apply(lambda x : x / 3)
                                    #对 Series 进行操作，无须指定 axis

In [19]: df
Out[19]:                            #输出验证
```

	A	B	C	D	E
Row 1	1	10	20	16.1	5.366667
Row 2	2	20	40	32.2	10.733333
Row 3	3	30	60	48.3	16.100000
Row 4	4	40	80	64.4	21.466667

在 In [18]处，df['D']实际上就是一列，本质上它就是一个 Series 对象，因此在对它进行数据处理时，在使用 apply 函数时无须指定 axis。此时的 apply 函数的功能就等同于 map 函数的功能，对比如下 DataFrame 对象中的第 E 列和第 F 列数据。

```
In [20]: df['F'] = df['D'].map(lambda x : x / 3)
                                    #对 Series 进行操作，可用 map 函数，等同于 In [18]
In [21]: df                         #输出验证
Out[21]:
```

	A	B	C	D	E	F
Row 1	1	10	20	16.1	5.366667	5.366667
Row 2	2	20	40	32.2	10.733333	10.733333
Row 3	3	30	60	48.3	16.100000	16.100000
Row 4	4	40	80	64.4	21.466667	21.466667

在前面的案例中，在默认情况下，Pandas 把某一行或某一列作为 apply 调用的函数（如 do_sum）参数。如果参数只有一个，那么我们无须显式提供参数。但如果 apply 所调用的函数 func 需要多个参数，那么该如何把必要的参数传递给对应的函数 func 呢？

比如，我们的任务是创建一个新列 E，其值是将第 D 列的数据都除以 num，第 D 列数据是第一个参数，无须传入，但 num 是一个需要额外传递的参数，这时就需要以元组的方式将额外参数传入 args。我们先设计如下所示的二元函数。

```
In [22]:                                      #定义函数
def do_div(x, num):
    return x / num
In [23]: df['F'] = df['D'].apply(do_div, args=(4,))
In [24]: df                                   #输出验证
Out[24]:
```

	A	B	C	D	E	F
Row 1	1	10	20	16.1	5.366667	4.025
Row 2	2	20	40	32.2	10.733333	8.050
Row 3	3	30	60	48.3	16.100000	12.075
Row 4	4	40	80	64.4	21.466667	16.100

在 In [22]处，我们定义了一个二元函数，但在 In [23]处的 apply 函数中，看起来好像仅仅传递了一个参数(4,)。事实上，我们传递的还是两个参数，这是因为 apply 所调用的函数，其默认第一个参数一定来自 DataFrame 的一行或一列，其他额外参数需要打包传递给 args，args 是一个元组，可以包括多个值。在本例中，只额外传递一个参数，即使这样，也要用圆括号将其括起来，且后面的逗号不可缺少，因为它是元组的重要标志，少了这个逗号，(4)就被解析为一个被圆括号括起来的普通数据 4，而不是一个包含数据 4 的元组了。

4.4.3 applymap 函数的使用

applymap 函数仅在 DataFrame（二维表）中可用，它用于对整个 DataFrame 的每个元素进行操作。由于该函数经过了优化，因此在某些情况下，它比 apply 函数的工作效率更高。比如，我们可以对 DataFrame 中的每个元素求平方根，对应的代码如下。

```
In [25]: data = { 'A': [1,2,3,4],
                  'B': [10,20,30,40],
                  'C': [20,40,60,80]}
In [26]: index = ['Row 1','Row 2','Row 3','Row 4']

In [27]: df = pd.DataFrame(data,index = index)
In [29]: df = df.applymap(np.sqrt)
In [30]: df
```

```
Out[30]:
```

	A	B	C
Row 1	1.000000	3.162278	4.472136
Row 2	1.414214	4.472136	6.324555
Row 3	1.732051	5.477226	7.745967
Row 4	2.000000	6.324555	8.944272

再如，我们想对上述操作的所有结果都保留两位小数，使用 applymap 函数也很容易达到这一目的。

```
In [31]: df.applymap(lambda x : "{0:.2f}".format(x))
Out[31]:
```

	A	B	C
Row 1	1.00	3.16	4.47
Row 2	1.41	4.47	6.32
Row 3	1.73	5.48	7.75
Row 4	2.00	6.32	8.94

4.5　索引的高阶应用

索引是 Pandas 对行或列做的标记。合理利用索引，能够显著提高我们数据处理的能力。下面我们将介绍关于索引的高级技巧。

4.5.1　重建索引

在前面的章节中，我们已经学习过 reindex 方法。简单来说，该方法是按照原有的 DataFrame 对象作为数据源的，然后对索引进行重排，从而生成一个新的 DataFrame 对象。

在重新构建索引的过程中，reindex 方法会按照索引来抽取原始 DataFrame 对应的值。新建索引的出现顺序可能不同于原始 DataFrame，这也是 reindex 中 "re（重建）" 的含义。如果新建索引在原始 DataFrame 对象中没有出现过，那么在新 DataFrame 对象中，会以 NaN（缺失值）表示，或用 fill_value 参数填充特定的值，或用 method 参数进行前向或后向填充。示例代码如下。

```
In [1]: import numpy as np, pandas as pd
In [2]: s1 = pd.Series([1,2,3,4], index = ['A','B','C','D'])
In [3]: print(s1)                            #原始 DataFrame
A    1
B    2
C    3
```

```
D    4
dtype: int64
In [4]: s2 = s1.reindex(index=['B','A','C','E','D'], fill_value = 10)
In [5]: print(s2)                              #新构建的 DataFrame
Out[5]:
B    2
A    1
C    3
E    10
D    4
dtype: int64
```

在 In [4]处，s2 的索引 A、B、C、D 均来自原始数据源 s1，但出现顺序不同。索引 E 没在 s1 中出现过，因此启用了填充值 10。除非新索引与旧索引完全相等，并设置参数 copy = False，否则利用 reindex 方法将生成一个新的对象。

4.5.2 设置索引

在数据分析过程中，为了增强数据的可读性或提升数据的可操作性，我们需要对数据表的索引进行设定，这时就需要用到 DataFrame 的 set_index 方法，其原型如下。

```
DataFrame.set_index(keys,drop = True,append = False,inplace = False,verify_integrity = False)
```

相关参数的含义如下。

- keys：表示需要设置为索引的列，如果不止一个列，则可用方括号将多个列括起来。

- drop：表示是否从原来普通列中删除已作为索引的列，默认为 True。

- append：表示是否将列追加到现有索引中，默认为 False。若将其设置为 False，则设置的索引将覆盖原索引，形成单索引；否则新旧索引并存，共同构成复合索引。

- inplace：布尔类型，表示当前操作是否对原数据生效，默认为 False。

- verify_integrity：表示是否检查新索引副本的完整性。当其为 False 时，为向后检测，这样会提高该方法的性能，默认为 False。

下面我们来举例说明 set_index 方法的使用。首先我们构造一个待处理的数据对象 df。

```
In [6]: df = pd.DataFrame({'month': [1,3,7,10],
                           'year': [2020,2018,2020,2022],
                           'sale': [55,40,84,31]})
In [7]: df                                    #输出验证
Out[7]:
```

	month	year	sale
0	1	2020	55
1	3	2018	40
2	7	2020	84
3	10	2022	31

从上面的输出可以看出，即使我们不显式设置行索引，Pandas 也会自动为 DataFrame 对象分配一个在范围 $0\sim n-1$ 内的整数型索引，其中 n 为数据的行数。set_index 方法的功能是可以把一个普通列转换为行索引。比如，我们可以把上述代码中的 month 作为索引。

```
In [8]: df.set_index('month')
Out[8]:
```

month	year	sale
1	2020	55
3	2018	40
7	2020	84
10	2022	31

实际上，上述代码返回的是 df 对象的一个视图，并没有真正影响到原始的 DataFrame 对象，我们可以输出 df 来查看。

```
In [9]: df                                    #输出验证
Out[9]:
```

	month	year	sale
0	1	2020	55
1	3	2018	40
2	87	2020	84
3	10	2022	31

如果想把设置索引的结果直接作用在原始 DataFrame 对象上，那么需要设置参数 inplace = True。

```
In [10]: df.set_index('month',inplace = True)
In [11]: df                                    #输出验证
Out[11]:
```

	year	sale
month		
1	2020	55
3	2018	40
7	2020	84
10	2022	31

从外观上看，month 实质上是从普通列的位置转换为行索引，角色发生了变化。

下面我们来看看 drop 参数的使用。首先我们来恢复 DataFrame 对象，然后重新设置索引，然后令 drop = False。

```
In [12]: df = pd.DataFrame({'month': [1,3,7,10],
                            'year': [2020,2018,2020,2022],
                            'sale': [55,40,84,31]})
In [13]: df.set_index('month',drop = False)
In [14]: df                                            #输出验证
Out[14]:
```

	month	year	sale
month			
1	1	2020	55
3	3	2018	40
7	7	2020	84
10	10	2022	31

从上面的输出可以看出，如果令 drop = False，那么这就意味着，即使 month 这个普通列被设置为索引，它也不会被普通列"除名（drop）"。此时，month 这个列既为索引列，又为普通列。通常来说，这么做意义不大，故一般维持 drop = True 的默认值即可。

最后，我们再来看看 append 参数的使用。假设允许 append = True，这就意味着，当把普通列变成索引后，它并不会覆盖旧索引，此时新旧两个索引并存，从而形成了多重索引的局面。

```
In [15]: df.set_index('month',append = True)
Out[15]:
```

		year	sale
	month		
0	1	2020	55
1	3	2018	40
2	7	2020	84
3	10	2022	31

多重索引在后面的章节会详细介绍，这里不做展开。

4.5.3 重置索引

前面提到了如何设置索引，那么有没有它的逆操作——重置索引呢？
是的，我们可以使用 reset_index 方法来重置索引。

重置索引分两种情况：① 原先显式设置了索引，现在想将索引恢复
为默认的整数型索引（0～n-1）；② 我们并没有显式设置索引，但通过数
据清洗，部分数据得以删除，原来的整数型索引（0～n-1）开始变得断断
续续，因此通过重置索引可以把余下的数据重新编号，即 0～n'-1；这里
的 n' 为剩余数据的行数。

我们先来说明第一种情况。在前文中，我们已经显式地将 month 设置
为索引。现在通过 reset_index 方法可以把 month 恢复为普通列，而数值型
索引会被还原，示例代码如下。

```
In [16]:                                             #恢复 df 的原始值
df = pd.DataFrame({'month': [1,3,7,10],
                   'year': [2020,2018,2020,2022],
                   'sale': [55,40,84,31]})
In [17]: df.set_index('month', inplace = True)       #设置索引
In [18]: df                                          #输出验证
Out[18]:
```

	year	sale
month		
1	2020	55
3	2018	40
7	2020	84
10	2022	31

```
In [19]: df.reset_index(inplace = True)              #第一种情况：恢复原来的索引
In [20]: df                                          #验证输出：month 被还原为普通列，数值型索引复位
Out[20]:
```

	month	year	sale
0	1	2020	55
1	3	2018	40
2	7	2020	84
3	10	2022	31

下面我们来说第二种情况。为了说明情况，我们先把前面的数据进行
改造，人为地添加部分缺失值，这样便于进行删除操作，进而造成数值型
索引的"残缺"。

```
In [21]: df_nan = pd.DataFrame({'month': [np.nan,3,7,10],
                                'year': [2020,2018,2020,2022],
                                'sale': [55,40,np.nan,31]})
```

```
In [22]: df_nan                              #输出验证
Out[22]:
```

	month	year	sale
0	NaN	2020	55.0
1	3.0	2018	40.0
2	7.0	2020	NaN
3	10.0	2022	31.0

从上面的输出可以看出，对象 df_nan 中有两处缺失值。下面我们将包含缺失值的行进行删除。

```
In [23]: df_nan.dropna(inplace = True)
In [24]: df_nan                              #输出验证
Out[24]:
```

	month	year	sale
1	3.0	2018	40.0
3	10.0	2022	31.0

从上面的输出可以看出，索引行只剩下"1"和"3"。这样的索引断断续续，不利于切片操作。于是，我们可以考虑重置索引。

```
In [25]: df_nan.reset_index()
In [26]: df_nan                              #输出验证
Out[26]:
```

	index	month	year	sale
0	1	3.0	2018	40.0
1	3	10.0	2022	31.0

我们看到，新的数值型索引的确被创建了（0~1），但原索引并没有被删除。此时，需要设置 drop = True 即可。

```
In [27]: df_nan.reset_index(drop = True)
Out[27]:
```

	month	year	sale
0	3.0	2018	40.0
1	10.0	2022	31.0

需要注意的是，上述操作返回的仍然是原 DataFrame 对象的一种视图，如果想让上述操作作用在原始对象上，需要设置 inplace = True。

此外，Series 对象也有 reset_index 方法。当需要将 Series 对象的原有索引当作普通列来处理，或者原索引无意义时，就需要将索引重置为默认值，即如 0~n-1 这样的整数索引值。通过这样的设置，还会产生一个额外的效果，那就是返回的对象不再是一个 Series 对象，而是一个 DataFrame 对象，示例代码如下。

```
In [28]: sales = pd.Series([147,200,52],index = ['上海','北京', '郑州'], name =
'销售额')
In [28]: sales.index.name = '城市'              #为索引赋名
In [29]: sales
Out[29]:
城市
上海    147
北京    200
郑州     52
Name: 销售额, dtype: int64
In [30]: sales.reset_index()                   #重置索引，将原索引"城市"变成普通列
Out[30]:
```

	城市	销售额
0	上海	147
1	北京	200
2	郑州	52

为什么在 Series 对象重置索引后，变成了 DataFrame 对象了呢？这是容易理解的，因为 Series 对象本身就有一个数据列，如果通过 reset_index 方法把原索引值变成了一个普通列，那么就形成了两个数据列，而两个以上的数据列就是一个 DataFrame 对象。上述代码的"销售额"原本就是 Series 的数据列，reset_index 方法把原本是索引的"城市"也变成一个普通列，于是两个数据列就构成了新的 DataFrame 对象。

4.5.4　分层索引

下面我们来讨论 Pandas 中广泛使用的分层索引（multiindex）。分层索引也称层次索引（hierarchical index）或多层索引，它是从索引类继承过来的。多级标签可用元组来表示。

创建分层索引的方法有很多种，其中最简单的一种方法是前文介绍的 set_index 方法，在该方法中设置一个或多个普通列并将其当作索引，在下面代码中，我们将 year 和 month 两列均设置为索引。

```
In [31]: df.set_index(['year','month'],inplace = True)
Out[31]:
```

year	month	index	sale
2020	1	0	55
2018	3	1	40
2020	7	2	84
2022	10	3	31

```
In [32]: df.index                              #显示索引
```

```
Out[32]: MultiIndex([(2020,1),
                      (2018,3),
                      (2020,7),
                      (2022,10)],
           names=['year','month'])
```

上述输出的分层索引并没有体现出太多层次感。下面我们就用更为专业的方法来生成分层索引。构建分层索引的方法主要包括：数组构建法（使用 from_arrays 方法）、元组构建法（使用 from_tuples 方法）、交叉笛卡儿积构建法（使用 from_product 方法）。

我们先从 from_arrays 方法开始讨论。首先我们来构造一个用于充当索引的数组。

```
In [33]: arrays = [["bar", "bar", "baz", "baz", "foo", "foo", "qux", "qux"],
["one", "two", "one", "two", "one", "two", "one", "two"]]
In [34]: index = pd.MultiIndex.from_arrays(arrays, names = ["first", "second"])
In [35]: index
Out[35]:
MultiIndex([('bar', 'one'),
            ('bar', 'two'),
            ('baz', 'one'),
            ('baz', 'two'),
            ('foo', 'one'),
            ('foo', 'two'),
            ('qux', 'one'),
            ('qux', 'two')],
           names=['first', 'second'])
```

在 In [34]处，由于有两列索引，因此可以为其分别取名为 first 和 second。在构造分层索引后，我们用随机数充当数据源，构造一个 Series 对象。

```
In [36]: s1 = pd.Series(np.random.randn(8), index = index)
In [37]: print(s1)
Out[37]:
first  second
bar    one     0.919845
       two     0.140297
baz    one    -1.224866
       two    -1.076417
foo    one     0.498737
       two    -0.742233
qux    one    -0.417350
       two    -0.064440
dtype: float64
```

　　构造分层索引的目的在于，能够简洁地抽取数据的子集。如我们选择外层索引为 bar 的数据子集，可以使用以下方法。

```
In [38]: s1['bar']                    #使用外层行索引
Out[38]:
second
one    0.919845
two    0.140297
dtype: float64
```

　　分层索引的内部索引也是可以用的。在上述例子中，我们可以用内外两层索引来锁定数据，并且每层索引关键字（key）都用方括号括起来。

```
In [39]: s1['bar']['one']            #使用两层行索引
Out[39]: 0.9198451897450299
```

　　上述使用两级索引的方式是具有 C 语言风格的，事实上，我们可以使用具有 NumPy 风格的下标方法，即去掉方括号，用逗号将两个不同层级的索引分隔开。

```
In [40]: s1['bar','one']             #使用两层行索引
Out[40]: 0.9198451897450299
```

　　类似于单层索引，分层索引也支持切片操作。如我们想获得从外层 bar 到内层 baz 之间数据，可以使用以下方法。

```
In [41]: s1['bar':'baz']             #使用外层索引的切片
Out[41]:
first  second
bar    one       0.919845
       two       0.140297
baz    one      -1.224866
       two      -1.076417
dtype: float64
```

　　需要注意的是，使用字符串类型的切片，左右都是闭区间，也就是说，切片的边界都能取到值。

　　若访问的数据不连续，则不能使用切片，而需要使用 loc 方法，然后将不同的索引放置在列表中，让列表整体充当提取数据子集的下标，示例代码如下。

```
In [42]: s1.loc[['bar','qux']]       #访问不连续数据
Out[42]:
first  second
bar    one       0.919845
       two       0.140297
qux    one      -0.417350
```

```
            two      -0.064440
dtype: float64
```

当然，我们还可以只使用内层索引，如只访问内部索引为 one 的数据。

```
In [43]: s1.loc[:,'one']                          #访问内层索引对应的数据
Out[43]:
first
bar  -1.428141
baz   0.565583
foo   0.233680
qux   0.454342
dtype: float64
```

需要注意的是，对于两层索引而言，若对 loc 方法中逗号之前的外部索引不加以限制，则用冒号 ":" 表示。这样 "里应外合" 就能快速定位我们想要的数据子集。

以上操作是针对 Series 对象而言的。下面我们以 DataFrame 对象为例来说明其他相关方法的使用。首先，我们利用 from_product 方法来构造一个多层索引，并将其作为列的索引。

```
In [44]: iterables = [['数学','化学'],['第一学期','第二学期']]
In [45]: columns = pd.MultiIndex.from_product(iterables)
In [46]: columns
Out[46]: MultiIndex([('数学', '第一学期'),
                     ('数学', '第二学期'),
                     ('化学', '第一学期'),
                     ('化学', '第二学期')])
```

在上述代码中，product 表示乘积，这里具体是指笛卡儿积。笛卡儿积（cartesian product）又称直积，可简单表示为 X × Y，第一个对象是 X 的成员，而第二个对象是 Y 的成员，每个来自 X 中的元素与每个来自 Y 中的元素共同构成所有可能的有序对集合。

下面我们再利用元组（使用 from_tuples 方法）构造行方向的分层索引。我们还是用随机数来模拟学生成绩，从而构造分层索引的数据源。

```
In [47]:
index = pd.MultiIndex.from_tuples([('1班','李四'),
                                   ('1班','张三'),
                                   ('2班','赵六'),
                                   ('2班','王五')])

In [48]: index
Out[48]:
MultiIndex([('1班','李四'),
           ('1班','张三'),
```

```
              ('2班','赵六'),
              ('2班','王五')],
            )
In [49]:
import numpy as np
df_class = pd.DataFrame(np.random.randint(60,100,size = (4,4)),columns =
columns, index = index)
In [50]: df_class.index.names = ['班级','姓名']
In [51]: df_class
Out[51]:
```

班级	姓名	数学		化学	
		第一学期	第二学期	第一学期	第二学期
1班	李四	99	92	73	92
	张三	66	61	86	84
2班	赵六	86	82	69	70
	王五	67	97	89	77

以上我们构造了一个行和列都是分层索引的 DataFrame 对象 df_class。下面我们来看看如何通过索引方式来抽取这个数据集中的子集。

首先来说在列方向的操作。类似于普通的单层列索引的方式，在多层列索引中，我们直接用"DataFrame 对象['列索引']"的方式即可访问对应索引的列。

```
In [52]: df_class['数学']                               #在列方向，使用单层索引
Out[52]:
```

班级	姓名	第一学期	第二学期
1班	李四	75	79
	张三	89	85
2班	赵六	85	88
	王五	64	80

在列方向的索引，同样可以使用多层索引，从而更为精准地定位目标列。

```
In [53]: df_class['数学']['第一学期']                    #在列的方向，使用两级索引①
Out[53]:
班级  姓名
1班  李四     75
```

---

① 代码等价于 df_class['数学','第一学期']

```
        张三      89
2 班    赵六      85
        王五      64
Name: 第一学期, dtype: int64
```

对于 DataFrame 对象，如果我们想提取行方向索引对应的数据，那么就不能直接用方括号加上索引 key 的方式来提取数据，而是要用 loc[ ]加上行索引的方法来完成局部数据的提取。如前面的章节所述，loc 方法内的参数都是行或列的标签（即索引）。对于外层的单级索引，直接提供对应的索引名称即可。

```
In [54]:  df_class.loc['1 班',:]        #在行方向，取单个层级的数据
Out[54]:
```

姓名	数学		化学	
	第一学期	第二学期	第一学期	第二学期
李四	75	79	68	87
张三	89	85	91	60

在上述代码中，逗号前是对行的操作，逗号后是对列的操作，其后冒号表示对列不加以限制，即全部列都可以取到。如果对列没有限制条件，那么可以省略，此时 In[54]处的代码等价于 df_class.loc['1 班']。

在行方向，我们也可以使用多层索引。但这时需要注意，在使用多层索引时，需要用元组将其打包起来，示例代码如下。

```
In [55]: df_class.loc[('1 班','李四'),:]      #在行方向，取两层索引
Out[55]:
数学   第一学期   75
       第二学期   79
化学   第一学期   68
       第二学期   87
Name: (1 班, 李四), dtype: int64
```

在上述代码中，('1 班','李四')这个元组表示行方向的索引，其后的冒号表示在列方向的索引不加以限制，即全部列都要取到，In[55]处的代码等价于 df_class. loc[('1 班','李四')]。

当然，我们也可以在列方向使用多层索引。类似地，对于 loc 方法中的多层列索引，也要用元组将其打包起来，示例代码如下。

```
In [56]: df_class.loc[('1 班','李四'),('数学','第二学期')]
                      #在行、列方向分别取两层索引
Out[56]: 79
```

4.5.5　实战：《指环王》台词数量分析

通过前面的学习，我们通过一个实战案例来打磨前文所学的知识[①]。本例所用的数据集为 WordsByCharacter.csv。这个 CSV 文件记录了《指环王》（又译作《魔戒》）三部曲中的每部电影（Film）在每个章节（Chapter）中出场的每个人物（Character）、每个种族（Race）所说台词的数量。

你知道吗？

广为人知的《指环王》三部曲分别为《护戒使者》（The Fellowship of the Ring）、《双塔奇兵》（The Two Towers）、《王者归来》（The Return of the King）。

我们先导入这个数据集，并显示前 5 行，感性地认识一下这个数据集。

```
In [1]: import pandas as pd
In [2]: df_movie = pd.read_csv('WordsByCharacter.csv')
In [3]: df_movie.head()                              #显示前 5 行
Out[3]:
```

	Film	Chapter	Character	Race	Words
0	The Fellowship Of The Ring	01: Prologue	Bilbo	Hobbit	4
1	The Fellowship Of The Ring	01: Prologue	Elrond	Elf	5
2	The Fellowship Of The Ring	01: Prologue	Galadriel	Elf	460
3	The Fellowship Of The Ring	01: Prologue	Gollum	Gollum	20
4	The Fellowship Of The Ring	02: Concerning Hobbits	Bilbo	Hobbit	214

现在我们将前 4 个普通列设置为索引。这 4 个列就构成了一个分层索引，然后我们对索引进行简单的排序。设置完毕后，普通列就剩下一个"Words"了。

```
In [4]: multi_df = df_movie.set_index(['Film','Chapter','Race','Character']).
sort_index()                                    #设置多层索引，并对索引进行排序
In [5]: multi_df                                    #输出验证
Out[5]:
```

Film	Chapter	Race	Character	Words
The Fellowship Of The Ring	01: Prologue	Elf	Elrond	5
			Galadriel	460
		Gollum	Gollum	20
		Hobbit	Bilbo	4
	02: Concerning Hobbits	Hobbit	Bilbo	214
...	...	...	...	...
The Two Towers	65: The Battle For Middle Earth Is About To Begin	Hobbit	Sam	69
	66: Gollum's Plan	Gollum	Gollum	75
			Smeagol	53
		Hobbit	Frodo	11
			Sam	12

731 rows × 1 columns

---

① 参考资料：Byron Dolon. How to Use MultiIndex in Pandas to Level Up Your Analysis

```
In [6]: multi_df.index.names                    #输出分层索引名称
Out[6]: FrozenList(['Film','Chapter','Race','Character'])
```

下面我们用如下 4 个小任务来巩固前面所学的有关索引的知识。

任务 1：哪些角色在《护戒使者》的第一章有台词？

电影名称第一级行索引为"Film"，《护戒使者》的行索引为"The Fellowship Of The Ring"。章节对应的是二级索引"Chapter"，第一章对应的行索引值为"01: Prologue"，现在将这两级索引用元组打包，由于对列方向不做限制，于是列索引用冒号表示，后置冒号也可以省略。行和列的索引用逗号隔开。于是，完成任务 1 的代码如下[①]。

```
In [6]: multi_df.loc[('The Fellowship Of The Ring', '01: Prologue'), :]
Out[6]:
```

Race	Character	Words
Elf	Elrond	5
	Galadriel	460
Gollum	Gollum	20
Hobbit	Bilbo	4

从上述输出可以看出，在《护戒使者》的第一章，Elf（精灵族）的凯兰崔尔（Galadriel）[②]的台词特别多，即使我们不知道她说了什么，但是从她说了这么多话就可推测出此人非同寻常。

任务 2：在《护戒使者》中最先有台词的三位精灵都是谁？

类似于任务 1，我们可以通过定义行索引的范围来快速定位我们感兴趣的数据子集。《护戒使者》对应第一级行索引，它的索引值为"The Fellowship Of The Ring"。在二级索引中，我们没有限制章节，这时就有一个小技巧值得注意，用 slice(None)表示某个维度的索引全部都要取到，但在三级索引中，在"种族"上对应的索引为"Elf"，这三个行索引需要打包成一个元组，共同表示行索引，而列索引不加以限制，还是用冒号代替。于是，完成任务 2 的代码如下。

```
In [7]: multi_df.loc[('The Fellowship Of The Ring',slice(None),'Elf'), :].head(3)
Out[7]:
```

Chapter	Character	Words
01: Prologue	Elrond	5

[①] 事实上，如果没有对列做限制，那么对列操作的冒号可以删除。由于没有语义歧义，因此对行索引元组的那一对圆括号也可以省略。读者可以自行尝试操作并验证。

[②] 凯兰崔尔这个名字是辛达林语，意思是"头戴光芒四射花环的少女"。她是黄金树林的女主人（Lady of the Woods）。精灵三戒之一。

	Galadriel	460
21: Flight To The Ford	Arwen	131
22: Rivendell	Elrond	7
23: Many Meetings	Elrond	5
24: The Fate Of The Ring	Elrond	260
25: The Sword That Was Broken	Arwen	47
26: The Evenstar	Arwen	57

任务 3：在《双塔奇兵》中，如何对甘道夫和萨鲁曼在每章的台词进行计数？

通过上述分析，实现该任务的核心就是如何准确地描述行索引。在 Film 层索引，《双塔奇兵》对应的索引为 The Two Towers，而在 Chapter 和 Race 都没有做限制，因此分别都用 slice(None) 来表示。在 Character 层索引，有两个值：甘道夫（Gandalf）和萨鲁曼[①]（Saruman），于是，把这两个值封装为一个列表['Gandalf','Saruman']。最终 4 个行方向的索引打包成一个元组。而在列方向，依然用冒号来表达全部都要取到。

在行索引和列索引都确定后，实现任务 3 的代码就很容易写好。

```
In [8]: Gandalf_df = multi_df.loc[('The Two Towers',slice(None),slice(None),
['Gandalf','Saruman']), :]
In [9]: Gandalf_df
Out[9]:
```

				Words
Film	Chapter	Race	Character	
The Two Towers	01: The Foundations Of Stone	Ainur	Gandalf	39
	15: The White Rider	Ainur	Gandalf	298
	17: The Heir Of Númenor	Ainur	Gandalf	226
	20: The King Of The Golden Hall	Ainur	Gandalf	151
	22: Simbelmynë on the Burial Mounds	Ainur	Gandalf	28
	23: The King's Decision	Ainur	Gandalf	165
	58: Forth Eorlingas	Ainur	Gandalf	21
	65: The Battle For Middle Earth Is About To Begin	Ainur	Gandalf	36
	06: The Burning of the Westfold	Ainur	Saruman	187
	25: The Ring Of Barahir	Ainur	Saruman	68
	27: Exodus From Edoras	Ainur	Saruman	4
	36: Isengard Unleashed	Ainur	Saruman	50

---

① 甘道夫在第三纪元时以巫师身份协助对抗索伦在中土的势力。萨鲁曼在第三纪元时先以巫师身份暗助反抗索伦（魔王），后因诱惑而成为反派势力。

我们可以对任务 3 进行简单的改造，问在《双塔奇兵》中，要求将甘道夫和萨鲁曼每章台词数量进行降序排序，该如何做呢？解决方案并不复杂，就是在上述方法的基础上对 Words 这一列进行排序，示例代码如下。

```
In [10]: Gandalf_df.sort_values(by = 'Words', ascending = False)
Out[10]:
```

Film	Chapter	Race	Character	Words
The Two Towers	15: The White Rider	Ainur	Gandalf	298
	17: The Heir Of Númenor	Ainur	Gandalf	226
	06: The Burning of the Westfold	Ainur	Saruman	187
	23: The King's Decision	Ainur	Gandalf	165
	20: The King Of The Golden Hall	Ainur	Gandalf	151
	25: The Ring Of Barahir	Ainur	Saruman	68
	36: Isengard Unleashed	Ainur	Saruman	50
	01: The Foundations Of Stone	Ainur	Gandalf	39
	65: The Battle For Middle Earth Is About To Begin	Ainur	Gandalf	36
	22: Simbelmynë on the Burial Mounds	Ainur	Gandalf	28
	58: Forth Eorlingas	Ainur	Gandalf	21
	27: Exodus From Edoras	Ainur	Saruman	4

如果我们在上述任务的基础上继续增加难度，要求给出台词数量排名前 5 名的角色，该如何实现呢？代码在上述基础上稍做修改即可实现该任务。

```
In [11]: Gandalf_df.sort_values(by = 'Words', ascending = False).head(5)
#此处 head 方法中的参数 5 可以省略
Out[11]:
```

Film	Chapter	Race	Character	Words
The Two Towers	15: The White Rider	Ainur	Gandalf	298
	17: The Heir Of Númenor	Ainur	Gandalf	226
	06: The Burning of the Westfold	Ainur	Saruman	187
	23: The King's Decision	Ainur	Gandalf	165
	20: The King Of The Golden Hall	Ainur	Gandalf	151

任务 4：统计甘道夫在所有电影中的总台词数？

在前面的任务中，我们仅在一部电影中做一些统计，现在任务 4 要求统计甘道夫在所有电影中的总台词数，这里就需要用到在分层索引中一个好用的方法 xs，该方法返回特定索引对应的交叉区（cross-section）的数据值。此方法接收一个索引的 key 参数，以在分层索引的特定级别上选择数据。

因此，为了完成任务 4 就需要在 level（索引级别）锁定 Character，在这个级别的索引为 Gandalf，示例代码如下。

```
In [12]: Gandalf_df2 = multi_df.xs('Gandalf',level = 'Character')
In [13]: Gandalf_df2                                              #输出验证
Out[13]:
```

Film	Chapter	Race	Words
The Fellowship Of The Ring	03: The Shire	Ainur	197
	04: Very Old Friends	Ainur	64
	05: A Long Expected Party	Ainur	12
	06: Farewell Dear Bilbo	Ainur	148
	07: Keep It Secret Keep It Safe	Ainur	60
	08: The Account of Isildur	Ainur	107
部分数据…	10: The Shadow Of The Past	Ainur	541
	12: Saruman The White	Ainur	85
	20: The Caverns Of Isengard	Ainur	5
	23: Many Meetings	Ainur	104
	24: The Fate Of The Ring	Ainur	102
	27: The Council Of Elrond	Ainur	85
	30: The Departure Of The Fellowship	Ainur	7

```
In [14]: Gandalf_df2.sum()                                       #求和
Out[14]:
Words    4828
dtype: int64
```

4.6　数据的融合与堆叠

在实际数据分析中，可能会有来自不同数据源的数据，这时，就涉及数据的融合或堆叠。在 Pandas 中，常用三个方法 merge、concat 和 append 来完成融合两个或者多个 DataFrame 对象。其中，merge 方法横向按键（key）连接 DataFrame 对象，而 concat 方法按轴（axis）连接 DataFrame 对象，append 方法默认纵向连接 DataFrame 对象。下面简要介绍这些方法的使用。

4.6.1　merge 按键数据融合

类似于关系型数据库的连接方式，merge 方法可以根据一个或多个键将不同的 DataFrame 对象连接起来。该方法支持左连接、右连接、内连接和外连接等 SQL 连接类型。其典型应用场景是，对于主键（primary key）

存在于两张不同字段的表，根据主键将其整合到一张表中。merge 方法的原型如下。

```
DataFrame.merge(left,right,how = 'inner',on = None,left_on = None,right_on = None,left_index = False,right_index = False,sort = False,suffixes = ('_x','_y'),copy = True,indicator = False,validate = None)
```

merge 方法的主要参数及其功能如表 4-3 所示。

表 4-3 merge 方法的主要参数及其功能

参数名称	功能说明
left	待合并的左侧 DataFrame 对象
right	待合并的右侧 DataFrame 对象
how	两个 DataFrame 对象的连接方式，包括 inner（内连接）、left（左连接）、right（右连接）、outer（外连接）、cross（笛卡儿积连接），默认为 inner
on	用于连接的列索引名称。如果将该参数作为连接键，则该键必须共存于左右两个 DataFrame 对象中，且没有指定其他参数（如 left_on 或 right_on），以两个 DataFrame 相同的键作为共享连接键
left_on	左侧 DataFrame 中用于连接键的列名。该参数在左右 DataFrame 对象的列名不同但表示的含义相同时，会用到
right_on	右侧 DataFrame 中用于连接键的列名
left_index	使用左侧 DataFrame 中的行索引作为连接键
right_index	使用右侧 DataFrame 中的行索引作为连接键
sort	默认为 True，将合并的数据进行排序，当将其设置为 False 时，可以提高性能
suffixes	用于指定当左右 DataFrame 对象存在相同列名时，在列名后面附加的后缀名称以示区别来自不同的 DataFrame，默认为('_x','_y')
copy	默认为 True，表示总是复制副本，当将其设置为 False 时，可以提高性能
indicator	显示合并数据的来源情况
validate	指定验证方式。检测 merge 方法的合并方式，这些合并方式包括一对一（1:1）、一对多（1:m）、多对一（m:1）或多对多（m:m）

从上面的参数说明可以看出，merge 方法一次只能完成两个 DataFrame 对象的连接，若有三个及以上的表，则需要重复多次两两合并来实现。DataFrame 对象本身也有这个方法，如果使用 DataFrame 对象来调用这个方法，则没有 left 参数，当前的 DataFrame 对象充当了 left 所指代的对象。下面举例说明该方法的应用。

```
In [1]: import pandas as pd
In [2]: left = pd.DataFrame({'lkey': ['A','B','C','D'],
                             'value': [1,2,3,5]})
In [3]: right = pd.DataFrame({'rkey': ['B','D','E','F'],
                              'value': [5,6,7,8]})
In [4]: left                              #输出验证
Out[4]:
```

	lkey	value
0	A	1

```
        1    B    2
        2    C    3
        3    D    5
In [5]: right                                    #输出验证
Out[5]:
```

	rkey	value
0	B	5
1	D	6
2	E	7
3	F	8

```
In [6]: pd.merge(left, right, left_on = 'lkey',right_on = 'rkey' )
Out[6]:
```

	lkey	value_x	rkey	value_y
0	B	2	B	5
1	D	5	D	6

```
In [7]: left.merge(right, left_on = 'lkey',right_on = 'rkey')  #与 In [6]等价
Out[7]:
```

	lkey	value_x	rkey	value_y
0	B	2	B	5
1	D	5	D	6

　　从 In [6]处可以看出，左边的二维表（left）"派出"主键 lkey 和右边的二维表（right）"派出"的主键 rkey 进行一一对应，提取并融合数据。此外，可以观察到，被合并的左右两个 DataFrame 对象中，都有一个列名为 value，在合并这两个对象时，这两个列分别被添加了不同的后缀，变成了 value_x 和 value_y，以示区别。

　　从上面的输出还可以看出，In [6]处的代码和 In [7]处的代码在功能上是等价的。若令 Pandas 作为主体，则需要两个 DataFrame 对象，分别充当左右数据源（In [6]）；若令某个 DataFrame 作为主体，因为它本身就是一个数据源，则只需要再提供一个数据源用于合并即可（In [7]）。

> **思考**
>
> 细心读者会发现，In [6]和 In [7]运行的结果是一样的，请读者思考其原因。其他数据情况也是这样吗？读者自行可以实践验证。

　　参数 left_on、right_on 主要用于两张表中的主键名称不同、但功能相同的两张表的合并。这就好比，某国的外交部部长和另一国的国务卿是对等的，但称呼上却不同，但在会谈时，一方派出外交部部长（使用 left_on），另一方则派出国务卿（使用 right_on）。如果用于合并的左右两张表所用的主键名称是相同的，则只需要使用一个参数 on 即可。示例代码如下。

```
In [8]: left = pd.DataFrame({'key': ['A','B','C','D'],
                             'value': [1,2,3,5]})
In [9]: right = pd.DataFrame({'key': ['B','D','E','F'],
                              'value': [5,6,7,8]})
```

```
In [10]: pd.merge(left,right,on ='key')
Out[10]:
```

	key	value_x	value_y
0	B	2	5
1	D	5	6

在上述代码中，由于用于合并的 DataFrame 对象 left 和 right 都有一个共享的主键 key，因此启用参数 on 即可（见 In [10]）。

由以上的输出可以发现，合并之后的数据表在行方向上的数量变少了。之所以会这样，是因为在默认情况下，Pandas 连接方式（参数为 how）采用了内联（inner join）模式。在 Pandas 中，常见的两张表连接方式有 4 种，分别是 inner（内连接）、left（左连接）、right（右连接）和 outer（外连接），相关示意图如图 4-8 所示[①]。

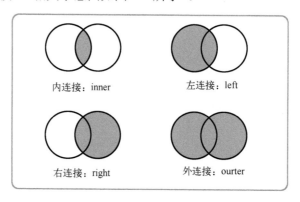

内连接：inner　　　　左连接：left

右连接：right　　　　外连接：ourter

图 4-8　两个 DataFrame 对象的连接方式

简单来说，内连接就是取左右两张表连接主键的交集。针对上述案例，In [10]处等价的代码如下。

```
In [11]: pd.merge(left,right,on ='key',how = 'inner')
```

在 key 这个主键上，来自 left 表的值有{A、B、C、D}、来自 right 表的值有{B、D、E、F}，二者的交集为{B、D}，交集之处的行都被舍弃，如图 4-9 所示。

左连接的意义也不复杂，它表示左表的主键全部保留（对应的数据自然也保留），而右表仅保留与左表主键有交集的部分行。如果左表的主键在右表中没有对应的数据，则用 NaN（缺失值）填充。示例代码如下，对应的示意图如图 4-10 所示。

```
In [12]: pd.merge(left,right,on = 'key',how = 'left')
```

[①] 在 Pandas 较新的版本（ver 1.2+）中，还支持 cross 连接方式，即笛卡儿积连接方式，左右两张表的主键两两组合构成每一行。

```
Out[12]:
```

	key	value_x	value_y
0	A	1	NaN
1	B	2	5.0
2	C	3	NaN
3	D	5	6.0

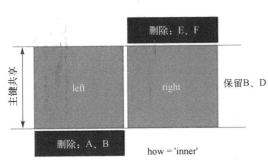
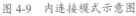

图 4-9　内连接模式示意图

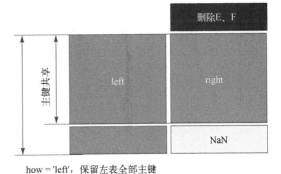

图 4-10　左连接模式示意图

与左连接相反的操作是右连接，它表示的右表的主键全部保留，而左表仅保留与右表主键的交集部分，多余主键对应的数据则被删除。如果右表的主键在左表中没有对应的数据，则用 NaN（缺失值）填充。示例代码如下，对应的示意图如图 4-11 所示。

```
In [13: pd.merge(left,right,on ='key',how = 'right')
Out[13]:
```

	key	value_x	value_y
0	B	2.0	5
1	D	5.0	6
2	E	NaN	7
3	F	NaN	8

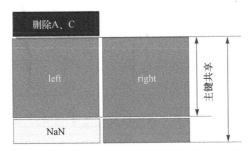

保留右表全部主键，how = 'right'

图 4-11　右连接模式意图

　　外连接其实就相当于并集，它保留参与连接的左右两张表的所有主键，如果一张表的主键在另一张表中无值，则用 NaN 来填充。示例代码如下，对应的示意图如图 4-12 所示。

```
In [14]: pd.merge(left,right,on ='key',how = 'outer')
Out[14]:
```

	key	value_x	value_y
0	A	1.0	NaN
1	B	2.0	5.0
2	C	3.0	NaN
3	D	5.0	6.0
4	E	NaN	7.0
5	F	NaN	8.0

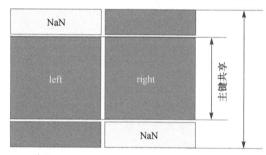

保留左右两个表的全部主键，how = 'outer'

图 4-12　外连接模式示意图

4.6.2　concat 按轴堆叠数据

　　如果要合并的 DataFrame 对象之间没有连接键，或者想一次性地堆叠两个以上 DataFrame 对象，merge 方法就无法解决了，这时，可以使用 Pandas 中的 concat 方法。该方法的原型如下。

```
pandas.concat(objs,axis = 0,join = 'outer',ignore_index = False,keys = None,
levels = None,names = None,verify_integrity = False,sort = False,copy = True)
```

　　concat 方法的主要参数及其功能如表 4-4 所示。

表 4-4　concat 方法的主要参数及其功能

参数	功能
objs	需要连接的对象集合，一般是由多个 Series 或 DataFrame 对象构成的列表
axis	连接的轴方向。取值为 0 或 index 表示垂直方向，或取值 1 或 columns 表示水平方向，默认值为 0
join	连接方式，取值为 outer（外连接）或 inner（内连接），默认为外连接
ignore_index	布尔值，表示是否重建索引
keys	创建分层索引

在默认情况下，concat 方法会在行方向（即垂直方向，axis = 0）进行堆叠数据。若要在列方向（即水平方向）连接不同数据对象，则需要显式设置 axis = 1。下面用代码来说明该方法的使用。首先来讨论三个 Series 对象的合并。

```
In [1]: import pandas as pd,numpy as np
In [2]: s1 = pd.Series(np.arange(0,2),index = list('ab'))
In [3]: s2 = pd.Series(np.arange(2,5),index = list('ade'))
In [4]: s3 = pd.Series(np.arange(5,7),index = list('ef'))
In [5]: pd.concat([s1,s2,s3])                    #同时合并多个 Series 对象
Out[5]:
a    0
b    1
a    2
d    3
e    4
e    5
f    6
dtype: int64
```

在 In [5]处，我们同时在行方向合并了三个 Series 对象。可以看到，合并到一起的数据，它们的索引是有重复的，比如，有两个值的索引为"a"，两个值的索引为"e"，因此不容易根据索引来区分彼此。为了方便区分不同的数据源，我们利用参数 keys 来形成分层索引。分层索引的使用方法请参见 4.5.4 节。

```
In [6]: pd.concat([s1,s2,s3],keys = ['s1','s2','s3'])
Out[6]:
s1  a    0
    b    1
s2  a    2
    d    3
    e    4
s3  e    5
    f    6
dtype: int64
```

从上面代码的输出可以看到，前两个索引 a 和 b 来自数据源 s1，中间三个索引 a、d 和 e 来自数据源 s2，最后两个索引 e 和 f 来自数据源 s3，这样一来，相同的内部索引在不同外部索引的"加持"下，彼此之间进行了区分。

以上堆叠操作是以 Series 为操作对象的。下面再来说明两个 DataFrame 对象的堆叠，首先我们构造两个备用的 DataFrame 对象 df1 和 df2。

```
In [7]:
```

```
df1 = pd.DataFrame({'A': ['A0', 'A1', 'A2', 'A3'],
                    'B': ['B0', 'B1', 'B2', 'B3'],
                    'C': ['C0', 'C1', 'C2', 'C3'],
                    'D': ['D0', 'D1', 'D2', 'D3']})
In [8]:
df2 = pd.DataFrame({'A': ['A4', 'A5', 'A6', 'A7'],
                    'B': ['B4', 'B5', 'B6', 'B7'],
                    'C': ['C4', 'C5', 'C6', 'C7'],
                    'D': ['D4', 'D5', 'D6', 'D7']})
In [9]: df1                                          #输出验证
Out[9]:
```

	A	B	C	D
0	A0	B0	C0	D0
1	A1	B1	C1	D1
2	A2	B2	C2	D2
3	A3	B3	C3	D3

```
In [10]: df2                                         #输出验证
Out[10]:
```

	A	B	C	D
0	A4	B4	C4	D4
1	A5	B5	C5	D5
2	A6	B6	C6	D6
3	A7	B7	C7	D7

下面我们启用 concat 方法的默认配置，在列方向连接 df1 和 df2。

```
In [11]: combined = pd.concat([df1, df2])
In [12]: combined
Out[12]:
```

	A	B	C	D
0	A0	B0	C0	D0
1	A1	B1	C1	D1
2	A2	B2	C2	D2
3	A3	B3	C3	D3
0	A4	B4	C4	D4
1	A5	B5	C5	D5
2	A6	B6	C6	D6
3	A7	B7	C7	D7

从以上输出可以看出，df1 和 df2 的确在列方向合并在一起。但我们也注意到，concat 方法保留了每个子 DataFrame 的行索引，所以在合并之后的 DataFrame 中，相同的行索引（0～3）出现了两次。其实，我们可以通过设置 ignore_index = False 来解决这个问题，示例代码如下。

```
In [13]: combined = pd.concat([df1, df2], ignore_index = True)
In [14]: combined
Out[14]:
```

	A	B	C	D
0	A0	B0	C0	D0
1	A1	B1	C1	D1
2	A2	B2	C2	D2
3	A3	B3	C3	D3
4	A4	B4	C4	D4
5	A5	B5	C5	D5
6	A6	B6	C6	D6
7	A7	B7	C7	D7

从以上输出可以看出，在设置了 ignore_index = True 后，合并后的 DataFrame 对行索引重新进行了编号（0～7）。此外，需要说明的是，concat 方法可以一次性连接超过两个以上 DataFrame 对象，即将多个 DataFrame 对象同时放到列表的方括号内即可。

类似于前面 Series 的操作方法，有时我们需要在合并后的数据表中区分数据来源。这时，我们可以启用 concat 方法中的参数 keys，keys 的赋值是一个列表，在这个列表中，我们可以分别为不同数据源分别设置一个区分彼此的键（key），相当于为不同的 DataFrame 对象取一个别名，本质上，这就是做了一个分层索引，其中 keys 充当了外层索引。

```
In [15]: combined = pd.concat([df1, df2], keys = ['上表', '下表'])
In [16]: combined
Out[16]:
```

		A	B	C	D
上表	0	A0	B0	C0	D0
	1	A1	B1	C1	D1
	2	A2	B2	C2	D2
	3	A3	B3	C3	D3
下表	0	A4	B4	C4	D4
	1	A5	B5	C5	D5
	2	A6	B6	C6	D6
	3	A7	B7	C7	D7

利用 4.5 节介绍的内容，我们可以利用 loc 方法来访问特定的行或列的数据子集。示例代码如下。

```
In [17]: combined.loc['上表']
```

```
Out[17]:
      A   B   C   D
0    A0  B0  C0  D0
1    A1  B1  C1  D1
2    A2  B2  C2  D2
3    A3  B3  C3  D3
In [18]: combined.loc['下表']
Out[18]:
      A   B   C   D
0    A4  B4  C4  D4
1    A5  B5  C5  D5
2    A6  B6  C6  D6
3    A7  B7  C7  D7
In [19]: combined.loc['下表', 'A']      #利用双层索引访问下表（df2）中的第 A 列
Out[19]:
0    A4
1    A5
2    A6
3    A7
Name: A, dtype: object
In [20]: combined.loc['下表', 'B':'C']   #利用双层索引访问下表（df2）中的第 B 列～第 C 列
Out[20]:
      B   C
0    B4  C4
1    B5  C5
2    B6  C6
3    B7  C7
```

事实上，concat 方法也支持在水平方向的连接，此时设置 axis = 1 即可。需要注意的是，concat 方法默认的连接方式为外连接，如果想设置其他连接方式，如内连接，需要显式设置 join = 'inner'，这与前面介绍的 merge 方法类似，这里不再展开讨论。

4.6.3　append 数据项追加

下面我们来讨论 append 方法的使用。默认该方法的操作效果与 concat 方法大致相同，都是实现两个 DataFrame 或 Series 对象在列方向的连接。事实上，append 方法可以被视作 concat 方法的早期实现版本。append 方法在 Pandas 1.4 及以上版本中失效，需要用 df._append 代替 df.append 或直接用 cancat 方法代替 append 方法。该方法的原型如下。

```
DataFrame.append(other,ignore_index = False,verify_integrity = False,sort = False)
```

append 方法的应用范例如下。

```
In [21]: df1 = pd.DataFrame([[1,2],[3,4]],columns = list('AB'),index = ['x',
'y'])
    In [22]: df1                              #输出验证
    Out[22]:
```

	A	B
x	1	2
y	3	4

```
    In [23]: df2 = pd.DataFrame([[5,6],[7,8]],columns = list('AB'),index = ['x',
'y'])
    In [24]: df2                              #输出验证
    Out[24]:
```

	A	B
x	5	6
y	7	8

```
In [25]: df1.append(df2)
Out[25]:
```

	A	B
x	1	2
y	3	4
x	5	6
y	7	8

从上面的输出可以看出，我们得到了与使用 concat 方法同样的结果。由于 append 方法也保留了每个子 DataFrame 的行索引，所以在合并后的数据中，出现了重复的行索引（如 x 和 y）。我们同样可以通过设置 ignore_index = True 来解决这个问题，示例代码如下。

```
In [26]: df1.append(df2,ignore_index = True)
Out[26]:
```

	A	B
0	1	2
1	3	4
2	5	6
3	7	8

4.7　数据的聚合和分组操作

数据聚合（aggregation）和分组是数据分析工作的重要环节。本节我们来介绍 Pandas 的聚合和分组方法。

4.7.1　聚合操作

在 Pandas 中，聚合侧重于描述将多个数据按照某种规则（即特定函数）"融合"在一起，变成一个标量（即单个数值）的数据转换过程。聚合与张量的约减（reduction）有相通之处。

聚合的流程大致是这样的：先根据一个或多个键（通常对应列索引）拆分 Pandas 对象（变成若干个子 Series 或子 DataFrame 等）。

然后，根据分组信息对每个数据块应用某个函数，这些函数多为统计意义上的函数，包括但不限于最小值（min）、最大值（max）、平均值（mean）、中位数（median）、众数（mode）、计数（count）、去重计数（unique）、求和（sum）、标准差（std）、var（方差）、偏度（skew）、峰度（kurt）及用户自定义函数。需要注意的是，在聚合过程中，缺失值（NaN）不参与运算。

我们可以通过 Pandas 提供的 agg 方法来实施聚合操作。agg 方法仅是聚合操作的"壳"，其中的各个参数（特别是函数名）才是实施具体操作的"瓤"。通过设置参数，可以将一个函数作用在一个或多个列上。

给 agg 方法中的函数参数赋值是有讲究的。如果这些函数名是由 Pandas 官方提供的，如 mean、median 等，则以字符串的形式出现（即用双引号或单引号将其括起来）。以前文提到的工资数据集为例，如果我们想统计工资（salary）的最小值、最大值、均值及中位数，则可以利用聚合函数同时设置多个统计参数，便可完成工作（数据集 Salaries.csv 可参见随书源代码）。

```
In [1]: import pandas as pd
In [2]: import numpy as np
In [3]: df = pd.read_csv("Salaries.csv")
In [4]: df.salary.agg(['min','max','mean','median'])
Out[4]:
min        57800.000000
max       186960.000000
mean      108023.782051
median    104671.000000
Name: salary, dtype: float64
```

如果聚合函数来自第三方（如 Numpy）或是自定义的，则直接给出该函数的名称（而不能用引号将函数名引起来），也不需要在函数名后面加一对括号。例如，如果我们把求均值的函数替换为 Numpy 中的函数（np.mean），则要按如下方式进行操作。

```
In [5]: df.salary.agg(['min','max',np.mean,'median'])     #均值来自 NumPy 包
```

```
Out[5]:
min          57800.000000
max         186960.000000
mean        108023.782051
median      104671.000000
Name: salary, dtype: float64
```

事实上，agg 方法还支持针对不同的列给出不同的统计。这时，按照惯例，agg 方法内的参数是一个字典对象。字典中是以 key:value 的方式来指定聚合方式的，其中 key 表示不同的列，value 表示统计指标，如果不止一个统计指标，则需要用列表方括号将多个指标括起来，不同的 key 都是以字符串形式表示的。

比如，如果想统计工资（salary）这一列的最大值和最小值，而统计服务年限（service）这一列的均值和标准方差（该函数来自 Numpy，故不能用引号引起来），就可以进行如下操作。

```
In [6]:  df.agg({'salary':['max','min'],'service':['mean','std']})
Out[6]:
```

	salary	service
max	186960.0	NaN
min	57800.0	NaN
mean	NaN	15.051282
std	NaN	12.139768

从输出结果可以看出，为了将结果在同一个 DataFrame（二维表）中显示出来，对于没有统计相应变量的某列，将该列赋值为缺失值 NaN。如 salary 列没有统计均值和标准方差，service 列没有统计最大值和最小值，它们对应的值都为 NaN。

4.7.2　分组与聚合

Pandas 还提供了一个灵活、高效的分组方法——groupby。通过这个方法，我们能以一种很自然的方式对不同的组别进行数据统计、分析和转换。分组统计的指标包括但不限于计数、平均值、标准差。如果标准化的统计和转换不能满足我们的需求，那么还可以自定义个性化的统计函数。

分组机制的核心操作分三个步骤：分割-应用-合并（split-apply-combine）[①]。操作的第一步就是根据一个或多个键将数据分为若干个组，并且每个组包含若干行数据。分组之后，如果不加以操作，意义并不大，因此我们通常会将某个特定的函数应用于分组的结果上，产生一组新值。

---

① 参考资料：Filip Ciesielski. How to use the Split-Apply-Combine strategy in Pandas groupby.

然后再将每组产生的值合并到一起，形成一个新的数据集合。如图 4-13 所示的是简单的分组示意图。

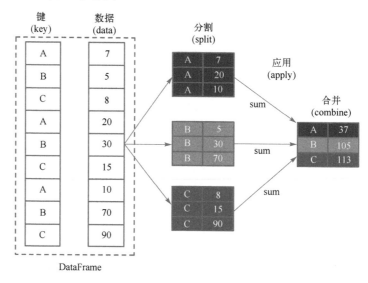

图 4-13　简单的分组示意图

假设我们要对工资数据集进行分组统计，用 rank（"职称"）作为 key 进行分割数据，则可以用如下代码来实现。

```
In [7]: df_rank = df.groupby(['rank'])
In [8]: df_rank                           #输出分组信息
Out[8]: <pandas.core.groupby.generic.DataFrameGroupBy object at 0x7fbcb165fb80>
```

从上面输出结果可以看出，这个分组操作可能没有达到预期效果，因为并没有输出分组信息。事实上，groupby 方法仅返回一个 DataFrameGroupBy 对象，该对象目前没有进行任何计算，只是生成了一系列含有分组键['rank']的数据迭代器备用。如果想让这个 DataFrameGroupBy 对象真正发挥作用，那么还需要将特定函数应用在这个对象上，这些函数包括但不限于 mean、count、median 等。

```
In [9]: df_rank.mean()                    #计算按 rank 分组之后的均值
Out[9]:
              phd        service       salary
rank
AssocProf  15.076923   11.307692   91786.230769
AsstProf    5.052632    2.210526   81362.789474
Prof       27.065217   21.413043  123624.804348
In [10]: df_rank.count()                  #计算按 rank 分组之后的数量
Out[10]:
        discipline  phd  service  sex  salary
```

```
rank
AssocProf        13    13       13    13      13
AsstProf         19    19       19    19      19
Prof             46    46       46    46      46
```

从上面的输出结果可以看出，一旦根据关键字分组之后，对分组数据实施统计分析操作，所采用的函数会作用在所有能适用的列上。事实上，我们也可以仅对分组后的部分列进行统计操作。以下代码的功能是对分组后的 salary 这一列进行求均值（mean）操作。

```
In [11]: df.groupby('rank')[['salary']].mean()     #返回一个 DataFrame 对象
Out[11]:
```

	salary
rank	
AssocProf	91786.230769
AsstProf	81362.789474
Prof	123624.804348

在这里，有一个细节值得注意：如果我们用双层方括号将特定的列（通常用于多个列）括起来，则返回的结果是一个 DataFrame 对象。

反之，如果我们用单层方括号将指定列（如'salary'）括起来，这时输出的结果是一个 Series 对象。

```
In [12]: df.groupby('rank')['salary'].mean()     #返回一个 Series 对象
Out[12]:
 rank
 AssocProf        91786.230769
 AsstProf         81362.789474
 Prof             123624.804348
 Name: salary, dtype: float64
```

有时，分组和聚合通常会结合在一起使用。比如，通过 rank 分组之后，我们想求得 salary 和 service 这两列的均值、标准差和分布偏度，则可以进行如下操作。

```
In [13]: df.groupby('rank')[['salary','service']].agg(['mean','std','skew'])
Out[13]:
```

	salary			service		
	mean	std	skew	mean	std	skew
rank						
AssocProf	91786.230769	18571.183714	-0.151200	11.307692	5.879124	1.462083
AsstProf	81362.789474	9381.245301	0.030504	2.210526	1.750522	0.335521
Prof	123624.804348	24850.287853	0.070309	21.413043	11.255766	0.759933

由上面的输出结果可以看出，salary 和 service 这两列下面分别有三个子列：mean（均值）、std（标准差）和 skew（分布偏度）。这种带有层级关系的

列索引或行索引（前文已有介绍）通常出现在 DataFrame 的透视表中（随后的章节会详细讲解）。

数据分组完成后，除了可以利用 agg 方法将聚合的函数传递到分组数据之上，实际上，还可以将 groupby 和 apply 方法配合使用，将分组作用于指定的列。比如，我们想完成这样一个任务：对教师的收入（salary）按职称（rank）等级来分组，然后给出每组的前 5 名（以降序排名）。这样的个性化的需求就需要我们自定义一个函数，然后将这个函数应用（apply）到每个分组数据上。示例代码如下。

```
In [14]:
def my_func(x):                          #自定义排序函数
    return x.sort_values(ascending = False)[:5]
In [15]: df['salary'].groupby(df['rank']).apply(my_func)
Out[15]:
rank
AssocProf 34    119800
          62    109650
          30    107008
          74    104542
          59    103994
AsstProf  50     97032
          17     92000
          20     92000
          60     92000
          28     91300
Prof       0    186960
          13    162200
          72    161101
          27    155865
          31    155750
Name: salary, dtype: int64
```

使用 apply 方法也可以对 DataFrame 对象进行分组操作，其操作过程与 agg 方法类似。但 agg 方法配合字典{列名称 1: 函数名 1, 列名称 2: 函数名 2, …}使用，能够对不同的列（字段）应用不同的聚合函数，而 apply 方法则无法实现，该方法只能一次调用一个函数对一个列进行处理。

4.7.3　分组与转换

前文所述的"groupby+apply"组合方法可以完成分组与聚合的功能，该组合方法应用起来很方便。但聚合出来的 DataFrame 行数通常与分组的数量相关，通常来说，分组的数量小于原始 DataFrame 对象的行数。因此，如果想直接把分组聚合的结果"贴合"在原始 DataFrame 上，则会产生行数不匹配的问题。

这时我们可以利用"groupby+transform"组合方法，其中利用 transform 方法完成数据的转换操作。该方法的原型如下。

```
DataFrame.transform(func, axis = 0, *args, **kwargs)
```

transform 方法可以调用一个函数 func，按照 axis 参数所设定的运算方向对数据单元进行运算，并返回一个数据帧，该数据帧的最大特点就是它的索引与原始对象在 axis 方向的索引完全相同，也就是尺寸与原始数据帧相等的 DataFrame。

下面举例说明。首先，我们构造一个有待处理的 DataFrame 数据帧。

```
In [16]:
df = pd.DataFrame({
  '酒店ID': [101,102,103,104,105,106,107],
  '地址': ['A','B','C','D', 'E', 'F', 'G'],
  '城市': ['北京','北京','北京','上海','上海', '郑州', '郑州'],
  '销售额': [70, 80,50,72,75,22,30]
})
In [17]: df                                    #输出验证
Out[17]:
```

	酒店ID	地址	城市	销售额
0	101	A	北京	70
1	102	B	北京	80
2	103	C	北京	50
3	104	D	上海	72
4	105	E	上海	75
5	106	F	郑州	22
6	107	G	郑州	30

如果我们想知道每个酒店在其城市中所占的销售额百分比是多少，预期得到的数据报表如图 4-14 所示，该如何处理呢？

	酒店ID	地址	城市	销售额	城市销售总额	所占百分比
0	101	A	北京	70	200	35.00%
1	102	B	北京	80	200	40.00%
2	103	C	北京	50	200	25.00%
3	104	D	上海	72	147	48.98%
4	105	E	上海	75	147	51.02%
5	106	F	郑州	22	52	42.31%
6	107	G	郑州	30	52	57.69%

图 4-14　预期得到的数据报表

作为对比，我们先来说明传统的解决方案。首先，我们需要对不同城市的酒店销售额进行分类求和。利用前文介绍的分组、聚合方法可以很容易实现。

```
In [18]: df.groupby('城市')['销售额'].sum()     #等价 apply(sum)
Out[18]:
 城市
 上海     147
 北京     200
 郑州      52
 Name: 销售额, dtype: int64
```

从以上输出结果可以看出，运算结果自然无误，用作分组依据的"城市"已经成为索引。但这里有个问题，就是返回的结果是一个只有 3 行数据的 Series 对象，它难以与原始的 df 对象（有 7 行数据）进行数据融合（merge）。所以我们希望将运算结果变成一个 DataFrame 对象，把作为索引的"城市"变成 DataFrame 对象中的普通一列，"销售额"这列依然保留，但其名称改为"城市销售总额"，示例代码如下。

```
In [19]: city_sales = df.groupby('城市')['销售额'].sum().rename('城市销售总额').
reset_index()
In [20]: city_sales
Out[20]:
```

	城市	城市销售总额
0	上海	147
1	北京	200
2	郑州	52

注意，上述代码的关键是重置索引 reset_index。这是因为 reset_index 方法表面的功能是将索引重置为 0~2 的整数，但间接地也实现了将原来名为"城市"的索引变成了一个普通列，这样一来，我们就有了"城市"和"城市销售总额"两列，具有两列及以上的对象自然就是一个 DataFrame 对象。

现在有两个 DataFrame 对象：df 和 city_sales，于是，就可以用 4.6.1 节学到的 merge 方法，通过左连接方法来融合数据。

```
In [21]: df_new = pd.merge(df,city_sales,how = 'left')
In [22]: df_new
Out[22]:
```

	酒店ID	地址	城市	销售额	城市销售总额
0	101	A	北京	70	200
1	102	B	北京	80	200
2	103	C	北京	50	200
3	104	D	上海	72	147
4	105	E	上海	75	147

	酒店ID	地址	城市	销售额	城市销售总额	
5	106	F	郑州	22	52	
6	107	G	郑州	30	52	

　　然后，再添加一个新列"所占百分比"，并对该列进行必要的数值处理，即保留两位小数点。

```
In [23]: df_new['所占百分比'] = df_new['销售额'] / df_new['城市销售总额']
In [24]:
df_new['所占百分比'] = df_new['所占百分比'].apply(lambda x: format(x, '.2%'))
In [25]: df_new
Out[25]:
```

	酒店ID	地址	城市	销售额	城市销售总额	所占百分比
0	101	A	北京	70	200	35.00%
1	102	B	北京	80	200	40.00%
2	103	C	北京	50	200	25.00%
3	104	D	上海	72	147	48.98%
4	105	E	上海	75	147	51.02%
5	106	F	郑州	22	52	42.31%
6	107	G	郑州	30	52	57.69%

　　至此，我们就获得了如图 4-14 所示的预期结果，但这个过程稍显烦琐。是否能简化这个过程呢？此时，就可以使用 Pandas 中的 transform 方法了。

　　首先，我们重新运行 In [16]处的代码以恢复原始的 df 数据，然后在分组后直接调用 transform 方法。

```
In [26]: df['城市销售总额'] = df.groupby('城市')['销售额'].transform(np.sum)
In [27]: df
Out[27]:
```

	酒店ID	地址	城市	销售额	城市销售总额
0	101	A	北京	70	200
1	102	B	北京	80	200
2	103	C	北京	50	200
3	104	D	上海	72	147
4	105	E	上海	75	147
5	106	F	郑州	22	52
6	107	G	郑州	30	52

　　从以上输出结果可以看出，transform 方法在执行数据转换后保留原始的索引 $0\sim n-1$，即总数据量不变，由于实施了规约式求和（使用了外部函数 np.sum)，因此数据会有重复，但这种重复对后续批量计算销售额百分比提供了方便。

就这样，我们用一行代码就完成了传统方法多行代码完成的数据分组、求和、左连接等操作，可见 transform 方法效率之高[①]。

当城市销售总额的数据求得之后，后面求销售额百分比的操作类似，但利用下面提供的方法可以让代码看起来更加简练。

```
In [28]: df['所占百分比'] = df.apply(lambsda row : format(row ['销售额']/row['城
市销售总额'], '.2%'), axis = 1)
In [29]: df                                                    #输出验证
Out[29]:
```

	酒店ID	地址	城市	销售额	城市销售总额	所占百分比
0	101	A	北京	70	200	35.00%
1	102	B	北京	80	200	40.00%
2	103	C	北京	50	200	25.00%
3	104	D	上海	72	147	48.98%
4	105	E	上海	75	147	51.02%
5	106	F	郑州	22	52	42.31%
6	107	G	郑州	30	52	57.69%

4.8　数据重塑与透视

有时，我们会发现原生数据呈现方式并不容易观察。这时，我们需要对数据进行重塑（reshape），数据在行或列的方向进行重新布局和汇总，重塑后的数据呈现让用户更容易获得观察，因此这样的表也称为透视表（pivot table）。下面我们就来讨论这个问题。

4.8.1　数据重塑

我们先来讨论数据重塑，数据重塑是指将一个表格或者向量的结构进行转换，使其适合进一步分析。在 Pandas 中，利用 pivot 方法进行数据重塑，pivot 做动词的本意就是"以……为中心旋转"。该方法返回的是，按给定索引和列进行旋转之后，重构观察视角更佳的 DataFrame，pivot 方法原型如下。

```
DataFrame.pivot(index = None,columns = None,values = None)
```

该方法的参数含义如下。

index：在新 DataFrame 中充当行索引的列。若该参数值为 None，则使用现有的 index。

[①] 事实上，transform 方法的应用远不止于此，它在很大程度上可替代 apply 方法。

columns：在新 DataFrame 中充当列索引的列。

values：在新 DataFrame 中充当填充数值的列。

在 pivot 方法中，重点在于数据重塑。但请注意，该方法并没有实施任何聚合操作。因为行索引与列索引充当旋转的坐标轴，所以它们必须是独一无二的。如果行索引和列索引的值不是唯一的，那么就无法重塑数据，Pandas 会报错。

提示

案例参考资料：Nikolay Grozev. Reshaping in Pandas - Pivot, Pivot-Table, Stack, and Unstack explained with Pictures.

下面举例说明，我们先用有序字典构造一个待处理的 DataFrame 对象。

```
In [1]: from collections import OrderedDict
In [2]: import pandas as pd
In [3]: table = OrderedDict((
                    ("商品",['勺子','勺子','叉子','叉子']),
                    ("类别",['金','铜','金','银']),
                    ("USD",[ 7,  2, 8, 6]),
                    ("RMB",[50, 30, 40, 70])
                    ))
In [4]: df = pd.DataFrame(table)
In [5]: df                          #验证输出
Out[5]:
```

	商品	类别	USD	RMB
0	勺子	金	7	50
1	勺子	铜	2	30
2	叉子	金	8	40
3	叉子	银	6	70

在上述数据帧 df 中，当数据项很多时，我们很难观测到不同商品在不同"类别（金、银、铜）"情况下的人民币价格的变化趋势。此时，我们倾向于重塑表格，让商品名作为行索引，让商品类别作为列索引，让行索引和列索引交叉锁定的商品价格作为"值"来填充表格，于是我们就得到了一个重塑的 DataFrame。

```
In [6]: pivoted = df.pivot(index = '商品',columns = '类别',values = 'RMB')
In [7]: pivoted                                    #验证输出
Out[7]:
```

类别 商品	金	铜	银
勺子	50	30	NaN
叉子	40	NaN	70

上述命令创建了一个新的数据帧 pivoted，原始数据帧 df 中的列——商品，在去重后变得独一无二，并充当了新的数据帧 pivoted 的行索引。类似地，将原始数据帧 df 的列——商品类别去重后，充当了 pivoted 的列索引，由行索引和列索引交叉定位后，用 RMB 所在列的值来填充表格。如果在行索引和列索引交叉定位后，在原始数据帧 df 中找不到对应的值，那么就用 NaN（缺失值）填充。例如，商品为"勺子"（行索引），类别为"银"（列索引），在原始数据帧 df 中找不到这样的商品，自然也没有对应的 RMB 值，故将此处填充为 NaN。图 4-15 形象地展示了这个过程。

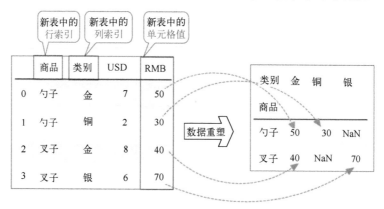

df.pivot(index = '商品', columns = '类别', values = 'RMB')

图 4-15　数据重塑的过程

需要注意的是，在数据重塑表中并没有包含美元（USD）价格的任何信息。事实上，数据重塑表或数据透视表（后面章节会讲到）都是原始表格的简约版或聚合版，这些表格中只包含我们关心的数据信息。否则，提供全面但繁多的数据，何来透彻的数据洞察？

如果我们解除对填充值（values）的限制，即不对参数 values 进行赋值，则可以得到一个在列方向的分层索引。示例代码如下。

我们可以将分层索引想象成一个树形索引，访问数据所需索引都是由

从根索引到叶子索引的路径组成的。在本例中，根索引就是 values，即 USD 和 RMB，随后的二级索引就是 columns 指定的商品类别（如金、铜或银）。图 4-16 形象地展示了该过程。

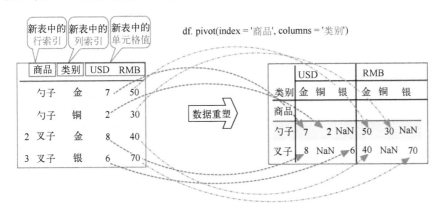

图 4-16　分层索引下的数据重塑

如前所述，基于 pivot 方法的数据重塑有一个限制条件，即数据集中不存在重复条目。我们知道，行索引也罢，列索引也罢，它们无非都是来辅助定位数据的。比如，商品为"勺子"（行索引），金属类别为"金"（列索引），在这两个索引约束条件下的商品，其价格就是 50 元，而 50 元一定是唯一的，不能有另外一个"勺子"是"金"的，但卖 40 元。pivot 方法涉及的操作实际上就是用值（values）在新表中填空，如果在相同的行索引与列索引约束下的值有多个，那么它不知道要填哪个值，如图 4-17 所示。这种情况下要进行数据重塑，pivot 方法会返回一个错误信息：ValueError: Index contains duplicate entries, cannot reshape（索引包含重复的条目，不能重塑）。

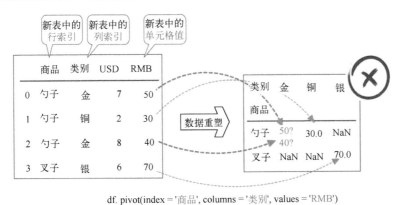

df. pivot(index = '商品', columns = '类别', values = 'RMB')

图 4-17　失败的数据重塑

但是，在现实生活中，相同约束条件下有不同的值这种情况是很常见

的。比如，对于某个完全相同的商品，在新品上市时是一个价格，在平时是
另外一个价格，而在"双十一"促销时又是一个新价格，在这种情况下，如
果我们想重塑数据，pivot 方法是无法实现的。这时，我们需要另外一个好
用的方法——pivot_table（透视表），我们在下一节讨论这个方法。

4.8.2　数据透视

透视表是一种常见的数据汇总工具，它能根据一个或多个键对数据进
行聚合，并根据行和列上的分组键将数据分配到不同的矩形区域中。
DataFrame 对象提供了一个功能强大的 pivot_table 方法供我们使用。此
外，Pandas 还提供了一个顶级的 pandas.pivot_table 方法，二者完成的功能
是相同的，其原型如下。

```
pandas.pivot_table(data,values = None,index = None,columns = None,aggfunc =
'mean',fill_value = None,margins = False,dropna = True,margins_name = 'All',
observed = False,sort = True)
```

pivot_table 方法中有很多参数，其中有 5 个参数尤为重要，分别是
data、values、index、columns 和 aggfunc，下面对这几个参数进行简单介绍。

- data：表示数据源，表示要分析的 DataFrame 对象。如果该参数是
  以 DataFrame 对象中的一个方法的身份出现的，那么这个数据源就
  是该 DataFrame 对象本身，因此也就不需要这个 data 参数了。

- values：表示在新 DataFrame 需要填充的数据字段，默认为全部数
  值型数据。

- index：在新 DataFrame 中充当行索引的分组键，它可以是一个值，
  也可以是多个值，如果是多个值，则需要用列表的方括号将其括起
  来，从而形成分层索引。

- columns：在新 DataFrame 中充当列索引的分组键，在理解上与
  index 类似。

- aggfunc：对数据执行聚合操作时所用的函数。当未设置该参数时，
  默认 aggfunc = 'mean'，表明计算数值列的均值。

简单来说，相比于 pivot 方法，pivot_table 方法有一个优点，即当在行
索引与列索引约束条件下定位的数据不止一条时，易用聚合函数来汇总这
些数据。聚合函数可以由用户自己设计，也可以是 Pandas 提供的通用均
值、最大值、最小值等函数。

aggfunc 聚合的目的在于，实施数值计算，将一批由行索引和列索引
局部化的数据约减为一个标量，这样在对新 DataFrame 填空时，就填写这

个聚合而来的标量。从上面的描述可以看出，pivot_table 方法可以进行数据重塑及数据聚合，从而让新 DataFrame 看起来比旧表格更加简洁，且更具有信息量，因此也有了透视表的美称。

对于前面 pivot 方法难以处理的案例，利用 pivot_table 方法则可以很容易就解决，示例代码如下，对应的示意图如图 4-18 所示。

```
In [10]:table2 = OrderedDict((
                            ("商品",['勺子','勺子','勺子','叉子']),
                            ("类别",['金','铜','金','银']),
                            ("USD",[7,  2,  8,  6]),
                            ("RMB",[50, 30, 40, 70])
                          ))
In [11]: df2 = pd.DataFrame(table2)
In [12]: df2      #验证输出
Out[12]:
```

	商品	类别	USD	RMB
0	勺子	金	7	50
1	勺子	铜	2	30
2	勺子	金	8	40
3	叉子	银	6	70

```
In [13]: pivoted3 = df2.pivot_table(index = '商品',columns = '类别',values = 'RMB')
In [14]: pivoted3                              #验证输出
Out[14]:
```

类别 商品	金	铜	银
勺子	45.0	30.0	NaN
叉子	NaN	NaN	70.0

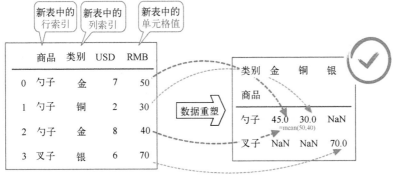

df.pivot(index = '商品', columns = '类别', values = 'RMB')

图 4-18　利用 pivot_table 方法成功聚合数据

针对上述代码需要说明的是，在使用透视表过程中，pivot_table 方法必然伴随数据的聚合。比如，在 In [13]处，看似没有任何聚合函数，实则不然，因为代码隐藏了一个默认的参数 aggfunc——均值聚合。In [13]处的代码等价于如下代码。

```
pivoted3 = df2.pivot_table(index='商品', columns='类别', values='RMB', aggfunc=
'mean')
```

如果 aggfunc 给定的默认值不是我们想要的，那么我们可以自定义函数，或者使用其他常用函数。示例代码如下，我们使用 NumPy 中的最小值聚合函数。

```
In [15]: import numpy as np
In [16]: df2.pivot_table(index = '商品',columns = '类别',values = 'RMB',aggfunc
= np.min)
Out[16]:
```

类别	金	铜	银
商品			
勺子	40.0	30.0	NaN
叉子	NaN	NaN	70.0

需要注意的是，如果我们使用第三方库或自定义函数来充当聚合函数，那么不能使用引号将该函数名引起来，也不能在函数后面加括号。聚合函数的参数默认为需要聚合的列，因此不需要显式设置。

类似于前面的操作，如果我们对透视表中的 values 不加以限制，那么 USB 和 RMB 等数值列就都会变成一级列索引，而被 columns 参数带来的类别信息（如金、银、铜等）"分裂"为二级列索引，从而生成一个更为全面的透视表。

```
In [17]: df2.pivot_table(index = '商品',columns = '类别',aggfunc = np.min)
```

	RMB			USD		
类别	金	铜	银	金	铜	银
商品						
勺子	40.0	30.0	NaN	7.0	2.0	NaN
叉子	NaN	NaN	70.0	NaN	NaN	6.0

实际上，聚合函数 aggfunc 还支持字典赋值，通过{列名 1: 函数名 1,列名 2: 函数名 2,…, }这样的个性化赋值，可以让不同的列应用于不同的聚合函数。如果有多个聚合操作，则需要将这些实施聚合操作的函数名打包成一个列表。由于篇幅有限，这里不再展开讨论，请读者参阅 Pandas 官方文献。

4.8.3 实战:《指环王》中的透视表

为加深对透视表的理解，下面我们再结合前面提及的《指环王》台词案例，来说明 pivot_table 方法中几个参数的具体使用方法。首先，我们还是按照前面介绍的方法读取数据（WordsByCharacter.csv）。

```
In [1]: import pandas as pd
In [2]: df_movie = pd.read_csv('WordsByCharacter.csv')
In [3]: df_movie
Out[3]:
```

	Film	Chapter	Character	Race	Words
0	The Fellowship Of The Ring	01: Prologue	Bilbo	Hobbit	4
1	The Fellowship Of The Ring	01: Prologue	Elrond	Elf	5
2	The Fellowship Of The Ring	01: Prologue	Galadriel	Elf	460
3	The Fellowship Of The Ring	01: Prologue	Gollum	Gollum	20
4	The Fellowship Of The Ring	02: Concerning Hobbits	Bilbo	Hobbit	214
...	...	...	...	...	...
726	The Return Of The King	76: The Grey Havens	Elrond	Elf	6
727	The Return Of The King	76: The Grey Havens	Frodo	Hobbit	132
728	The Return Of The King	76: The Grey Havens	Galadriel	Elf	17
729	The Return Of The King	76: The Grey Havens	Gandalf	Ainur	42
730	The Return Of The King	76: The Grey Havens	Sam	Hobbit	14

731 rows × 5 columns

　　默认情况下，DataFrame 具有默认的数值索引（即 Out[3]处输出的最左边一列）。现在若要构建透视表，则需要提供划分依据，也就是说，此时 pivot_table 方法需要拥有一个自己独属的索引，这个索引的数量可以是一个，也可以是多个。若是多个，则构成了多层索引。比如，如果我们想按种族（Film）和人物（Character）来分组，进而查看总台词量。

```
In [4]: pd.pivot_table(df_movie,index = ['Race','Character'],aggfunc = 'sum')
Out[4]:
```

Race	Character	Words
Ainur	Gandalf	4828
	Saruman	1090
	Voice Of Sauron	9
	Voice Of The Ring	34
Dead	King Of The Dead	60
...	...	...
Orc	Orc	242
	Shagrat	90
	Snaga	10
	Ugluk	84
	Uruk-hai	13

从输出结果可以看到，Race 成为一级行索引，Character 成为二级行索引，实际上它们就是分组信息，多级索引在本质上就是在组中再分组。在列方向上，如果没有指定 columns 参数，所有数值型的列都会自动变成聚合的对象。目前只有 Words 这列为数值型数据，所以它被实施求和操作。In [4]处的代码等价于如下代码。

```
pd.pivot_table(df_movie, index=['Race','Character'],
                values = ['Words'],
                aggfunc = 'sum')
```

如前所述，如果设置了 columns，那么它就会在原有列索引的基础上，被进一步分割成子索引，形成一种二级索引。比如，在上述操作的基础上，我们想查看每个种族（Race）每个人物（Character）在每部电影（Film）中台词的数量，于是原来的 Words 索引就会被三部电影一分为三。

```
In [5]: pivoted_movies = df_movie.pivot_table(index = ['Race','Character'],
                columns = 'Film',aggfunc = 'sum')
Out[5]:
```

		Words		
	Film	The Fellowship Of The Ring	The Return Of The King	The Two Towers
Race	Character			
Ainur	Gandalf	2360.0	1504.0	964.0
	Saruman	480.0	301.0	309.0
	Voice Of Sauron	7.0	2.0	NaN
	Voice Of The Ring	34.0	NaN	NaN
Dead	King Of The Dead	NaN	60.0	NaN
...	...	...	...	...
Orc	Orc	20.0	173.0	49.0
	Shagrat	NaN	90.0	NaN
	Snaga	NaN	NaN	10.0
	Ugluk	NaN	NaN	84.0
	Uruk-hai	NaN	NaN	13.0

74 rows × 3 columns

前面我们使用 Pandas 提供全局方法 pivot_table 来生成透视表，这时对象 df_movie 作为这个方法的参数被传递进去。而实际上，对象 df_movie 本身就有自己的成员方法 pivot_table，我们完全可以用"对象名.方法名（pivot_table）"的方式来完成操作，从而达到相同的透视效果。In [5]处和 In [6]处代码的输出结果是完全一样的。

```
In [6]: df_movie.pivot_table(index = ['Race','Character'],columns = 'Film',
aggfunc = 'sum')
```

事实上，pivot_table 方法还有其他好用的参数，比如，fill_value 表示如果在构造透视表过程中，表格中出现了缺失值（NaN），那么可以填充给定的值。margins 为布尔量，表示是否对行或列做边缘汇总求和，如果该参数的值为 True，则可以给 margins_name 取个名字，默认名为 All。sort 表示是否对结果进行排序，默认为 True。

```
In [7]: pivoted = df_movie.pivot_table(index = ['Race','Character'],
                 columns = 'Film',
                 aggfunc = 'sum',
                 margins = True,              #启用边缘求和
                 margins_name = 'All Films',  #设置边缘求和的名称
                 fill_value = 0.sort_index() #对索引进行排序
In [8]: pivoted
Out[8]:
```

| | | Words | | | |
| | | The Fellowship Of The Ring | The Return Of The King | The Two Towers | All Films |
Race	Character				
Ainur	Gandalf	2360	1504	964	4828
	Saruman	480	301	309	1090
	Voice Of Sauron	7	2	0	9
	Voice Of The Ring	34	0	0	34
All Films		11225	9575	11169	31969
...	...	...	...	...	...
Orc	Orc	20	173	49	242
	Shagrat	0	90	0	90
	Snaga	0	0	10	10
	Ugluk	0	0	84	84
	Uruk-hai	0	0	13	13

在上面的输出结果可以看到，透视表和多层索引配合使用的场景。我们可以利用 loc 方法很容易地提取我们感兴趣的数据子集。比如，我们想提取 Hobbit（霍比特人）在三部电影中的台词数量，就可以按如下方法进行操作。

```
In [9]: pivoted.loc['Hobbit']
Out[9]:
```

| | Words | | | |
| Film | The Fellowship Of The Ring | The Return Of The King | The Two Towers | All Films |
Character				
Bilbo	1310	56	0	1366
Deagol	0	13	0	13
Farmer Maggot	21	0	0	21
Frodo	967	650	664	2281

Gaffer	21	0	0	21
Hobbit Kids	10	0	0	10
Hobbits	88	4	0	92
Lobelia Sackville-Baggins	9	0	0	9
Merry	323	398	396	1117
Mrs. Bracegirdle	2	0	0	2
Pippin	274	628	359	1261
Proudfoot	1	0	0	1
Rosie	3	2	0	5
Sam	557	924	1044	2525
Sandyman	17	0	0	17
Ted	55	0	0	55

学习到这里，或许我们会发现，创建透视表的方法 pivot_table 实现的功能好像在哪里见过，它就是我们前面提到的 groupby 方法，二者在很多方面的功能都是等价的。通常来说，下面两种调用方法在功能上是等价的。

```
df.pivot_table(index = [key1,key2],values = [key3,key4],aggfunc = [函数1,函数2])
df.groupby([key1,key2])[key3,key4]agg([函数1,函数2])
```

4.9 实战：泰坦尼克幸存者数据预处理分析

基于泰坦尼克幸存者数据的分析是一个经典的数据分析案例，也是很多数学建模和分析竞赛平台上的入门题目，具有代表性。对该数据集进行预处理而体现出来的数据分析技能，值得我们掌握。

4.9.1 数据简介

我们首先简单介绍一下泰坦尼克号事件。1912 年 4 月 15 日，泰坦尼克号在首次航行期间撞上冰山后沉没，船上乘客和乘务人员共有 2224 名，最终有 1502 人遇难。导致大量人员伤亡的重要原因之一是没有足够的救生艇。虽然从这样的悲剧性事故中幸存下来有一定的运气因素，但还是有一定规律可循的，妇女、儿童和上层人士比其他人有更高的幸存率。

泰坦尼克号事件留下了"弥足珍贵"的数据记录。如前所述，乘客的幸存率具有一定的规律性，因此这个泰坦尼克号数据集成了 Kaggle 等机器学习平台上流行的入门机器学习的数据集。同时，又由于该数据集中的记录不完整，存在缺失值、异常值等，因此也成为很典型的练习数据分析的数据集。

下面，我们以泰坦尼克幸存者数据（train.csv 和 test.csv）为例来简要说明必要的数据清洗操作。我们先参看如图 4-19 所示的部分数据集合，以获得对该数据集合的感性认识。

PassengerId	Survived	Pclass	Name	Sex	Age	SibSp	Parch	Ticket	Fare	Cabin	Embarked
1	0	3	Braund, Mr. Owen Harris	male	22	1	0	A/5 21171	7.25		S
2	1	1	Cumings, Mrs. John Bradley (Florence Briggs Thayer)	female	38	1	0	PC 17599	71.2833	C85	C
3	1	3	Heikkinen, Miss. Laina	female	26	0		STON/O2. 3101282	7.925		S
4	1	1	Futrelle, Mrs. Jacques Heath (Lily May Peel)	female	35	1	0	113803	53.1	C123	S
5	0	3	Allen, Mr. William Henry	male	35	0	0	373450	8.05		S
6	0	3	Moran, Mr. James	male		0	0	330877	8.4583		Q
7	0	1	McCarthy, Mr. Timothy J	male	54	0	0	17463	51.8625	E46	S
8	0	3	Palsson, Master. Gosta Leonard	male	2	3	1	349909	21.075		S
9	1	3	Johnson, Mrs. Oscar W (Elisabeth Vilhelmina Berg)	female	27	0	2	347742	11.1333		S
10	1	2	Nasser, Mrs. Nicholas (Adele Achem)	female	14	1	0	237736	30.0708		C
11	1	3	Sandstrom, Miss. Marguerite Rut	female	4	1	1	PP 9549	16.7	G6	S
12	1	1	Bonnell, Miss. Elizabeth	female	58	0	0	113783	26.55	C103	S
13	0	3	Saundercock, Mr. William Henry	male	20	0	0	A/5. 2151	8.05		S
14	0	3	Andersson, Mr. Anders Johan	male	39	1	5	347082	31.275		S
15	0	3	Vestrom, Miss. Hulda Amanda Adolfina	female	14	0	0	350406	7.8542		S
16	1	2	Hewlett, Mrs. (Mary D Kingcome)	female	55	0	0	248706	16		S
17	0	3	Rice, Master. Eugene	male	2	4	1	382652	29.125		Q
18	1	2	Williams, Mr. Charles Eugene	male		0	0	244373	13		S
19	0	3	Vander Planke, Mrs. Julius (Emelia Maria Vandemoortele)	female	31	1	0	345763	18		S
20	1	3	Masselmani, Mrs. Fatima	female		0	0	2649	7.225		C

图 4-19　泰坦尼克幸存者部分数据集合

在机器学习领域中，我们经常用泰坦尼克号数据的部分特征来预测哪些特征对幸存率有影响，在这里，我们仅关注对这个不完整数据集合的预处理。

分析数据的起点通常是了解数据集中各个字段的含义，表 4-5 描述了各个字段（即特征）的含义。

表 4-5　泰坦尼克幸存者数据的字段含义

字段名称	含义	备注
PassengerId	乘客 ID	自然数编号
Survived	是否获救	1 表示已获救，0 表示未获救，通常作为预测的目标
Pclass	乘客等级	1 表示上层，2 表示中层，3 表示下层
Sex	性别	男性或女性
Age	年龄	自然数，由于信息不全可能存在缺失值
SibSp	乘客在船上的配偶数量或兄弟姐妹数量	自然数，可能存在缺失值
Parch	乘客在船上的父母或子女数量	自然数，可能存在缺失值
Ticket	船票信息	字符串
Fare	票价	浮点数
Cabin	是否住在独立房间	1 表示是，0 表示否

字段名称	含义	备注
Embarked	乘客上船的码头	C 表示 Cherbourg（瑟堡，法国西部城市） Q 表示 Queenstown（昆士城，英格兰东南区域港口城市） S 表示 Southampton（南安普敦，爱尔兰的一个城市）

4.9.2 数据探索

本节我们将以预测乘客是否能获救为机器学习的目标来对该数据集合进行预处理。首先，我们要读取该数据集合，此处以训练集合（train.csv）为例来说明。

```
In [1]: import pandas as pd
In [2]: train_df = pd.read_csv('titanic/train.csv')
In [3]: train_df.head()
Out[3]:
```

	PassengerId	Survived	Pclass	Name	Sex	Age	SibSp	Parch	Ticket	Fare	Cabin	Embarked
0	1	0	3	Braund, Mr. Owen Harris	male	22.0	1	0	A/5 21171	7.2500	NaN	S
1	2	1	1	Cumings, Mrs. John Bradley (Florence Briggs Th...	female	38.0	1	0	PC 17599	71.2833	C85	C
2	3	1	3	Heikkinen, Miss. Laina	female	26.0	0	0	STON/O2. 3101282	7.9250	NaN	S
3	4	1	1	Futrelle, Mrs. Jacques Heath (Lily May Peel)	female	35.0	1	0	113803	53.1000	C123	S
4	5	0	3	Allen, Mr. William Henry	male	35.0	0	0	373450	8.0500	NaN	S

由于我们用到的数据集合是 csv 格式的，因此直接利用 Pandas 提供的 read_csv 方法来读取数据即可。在将数据读取到内存后，首先对数据进行简单的预览（使用 head 方法）。预览的目的主要是了解数据表的大小、字段的名称及数据格式等。这为理解数据及后续的数据处理工作做了铺垫。

事实上，我们还可以用 shape 属性和 info 方法来获取该数据集合的更多信息。

```
In [4]: train_df.shape
Out[4]: (891,12)                        #查看训练集合有 891 条信息、12 个字段
In [5]: train_df.info()                 #查看各字段的数据类型
Out[5]:
<class 'pandas.core.frame.DataFrame'>
RangeIndex: 891 entries, 0 to 890
Data columns (total 12 columns):
PassengerId    891 non-null int64
Survived       891 non-null int64
Pclass         891 non-null int64
Name           891 non-null object
Sex            891 non-null object
```

```
Age            714 non-null float64
SibSp          891 non-null int64
Parch          891 non-null int64
Ticket         891 non-null object
Fare           891 non-null float64
Cabin          204 non-null object
Embarked       889 non-null object
dtypes: float64(2), int64(5), object(5)
memory usage: 83.7+ KB
```

从 info 方法的输出结果不仅可以看出每个字段的数据类型，更重要的是，还可以从每个字段的计数信息看出大部分字段有 891 个有效值，而很多字段信息不全，如 Cabin 相比于其他字段仅有 204 个有效数据，数据缺失严重。此外，年龄信息也不全。

这些输出信息提示我们，数据分析需要从"查缺补漏"开始，这时就需要使用 isnull 方法。

```
In [6]: train_df.isnull().sum()        #查找整个数据集合中每个特征的缺失值的个数
Out[6]:
PassengerId    0
Survived       0
Pclass         0
Name           0
Sex            0
Age            177
SibSp          0
Parch          0
Ticket         0
Fare           0
Cabin          687
Embarked       2
dtype: int64
```

需要注意的是，在 Python 中，是可以对布尔值实施加法操作的，True 被当作 1，而 False 被当作 0，所以在 In [6]处，可以对 isnull 方法返回的布尔数组实施 sum 求和操作。抛开语法细节，我们可以看到，字段 Age、Cabin 和 Embarked 中存在缺失值，这三列首先是我们要进行预处理的对象。

类似地，测试集合（test.csv）中同样存在类似地数据问题，我们可以一起来处理。首先将这些数据加载到内存中。

```
In [7]: test_df = pd.read_csv('titanic/test.csv')
```

同样，我们还是用 head 方法来感性地认识这些数据的样式。

```
In [8]: test_df.head()
Out[8]:
```

	PassengerId	Pclass	Name	Sex	Age	SibSp	Parch	Ticket	Fare	Cabin	Embarked
0	892	3	Kelly, Mr. James	male	34.5	0	0	330911	7.8292	NaN	Q
1	893	3	Wilkes, Mrs. James (Ellen Needs)	female	47.0	1	0	363272	7.0000	NaN	S
2	894	2	Myles, Mr. Thomas Francis	male	62.0	0	0	240276	9.6875	NaN	Q
3	895	3	Wirz, Mr. Albert	male	27.0	0	0	315154	8.6625	NaN	S
4	896	3	Hirvonen, Mrs. Alexander (Helga E Lindqvist)	female	22.0	1	1	3101298	12.2875	NaN	S

　　测试集合和训练集合的差别在于，测试集合把标签——是否幸存（即第二列的"Survived"）删除了，因为测试集合是供训练好的模型在预测时使用的。换句话说，train.csv 比 test.csv 多一列。即使如此，我们还是可以利用 concat 方法把这两个数据堆叠在一起。

```
In [9]: full_df = pd.concat([train_df,test_df],ignore_index = True,sort = False)
```

　　In [9]处用到的参数 ignore_index，当其取值为 True 时，表示忽略原有 DataFrame 对象的索引，重新生成 $0 \sim n-1$ 自然数的新索引，这里的 n 表示待堆叠数据源的总行数。此外，由于没有设置 join 这个参数，因此采用默认值 join = outer，即外连接模式。又因为没有设置 axis 参数，所以也采用默认值 axis = 0。在当前参数配置下要做纵向合并，以 column 为基准，将字段相同的列上下合并在一起，没有交集的自成一列，缺失值则用 NaN 填充。合并后我们查看最后 5 行数据，输出结果如下。

```
In [10]: full_df.tail()
Out[10]:
```

	PassengerId	Survived	Pclass	Name	Sex	Age	SibSp	Parch	Ticket	Fare	Cabin	Embarked
1304	1305	NaN	3	Spector, Mr. Woolf	male	NaN	0	0	A.5. 3236	8.0500	NaN	S
1305	1306	NaN	1	Oliva y Ocana, Dona. Fermina	female	39.0	0	0	PC 17758	108.9000	C105	C
1306	1307	NaN	3	Saether, Mr. Simon Sivertsen	male	38.5	0	0	SOTON/O.Q. 3101262	7.2500	NaN	S
1307	1308	NaN	3	Ware, Mr. Frederick	male	NaN	0	0	359309	8.0500	NaN	S
1308	1309	NaN	3	Peter, Master. Michael J	male	NaN	1	1	2668	22.3583	NaN	C

　　从上面的输出结果可以看出，由于测试集合（test.csv）中没有 Survived 这一列，因此在外连接模式下，该列被填充为 NaN。这个填充的标记（NaN）自有妙用，因为它可以作为训练集合和测试集合的分割标志，后面会用到这个标志。

　　前面介绍了好几种查看缺失值的方法，只是让读者有多种选择来观察缺失值的情况，以便在不同情况下使用不同方法。

4.9.3　缺失值处理

　　在合并数据过程中，会发现预处理的数据共有 1309 行。从前面的分

析可知，年龄（Age）、船舱号（Cabin）、登船港口（Embarked）中均有
缺失值。这为我们指明了下一步进行数据清洗的方向。为了训练模型，
很多机器学习算法要求传入的特征中不能有缺失值，所以需要对缺失值
进行填充。

对缺失值进行填充需要用到 fillna 方法。缺失值的填充方法有很多
种，除了在 fillna 方法中利用 method 方法来制定填充方法，我们还可以自
定义一些填充方法。比如，对于数值型缺失值，我们可以使用众数
（mode）、均值（mean）、中位数（median）填充。对于具备时间序列特征
的缺失值，我们可以使用插值（interpolation）方式来填充缺失值。

如果分类数据（即标签）缺失，那么其中一种填充方法就是用最常见
的类别来填充缺失值，这类似于众数填充。当然，如果在特征参数很完备
的情况下，还可以用模型来预测缺失值，如利用 K 近邻算法来预测分类标
签，然后再进行填充。

在前面的理论基础上，让我们回到针对泰坦尼克幸存者数据的处
理上。

```
In [11]: full_df['Embarked'].isnull().sum()          #获取填充前缺失值的数量
Out[11]: 2
In [12]: full_df['Embarked'].fillna(full_df['Embarked'].mode()[0],inplace =
True)
In [13]: full_df['Embarked'].isnull().sum()          #再次查询填充后缺失值的数量
Out[13]: 0
```

这里我们简单介绍 In [12]处的填充值 full_df['Embarked'].mode()[0]，
这个值看起来有些令人费解。其实，稍稍拆解这条语句就能很容易理解。

首先解释 full_df['Embarked']，它返回的是一个 Series 对象，相当于
DataFrame 中的一列，然后我们求这个 Series 对象的众数，这里用到了
mode 方法。由于一个数据集合中的众数可能不止一个，因此为了稳妥起
见，mode 方法返回的是一个列表，以便存储多个并列的众数。对于一个
列表而言，若我们想取这个列表中的第一个元素，则可以用下标[0]获得。

接下来，我们对另外一个有缺失值的列 Age 进行填充，这次我们选择
用均值进行填充。或许读者会问，为什么不用众数填充呢？用众数填充也
是可以的，这取决于我们对数据处理的偏好，并无好坏之分。

```
In [14]: full_df['Age'].isnull().sum()               #获取填充前缺失值的数量
Out[14]: 263
In [15]: full_df['Age'].fillna(full_df['Age'].mean(), inplace = True)
In [16]: full_df['Age'].isnull().sum()               #再次查询填充后缺失值的数量
Out[16]: 0
```

下面我们再检查一下哪些字段还缺失。

```
In [17]: percent_1 = full_df.isnull().sum() / full_df.isnull().count() * 100
In [18]: percent_2 = round(percent_1, 2).sort_values(ascending = False)
In [19]: total = full_df.isnull().sum().sort_values(ascending = False)
In [20]: missing_data = pd.concat([total, percent_2], axis = 1, keys =
['Total', '%'])
In [21]: missing_data.head()
Out[21]:
```

	Total	%
Cabin	1014	77.46
Survived	418	31.93
Fare	1	0.08
PassengerId	0	0.00
Pclass	0	0.00

由上面的输出结果可以看出，Cabin（船舱号）字段和 Fare（票价）字段依然存在缺失值，对于 Survived（是否幸存），其实它并不是存在缺失值，只是因为把训练集合和测试集合（不含该字段）合并了而已。

下面我们对两个有缺失值的列实施填充。由于 Fare 缺失值较少，因此用均值填充较合理。但 Cabin 缺失值较多，接近 80%，虽然我们可以粗暴地将其抛弃，但我们不能这么做，因为还有另外一个层面的考虑：如果我们设计的模型用于预测 Survived（是否幸存），那么有没有这种可能，凡是有房间号（即 Cabin 不为空）的乘客就是身份地位较高的人，而这些人被救的可能性就更大。作为一个可能有用的特征，我们要将其保留，处理为有或没有房间号两大类，没有房间号的用"NA"填充，NA 表示 not available（不可用）。

```
In [22]: full_df['Fare'].isnull().sum()                    #获取填充前缺失值的数量
Out[22]: 1
In [23]: full_df['Fare'].fillna(full_df['Fare'].mean(), inplace = True)
In [24]: full_df['Fare'].isnull().sum()
Out[24]: 0
In [25]: full_df['Cabin'].isnull().sum()                   #获取填充前缺失值的数量
Out[25]: 1014
In [26]: full_df['Cabin'].fillna('NA', inplace = True)      #将缺失值填充为 NA
In [27]: full_df['Cabin'].isnull().sum()
Out[27]: 0
```

至此，我们便把数据集合中的缺失值都填充完毕了。但客观来讲，对数据分析来说，这些还远远不够。比如，对于机器学习来说，我们还需要构造更加可用的特征，借助可视化手段，挑选可用的特征，这些操作会在后续章节中介绍。

下面的工作是把已经初步处理好的数据分别存储起来，这里就要用到 to_csv 方法。与 read_csv 方法的功能相反的是，to_csv 方法会将内存数据以 csv 格式写入磁盘中并进行保存。

为了区分测试集合和训练集合，我们可以用"Survived 是否为 NaN"作为条件进行布尔判断（这是我们在前面的操作中留下的伏笔，当测试集合与训练集合合并时，由于没有这个列索引，因此会被统一填充为 NaN），然后用布尔矩阵来分割数据，示例代码如下。

```
In [28]: train_clean = full_df[full_df['Survived'].notnull()]     #提取训练集合
In [29]: train_clean.to_csv('titanic/train_clean.csv',index = False) #保存至磁盘
In [30]: test_clean = full_df[full_df['Survived'].isnull()]       #提取测试集合
In [31]: test_clean.drop('Survived', axis = 1).to_csv('titanic/test_clean.csv',
index = False)                                                    #保存至磁盘
```

4.10　本章小结

在本章中，我们主要学习了 Pandas 的数据预处理与深度加工。在数据预处理环节，我们主要讨论了缺失值的标记与检测、形式各异的缺失值以及缺失值的填充。

接着，我们又讨论了数据的深加工，包括数据的融合、数据的标准化（归一化）、数据变换和数据离散化。这些数据加工为进一步的数据分析（如机器学习算法）提供了更加精准的数据，为获得更好的分析结果奠定了基础。

然后我们讨论了函数应用与映射，其中主要学习了 map、apply 及 applymap 方法的使用。map 方法适用于 Series 对象的每个元素，applymap 方法适用于每个 DataFrame 对象中的每个元素，apply 方法可以适用 Series 和 DataFrame，将函数应用到 DataFrame 对象的行或列上，行或列是通过 axis（轴）参数来控制的。apply 方法也可直接应用在某个 Series 对象上，此时无须指定 axis 参数。

随后，我们分析了 Pandas 的索引处理，包括重设索引、设置索引、重置索引及分层索引，并以电影《指环王》台词数据集来巩固 Pandas 索引的使用。

接下来，我们又学习了 Pandas 中的聚合与分组、计算透视表等操作。图文并茂地讲解了 pivot 方法和 pivot_table 方法的区别与联系。在 pivot 方法中，重点讲解了数据重塑（但没有聚合运算）。pivot_table 方法相比于 pivot 方法有个特别的地方，那就是当行索引与列索引在约束条件下定位的数据不止一条时，就要聚合数据。而聚合的目的是实施数值计算，把一批

数据约减为一个标量。

最后，我们以泰坦尼克幸存者数据为例，较为详细地说明了如何对原始数据进行数据预处理，包括数据的连接、缺失值的统计和填充。在下一章，我们将结合可视化图，继续讨论这个案例。

4.11 思考与练习

通过本章的学习，请独立完成如下综合练习。

4-1 以教师收入数据集（Salaries.csv）为例，获取不同职称（rank）下不同性别的收入均值的数据透视表。

4-2 已知下列 DataFrame 中的两列：高度和宽度。

	高度	宽度
0	40.0	10
1	20.0	9
2	3.4	4

请尝试构建一个新列"面积"，并利用 apply 方法完成"面积"这列值的填充，即面积 = 高度 × 宽度。

	高度	宽度	面积
0	40.0	10	400.0
1	20.0	9	180.0
2	3.4	4	13.6

4-3 （提高题）data.csv 是用户用电量数据，数据中有编号为 1～200 的 200 位用户，DATA_DATE 表示时间，如 2015/1/1 表示 2015 年 1 月 1 日，KWH 表示用电量（数据集合参考随书源代码）。

（1）将数据进行转置，转置后型如 eg.csv，缺失值用 NAN 填充。

（2）对数据中的异常值进行识别并用 NA 填充。

（3）计算每个用户用电数据的基本量，包括最大值、最小值、均值、中位数、和、方差、偏度、峰度。（注意，不包括缺失值）

（4）对每个用户用电数据按日进行差分，并计算差分结果的基本统计量，统计量同上述第（3）题。

（5）计算每个用户用电数据的 5%分位数。

（6）对每个用户的用电数据按周求和并差分（一周 7 天），计算差分结果的基本统计量，统计量同第（3）题。

（7）每个用户在一段时间内会有用电数据最大值，统计用电数据大于"0.9×最大值"的天数。

（8）获取每个用户用电数据出现最大值和最小值的月份，若最大值（最小值）存在于多个月份中，则输出含有最大值（最小值）最多天数的那个月份。我们按天统计每个用户的用电数据，假设 1 号用户用电量的最小值为 0（可能是当天外出没有用电），在一年的 12 个月，每个月都可能有若干天用电量为 0，那么就输出含有最多用电量为 0 的天数的所在月份。最大用电量的统计同理。

（9）以每个用户 7 月和 8 月用电数据为同一批统计样本，3 月和 4 月用电数据为另一批统计样本，分别计算这两批样本之间的总体和（sum）之比、均值（mean）之比，最大值（max）之比和最小值（min）之比。

（10）将上述统计的所有特征合并在一张表中进行显示。

4-4　（提高题）表 4-6 提供了不同天气条件下能否出去玩的历史数据。"适宜出去玩（Yes）"和"不适宜出去玩（No）"。请结合 Pandas 或 sklearn 实现：① 将表 4-6 进行编码，以便机器学习算法进一步的处理（提示：可以用 get_dummies 方法来完成）；② 利用 sklearn 实现贝叶斯分类，判断某天为 sunny（晴天）条件下出去玩的后验概率（提示：可以用 BernoulliNB 方法）。

表 4-6　贝叶斯推断的历史数据

天气情况	是否适宜出去玩
Sunny	No
Overcast	Yes
Rainy	Yes
Sunny	Yes
Sunny	Yes
Overcast	Yes
Rainy	No
Rainy	No
Sunny	Yes
Rainy	Yes
Sunny	No
Overcast	Yes
Overcast	Yes
Rainy	No

第 5 章　Matplotlib 可视化分析

Python 中有很多第三方数据可视化工具包，Matplotlib 是其中好用的工具包之一。可视化大大降低了人们对数据分析的理解难度，让人们更容易从数据中获得洞察。在本章中，我们将主要介绍 Matplotlib 基础用法。

本章要点（对于已掌握的内容，请在对应的方框中打钩）

☐ 掌握 Matplotlib 绘图工具的使用方法

☐ 掌握 Matplot 与 Pandas 共同绘图的方法

5.1　可视化与 Matplot

人类对抽象的数字不敏感，尤其是对复杂数字。几百万年以来，人类祖先的生存压力，带来了进化动力，迫使人们必须快速感知周围的环境，这也使得人们对视觉带来的冲击青睐有加。

高度抽象的数据并不符合人类的这一认知惯性，因此图表就显得非常重要。图表不仅能让数据探索中一些重要细节更容易被呈现、被理解，还更能有利于在与受众交流分析结果的过程中，吸引受众的注意力，并使他（她）们更容易记住结论。

现代出版物有"一图胜千言"的说法，在数据分析领域也是如此。人们很希望把晦涩难懂的数字变成通俗易懂的图形，以增强人们对数据的洞察。所谓可视化，就是指基于计算机的可视化系统，通过提供对数据的视觉表达形式来帮助人们更高效地完成特定任务。

鉴于数据可视化的重要意义，人们开发出了很多各具特色的工具，如表 5-1 所示。

表 5-1　常用可视化工具

名称	特色	开发语言
Echarts	高度封装的可视化图表，提供直观、生动、可交互、可个性化定制的数据可视化图表	JavaScript
Pyechart	一款将 Python 与 Echarts 结合的强大的数据可视化工具	Python
Matplotlib	一款 Python 基础可视化工具	Python
Seaborn	基于 Matplotlib 的高级可视化效果库	Python
Plotly	一套在线数据分析和交互式可视化工具	Python
Gephi	复杂网络分析软件	Java

在 Python 生态圈，虽然与可视化相关的库有很多，但说到最为基础、应用也最为广泛的一种库莫过于 Matplotlib。Matplotlib 是一款功能强大的数据可视化工具，它与 NumPy 的无缝集成使 Python 拥有与 MATLAB、R 等语言"抗衡"的实力。通过使用 plot、bar、his 和 pie 等方法，利用 Matplotlib 可以很方便地绘制散点图、条形图、直方图及饼状图等专业图形。

与 NumPy 类似，如果我们已经通过 Anconada 安装了 Python，那么就无须再次显式安装 Matplotlib 了，因为它已经默认被安装了。如果确实没有安装 Matplotlib，那么可在控制台的命令行使用如下命令在线安装（如按照第 1 章已成功安装则无须再次安装）。

```
conda install matplotlib        #在 Anaconda 环境下安装
```

或者在 Python 3 环境下，利用 pip 命令安装 Matplotlib。

```
pip install matplotlib          #在单纯的 Python 平台下安装
```

5.2 Matplot 绘制简单图形

二维（2D）图形是人们最常用的图形呈现媒介之一。通常，我们使用 Matplotlib 中的子模块 pyplot 来绘制 2D 图形。在使用 pyplot 模块前，需要先显式导入（import）它。为了引用方便，我们常为这个模块取一个别名 plt。在本节中，我们将遵循由简入繁的原则，来绘制一个正弦函数图形，以便让读者掌握 Matplotlib 绘图的常用方法，然后我们逐步添加更多设置，让读者理解 Matplotlib 的高级用法。

范例 5-1 利用 NumPy 绘制正弦曲线（numpy-sin-plot.py）

```
01    import math
02    import matplotlib.pyplot as plt
03    import numpy as np
04
05    #生成绘制正弦曲线的数据
06    nbSamples = 256
07    X = np.linspace(-math.pi, math.pi, num = nbSamples)
08    Y = np.sin(X)
09
10    # 绘制正弦曲线
11    plt.plot(X, Y)
12    plt.show()
```

运行结果

运行结果如图 5-1 所示。

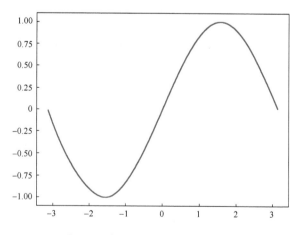

图 5-1 利用 NumPy 绘制正弦曲线

代码分析

由于 NumPy 数组可以批量生成数据，因此生成正弦曲线所需的数据，就变得十分简单。第 07 行使用了 NumPy 的内置方法 linspace (start, stop, num=50)，它能批量生成指定区间[start, stop)内的数量为 num（默认值为 50）的均匀间隔的数组向量 X。默认情况下，上限 stop 是无法取到的。不过 linspace 方法提供了第三个参数 endpoint，该参数是一个布尔变量，若将其取值为 True，则可以取到 stop；若将其取值为 False，则无法取到 stop。

第 08 行使用了 NumPy 中的 sin 方法。NumPy 有一个重要的属性，那就是"向量进，向量出"。由于第 07 行构造的 X 为一个向量（具有 128 个数值），因此 sin(X)会批量生成一个相同维度的向量数组 Y，两个向量中的元素一一对应。

事实上，我们也可以在 plot 方法中指定线条的各种属性，如通过 color、linewidth、linestyle 参数来分别指定线条颜色、宽度、形状，还可以选择通过 marker、markerfacecolor、markersize 参数对标记点的形状、颜色、大小等属性进行指定。

下面，我们再通过一个范例来说明如何修改图形中线条的颜色、样式等属性，并尝试在一个画布中展示两条曲线。

范例 5-2　修改图形中线条的属性（curves.py）

```
01   import numpy as np
02   import matplotlib.pyplot as plt
03   nbSamples = 128
04
05   X = np.linspace(-2* np.pi,2 * np.pi,nbSamples)
06   Y1 = np.sin(X)
07   Y2 = np.cos(X)
08
09   plt.plot(X,Y1,color = 'r',linewidth = 4,linestyle = '--')
10   plt.plot(X,Y2,'*',markersize = 8,markerfacecolor = 'r',markeredgecolor = 'k')
11
12   plt.show()
```

运行结果

运行结果如图 5-2 所示。

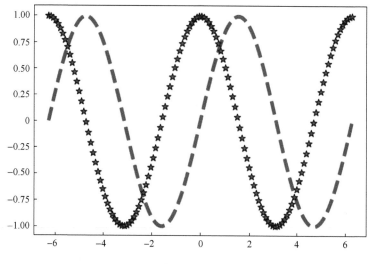

图 5-2　修改属性后的曲线

代码分析

　　首先，我们在一个画布中画出两条曲线，该实现过程并不复杂，只需配置不同的数据源，然后两次调用 plot 方法即可。为了区分彼此，还需要指定不同的颜色、线条样式等。

　　比如，在第 09 行中，我们将正弦函数曲线的线条颜色（color）修改成红色（参数 r 是 red 的简写），将线条宽度（linewidth）设置为 4，将线条样式（linestyle）由原来的实线改成了虚线（用"--"表示）。为了简便，Matplotlib 使用单字母表示常用颜色，如表 5-2 所示。

表 5-2　常用线条颜色的缩写

颜色的简写（alias）	代表的颜色（color）	颜色缩写（alias）	代表的颜色
r	red，红色	c	cyan，青色
g	green，绿色	m	magenta，品红
b	blue，蓝色	y	yellow，黄色
w	white，白色	k	black，黑色

　　在表 5-2 中，rgb 是屏幕类显示的构图三原色，而 cmyk 是彩色印刷品的构图四原色。

　　标记点也可用于区分不同线条。在第 10 行中，我们用离散的五角星来标记显示。同时，我们还修改了标记点（marker）的大小（markersize）、填充色（markerfacecolor）和边线颜色（markeredgecolor）。

　　plot 方法中的 linestyle 参数也可以简化为由一系列字符串构成的标识，对于'[color] [marker] [linestyle]'而言，'g^-'就等价于 color='g', marker='^', linestyle ='-'。这里的方括号表示可选项。

5.3　pyplot 的常用方法

除了绘制曲线图形，pyplot 中的 bar、hist 等方法还可用于绘制条形图、直方图等其他种类的图形。此外，我们也可以在画布中添加图例、标题、注释、标签等高级属性，让图像的信息量更多。如表 5-3 所示的是 pyplot（以下简写为 plt）的常用方法及其功能。

表 5-3　pyplot 的常用方法及其功能

方法	功能
plt.title	在当前图形中添加标题，可以指定标题的名称、位置、颜色及字体大小等参数
plt.xlabel	在当前图形中添加 X 轴的名称，可以指定位置、颜色及字体等参数
plt.ylabel	在当前图形中添加 Y 轴的名称，可以指定位置、颜色及字体等参数
plt.xlim	设定当前图形在 X 轴的显示范围（limit），只能确定一个数值区间
plt.ylim	设定当前图形在 Y 轴的显示范围，只能确定一个数值区间
plt.xticks	设置 X 轴刻度的数目及取值
plt.yticks	设置 Y 轴刻度的数目及取值
plt.legend	设置当前图形的图例，可以指定图例的大小、位置和标签
plt.grid	设置当前图形的网格线颜色、形状，以及网格的方向等

下面我们用具体的案例来讨论 pyplot 一些高级功能的使用。

5.3.1　添加图例与注释

在某些情况下，我们需要将不同曲线放置在同一个坐标系中，方便对照。为区分不同曲线代表的含义，增强图形的可读性，需要给不同曲线设置不同的标记、颜色、宽度等，并添加图例（Legend）来区分它们，其方法如范例 5-3 所示。

范例 5-3　给图形添加图例（add_legend.py）

```
01   import numpy as np
02   import matplotlib.pyplot as plt
03   nbSamples = 128
04
05   X = np.linspace(-np.pi,np.pi,nbSamples)
06   Y1 = np.sin(X)
07   Y2 = np.cos(X)
08
09   plt.plot(X,Y1,color = 'g',linewidth = 4,linestyle = '--',label = r'$Y =
sin(X)$')
10   plt.plot(X,Y2,'*',markersize = 8,markerfacecolor = 'r',
11           markeredgecolor = 'k',label = r'$Y = cos(X)$')
12
```

```
13   plt.legend(loc = 'best')
14   plt.show()
```

运行结果

运行结果如图 5-3 所示。

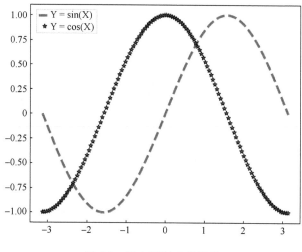

图 5-3　添加图例后的图形

代码分析

本例仅在范例 5-2 的基础上做了简单的修改。首先，在第 09 行和第 11 行为曲线添加了标签属性，然后在第 13 行，通过设置 plt.legend(loc= 'best')使图例能够在画布的"最佳"位置显示，这里的"最佳"是由系统自动判别的，通常哪里留白较多，系统就将图例放到哪里，loc 参数是 location（位置）的简写，表示图例所在位置，默认为 best。

当然，我们也可以自行指定图例位置，可供选择的参数有 upper right（右上）、upper left（左上）、lower left（左下）、lower right（右下）、right（右边）、center left（左中）、center right（右中）、lower center（中下）、upper center（中上）、center（中）等。

值得注意的是，在绘图过程中，Matplotlib 可以为各个轴的标签（label）、图像的标题（title）、图形的图例（legend）等元素添加 LaTeX 风格的公式。添加公式并不复杂，只要在 LaTeX 公式的文本前后各增加一个$符号，Matplotlib 就可以自动进行解析。如第 9 行和第 11 行，公式前面通常添加字母 r，它是英文 raw（原生态的）的首字母，表示后面的字符串（即 LaTeX 公式）以原始字符形式存在，不需要进行转义解析。比如，字符串 r'\n'就表示两个字符，一个是"\"另一个是"n"。如果去掉字符串前面的标识 r，那么'\n'就被解析为一个字符，即换行符。

你知道吗？

LaTeX 是一种基于 TEX 的排版系统。利用这种格式，用户可以在短时间内生成很多具有高质量的图书。特别是对生成复杂表格和数学公式，因此它非常适用于生成高印刷质量的科技和数学类文档。

5.3.2　设置（中文）标题及坐标轴

在某些情况下，我们需要给图形设置一个标题（在默认配置下，中文标题会出现乱码，需要做额外的配置，后文会展开讨论），修改坐标轴的刻度值，或关闭坐标轴显示等。这时，我们可以使用 plt.title 方法来给图形设置标题，使用 plt.xticks 方法设置 X 轴刻度值，使用 plt.ytick 方法设置 Y 轴刻度值，使用 plt.xlim 方法、plt.ylim 方法分别设置 X 轴和 Y 轴的区间范围，使用 plt.xlabel 方法、plt.ylabel 方法分别设置 X 轴和 Y 轴的名称。详细方法见范例 5-4。

范例 5-4　设置图形标题及坐标轴（set_title_axis.py）

```
01    import numpy as np
02    import matplotlib.pyplot as plt
03
04    X = np.arange(-5,5,0.05)
05    Y1 = np.sin(X)
06    Y2 = np.cos(X)
07
08    #在 Matplotlib 中显示中文，设置特殊字体
09    #plt.rcParams['font.sans-serif'] = ['Arial Unicode MS']    #适用 macOS 系统
10    plt.rcParams['font.sans-serif'] = ['SimHei']               #适用 Windows 系统
11    plt.title('双曲线')
12
13    plt.ylim(-1.2,1.2)
14    plt.xlim(-6,6)
15    plt.xticks(ticks = np.arange(-1.5 * np.pi, 2 * np.pi,0.5 * np.pi),
16        labels = ['$-\\frac{3}{2}\pi$','$-\pi$','$-\\frac{1}{2}\pi$',
17        '0','$\\frac{1}{2}\pi$','$\pi$','$\\frac{3}{2}\pi$'])
18    plt.yticks(ticks = [-1,0,1])
19    plt.xlabel('我是$X$轴')
20    plt.ylabel('我是$Y$轴')
21
22    plt.plot(X,Y1,'r-',label = '$Y_1 = sin(X)$')
23    plt.plot(X,Y2,'b:',label = '$Y_2 = cos(X)$')
24
25    plt.legend(loc = 'best')
26    plt.figure(figsize = (9, 6), dpi = 100)
27    plt.show()
```

运行结果

运行结果如图 5-4 所示。

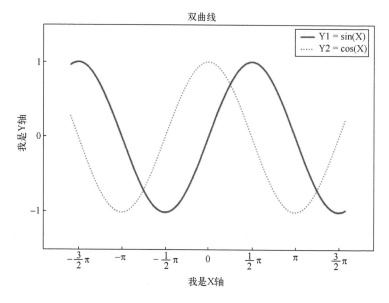

图 5-4　设置了标题及坐标轴的图形

代码分析

虽然 Matplotlib 的功能很强大，但对中文不够友好。如果不指定具体的中文字体，标题、题注等凡是涉及中文文本的地方都可能出现乱码。在 Windows 系统中，我们可以在每次编写代码时设置如下参数，正确显示中文和正负号。

```
plt.rcParams['font.sans-serif'] = ['SimHei']#用来正常显示中文标签，Windows 系统适用
plt.rcParams['axes.unicode_minus'] = False #用来正常显示负号
```

在设置中文字体过程中，'SimHei'表示简体（Simple）黑体（Hei），当然也可以设置其他中文字体，但前提是 Matplotlib 能找到用户指定的字体。macOS 的用户需要注意，Matplotlib 的中文字体和 Windows 系统的不同。macOS 自带中文字库，Arial Unicode MS 即为其中一种。因此，我们无须专门安装字库，也不需要修改配置文件，设置相关参数即可。解决字体显示问题的方案参见被注释起来的第 09 行。

第 13 行使用 plt.ylim 方法设置 Y 坐标轴范围为(-1.2, 1.2)。第 14 行使用 plt.xlim 方法设置 X 轴的坐标范围为(-6, 6)。这里 xlim 表示 X 轴显示的限度（limit）。类似地，ylim 表示 Y 轴显示的限度（limit），这些上下限都是可以手动调节的。

接下来，使用 plt.xlabel 方法设置 X 坐标轴名称"我是 X 轴"，使用 plt.ylabel 设置 Y 坐标轴名称"我是 Y 轴"。使用 plt.xticks 方法（第 15 行～17 行）设置 X 轴的刻度，使用 plt.yticks 方法（第 18 行）设置 Y 轴的刻度。xticks 和 yticks 方法分别用于设置 X 轴和 Y 轴的刻度与标签。这两

种方法都有相同的参数 ticks 和 labels。其中 ticks 用于设置坐标轴的刻度值，labels 用于设置坐标轴的标签值。

可以在标签或标题中添加专业的 LaTeX 公式。LaTeX 公式的添加看起来相对复杂，但我们可以通过网络资源以"所见即所得"的方式在线编辑公式，然后将编辑好的公式复制到 Python 代码中即可。

如果在 ticks 方法中使用 rotation 参数，那么可以将刻度值做一定角度的旋转，通过一定角度的旋转，可以对比较密集的刻度值进行更好的区分。如在上述第 15～17 行中，令 X 轴旋转 30°，示例代码如下。

```
plt.xticks(ticks = np.arange(-1.5 * np.pi, 2 * np.pi,0.5 * np.pi),
        labels = ['$-\\frac{3}{2}\pi$','$-\pi$','$-\\frac{1}{2}\pi$',
                '0','$\\frac{1}{2}\pi$','$\pi$','$\\frac{3}{2}\pi$'],
        rotation = 30)
```

运动结果如图 5-5 所示。

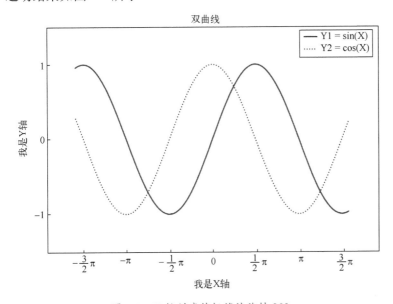

图 5-5　X 轴刻度值标签被旋转 30°

此外，在 Matplotlib 中，展示图片时一般使用 plt.figure 方法中的参数 figsize=(w, h)来设置画布的尺寸（第 26 行），其中 w 为画布的宽度（width），h 为画布的高度（height），单位为英寸（inch）。

在范例 5-4 中，我们调用了两次 plot 方法，从而实现了在一张画布中绘制两条曲线的目的。实际上，只要提供足够的绘图所需的信息，即使调用一次 plot 方法也可绘制多条曲线，如范例 5-5 所示。

范例 5-5　一次性绘制多条曲线（multiple-line.py）

```
01   import matplotlib.pyplot as plt
02   import numpy as np
```

```
03    fig = plt.figure()                         #获取画布句柄
04
05    data = np.arange(0, 4, 0.2)               #在区间[0,4)内，以0.2的间隔均匀分割
06
07    # 分别使用红色的点画线、蓝色的方块和绿色的三角形来区分这三条曲线
08    plt.plot(data,data,'r-.',data,data**2,'bs',data,data**3,'g^')
09    plt.savefig('mult_lines.png',dpi=600)
```

运行结果

运行结果如图 5-6 所示。

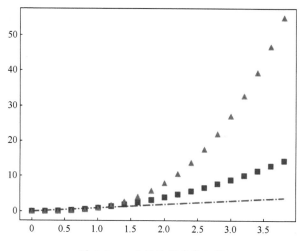

图 5-6 一次性绘制多条曲线

代码解析

在本例中有两个小技巧值得借鉴。第一个小技巧就是前面所说的，我们可以一次性地绘制多条曲线，如第 08 行按照顺序先后提供了三条线段"X 轴数据、Y 轴数据，线条样式"这样的三元结构，从而实现了 $y = x$、$y = x^2$ 和 $y = x^3$ 这三条曲线的绘制。

为了区分这三条曲线，需要让它们在样式上有所不同，线条样式通常由一个格式字符串构成，包括标记（marker）、线条样式（line）和颜色（color）。注意，格式字符串的顺序可以不同。

```
fmt = '[marker][line][color]'
```

上述 fmt 样式中的每个选项都是可选的，方括号表示可选。如果我们没有显式提供样式，Matplotlib 会自动循环使用样式池中的不同值，以达到区分不同线条的目的。

在第 08 行，第一条曲线的参数是"r-."，其中"r"表示红色（red），"-."是非常形象的点画线。此外，"-"表示实线，"--"表示虚线，":"表示短虚线，读者可自行测试一下。

第二条曲线的样式是"bs"，其中"b"表示的颜色是 blue（蓝色），"s"表示图形为正方形（square）。第三条曲线的原始设置是"g^"，其中"g"表示的颜色是 green（绿色），第二个字符"^"表示图形是向上的"三角形"，与这个字符的外形很相似。

第二个值得关注的小技巧是，如果我们不想在屏幕上显示图形，而是想将显示的结果另存为一张图片后备用，就可以使用 savefig 方法。在该方法中填写对应的存储路径和文件名（包括扩展名）即可。这个方法的巧妙之处在于，它会根据文件名的扩展名不同，自动识别图片格式并将其存储为对应的格式。比如，如果我们使用 LaTeX 撰写学术论文，可能会使用较多 pdf 格式这类矢量图片，那么这时可以把第 09 行修改为如下代码。

```
plt.savefig('mult_lines.pdf',dpi = 600,bbox_inches = 'tight')
```

当然，我们也可以根据需要将图片保存为 jpg、pdf、svg 等格式。在第 09 行中，参数 dpi = 600 并不是必须的。只有当我们觉得生成图片的分辨率不够高时，设置这个参数才有必要，该参数可以提高图片分辨率。参数 bbox_inches = 'tight'的功能是删除生成图片周围的空白，如果要求生成的图片紧凑一些，那么此时这个参数就是有用的。

在 Matplotlib 中，关于线条标记（marker）的取值请参考表 5-4。

你知道吗？

DPI（Dots Per Inch，每英寸点数）是一个量度单位，用于点阵数码影像，指在每英寸长度中取样、可显示或输出点的数目。一般显示器为 96 DPI，撞针打印机，分辨率通常是 60～90 DPI。喷墨打印机的分辨率为 300～720 DPI。激光打印机的分辨率为 600～1200 DPI。

表 5-4　线条的标记

符号	描述	符号	描述
.	点	p	五角形
,	像素	P	+填充
o	圆形	*	星形
v	下三角	h	六角形第 1 类
^	上三角	H	六角形第 2 类
<	左三角	+	加号
>	右三角	x	x 标记
1	tri_down（类似于空心下三角）	X	x 填充
2	tri_up（类似于空心上三角）	D	瘦形
3	tri_left（类似于空心左三角）	d	瘦菱形
8	tri_right（类似于空心右三角）			垂直
s	方形	_	水平线

为了让读者对上述符号有个感性认识，我们把常见的标记显示出来，以供读者在日后绘图任务中方便参考。具体代码请参考范例 5-6。

范例 5-6　显示常见的标记（marker.py）

```
01  import matplotlib.pyplot as plt
02  import numpy as np
03  rng = np.random.RandomState(0)
```

```
04   markers = ['o', '.', ',', 'x', '+', 'v', '^', '<', '>', 's', 'd']
05   for marker in markers:
06       plt.plot(rng.rand(5), rng.rand(5), marker,
07               label = "marker = '{0}'".format(marker))
08   plt.legend(numpoints = 1)
09   plt.xlim(0, 1.8)
10   plt.show()
```

运行结果

运行结果如图 5-7 所示。

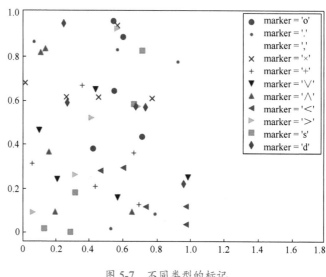

图 5-7　不同类型的标记

5.3.3　添加网格线

有时，为了便于比较，我们可能需要利用图形中的网格线来辅助定位图像的大致坐标位置，这时就需要利用 grid 方法。修改范例 5-5，添加一行代码即可添加网格线，参见范例 5-7。

范例 5-7　添加网格线（plot-grid.py）

```
01   import matplotlib.pyplot as plt
02   import numpy as np
03   data = np.arange(0, 4, 0.2)
04
05   plt.plot(data, data, 'r-.', data, data**2, 'bs', data, data**3, 'g^')
06
07   plt.grid(visible = True)                        #添加网格线
08   plt.show()
```

运行结果

运行结果如图 5-8 所示。

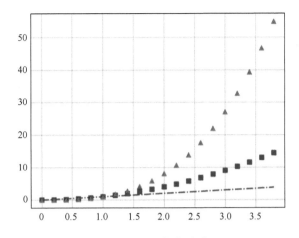

图 5-8　添加网格线的图形

代码分析

本例中的核心代码是第 07 行中的 grid 方法，其原型如下。

```
plt.grid(visible = None, which = u'major', axis = u'both', **kwargs)
```

plt.grid 方法中的参数具体含义如下。

- visible：布尔类型变量，取值为 True 或 False，表示是否为图形添加网格，默认为 False，即不添加。

- which：取值为 major、minor 或 both，表示使用大网格（major）或小网格（minor），或大网格中套小网格（both），默认为 major。

- axis：取值为 both、x 或 y，表示在哪个轴添加网格线，可以是 X 轴、Y 轴，或 X 轴和 Y 轴均添加，默认为 both，即 X 轴和 Y 轴均添加网格线。

5.3.4　绘制多个子图

在前面的讨论中，每次我们都仅绘制一张图片。但有时我们需要将多个子图绘制在一起，这样方便对比。在 Matplotlib 中，所有绘制的图像都位于一个画布（Figure）对象中，在画布中创建子图，需要利用绘制子图的方法 subplot，其原型如下。

```
plt.subplot(nrows, ncols, plot_number)
```

该方法的功能是绘制 nrows 行 ncols 列的第 plot_number 个子图。显然，在这种布局下，我们一共有 nrows×ncols 个子图，参数 plot_number 用于指明是第几个子图。例如，subplot(2, 1, 1)表示两行一列（即上下结构的两个子图）的第一个子图。如果以上参数的值都小于 10，那么这些数字可以连写在一起，如前面的写法可简化为 subplot(211)。

当确定好画布的格局后，我们就可以直接在画布指定的区域添加子图，这时利用的方法是 figure.add_subplot，其中 figure 为画布的名称。利用该方法能创建并选中子图，其参数用法与 subplot 方法的参数用法一样，可以指定子图的行数、列数及选中的子图编号。下面举例说明。

范例 5-8　同时绘制两个子图（subplot.py）

```
01   import matplotlib.pyplot as plt
02   import numpy as np
03
04   def func(x):
05       return np.exp(-x) * np.cos(2 * np.pi * x)
06
07   t1 = np.arange(0.0,5.0,0.1)
08   t2 = np.arange(0.0,5.0,0.02)
09   fig = plt.figure()              #创建一个画布
10                                   #第 1 种绘制子图的方法
11   plt.subplot(2,1,2)             #等价于 plt.subplot(212)，在画布上创建第 2 个子图
12   plt.plot(t2,np.cos(2 * np.pi * t2),'r--')
13
14                                   #第 2 种绘制子图的方法
15   sub_fig1 = fig.add_subplot(211)    #在画布上创建第 1 个子图
16   sub_fig1.grid(True)                #添加网格线
17   plt.plot(t1,func(t1),'bo',t2,func(t2),'k')
18   plt.show()
```

运行结果

运行结果如图 5-9 所示。

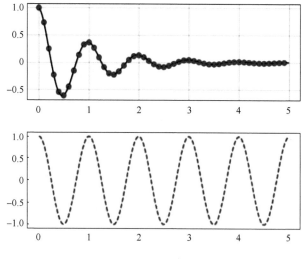

图 5-9　上下布局绘制两个子图

代码分析

在本例中，我们提供了两种绘制子图的方法，二者是等价的。

我们先构建一个画布（第 09 行）。第一种方法是利用 subplot 方法，它是子模块 pyplot 中的方法，用起来更加简单明了。此处绘制的是红色虚线，绘制的函数是 cos2πx。这里的π用 NumPy 模块中的 np.pi 表示。

第二种方法是在该画布上利用 add_subplot 方法添加一个子图（第 15 行），其参数的含义与 subplot 方法的相同。这里的"211"，表示的含义是 2 行 1 列的第 1 个子图（前 2 个数值表示图的布局，第 3 个数值表示在这个布局下的第几个子图）。在构造子图时，我们可以添加网格线（第 16 行），该行代码等价为 sub_fig1.grid(visible=True)，其中"visible ="可省略。

注意，在第 17 行中，plot 方法实际上绘制了两个图形。第一个是由蓝色（标记为 b）实心圆（标记为 o）标记的，X 轴的数据为 t1（第 07 行），Y 轴的数据由第 04～05 行的函数 func(t1)构造。第二个图形为黑色（标记符号为 k）曲线，其中，X 轴的数据为 t2（第 08 行），Y 轴数据由第 04～05 行的函数 func(t2)构造。两个图形叠加在一起构成了点画线。

此外，由于我们设置了子图的位置布局，因此子图绘制的先后顺序并不重要。在本例中，我们人为先绘制第二个子图，然后再绘制第一个子图。

5.3.5　Axes 与 subplot 的区别

在前面的绘图过程中，为了简单起见，我们一般通过 plt.xxx 来绘制图形（这里的 xxx 代表某类图形）。当我们在绘制比较高级的图形时，如绘制子图、图中图时，会出现诸如 Figure、Axes、axis 等对象让我们分不清楚。那么它们之间到底有什么区别呢？下面我们用图形来说明，如图 5-10 所示。

首先要说明的是，在绘图时，Figure（画布）最大，它有点像绘制实体画所用的画板，如代码 fig = plt.figure()的功能就是创建一个空画布。

在画布里，我们可以创建各种子图。子图主要有两类：一类是排列整齐的子图，称为 subplot；另一类是排列的子图，称为 Axes。

为了方便理解，这里有个比喻：把 Figure 想象成 Windows 操作系统的桌面，在桌面上会有各种图标（icon），如果图标自动对齐到网格，就称之为 subplot；如果图标是自由摆放的，甚至可以相互重叠，就称之为 Axes。但不管怎么摆放，subplot 和 Axes 本质上都是 Figure 内的子图。

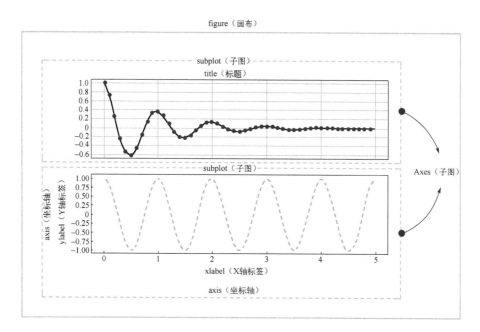

图 5-10　Figure、Axes、axis 的区别

　　但在本质上，Axes 更加底层。事实上，subplot 内部也是调用 Axes 来实现功能的，不过是子图排列得更加规范罢了。这是因为，subplot 在某种程度上是 Axes 的特例。

　　在绘图时，axis 会令我们感到困惑，其实 axis 只是普通坐标轴，每个子图都有坐标轴。为了获得更好的可读性，每个坐标轴都可以配上标签（label）。如 X 轴有 xlabel 这个属性，Y 轴有 ylabel 属性等。

　　可能 Matplotlib 的设计者认为，任何一个子图都要通过多个轴（axis）来呈现（二维图有两个轴，三维图有三个轴），所以就用"axis"的复数形式"Axes"表示子图。但不可以认为 Axes 是多个轴（axis）的意思，而应该在整体上把它视为一个在画布中可以任意摆放的子图。下面，我们举例说明。

范例 5-9　创建画布与子图（figure.py）

```
01    import matplotlib.pyplot as plt
02    # 生成一个没有子图（Axes）的画布 fig
03    fig = plt.figure()
04    plt.show()
```

　　执行上述代码，会得到如下结果，并没有图形显示出来。

运行结果

```
<Figure size 432x288 with 0 Axes>
```

　　如果没有子图，只有一个画布是无法构成一个图形显示对象的。但是，如果我们有意识地添加子图，哪怕是一个空子图，它也能构成可显示的图形对象。在范例 5-9 基础上修改并添加子图 add_subplot 代码。

范例 5-10　创建画布与子图（figure-1.py）

```
01  import matplotlib.pyplot as plt
02  fig = plt.figure()
03  ax1 = fig.add_subplot(2,2,1)    #2 行 2 列的第 1 个子图
04  ax2 = fig.add_subplot(2,2,2)    #2 行 2 列的第 2 个子图
05  ax3 = fig.add_subplot(2,2,3)    #2 行 2 列的第 3 个子图
06  plt.show()
```

运行结果

运行结果如图 5-11 所示。

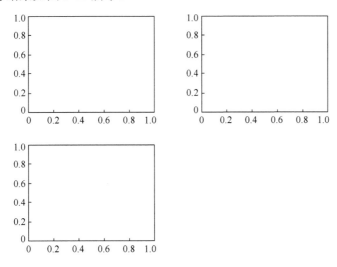

图 5-11　一个画布上有三个空白的子图

代码分析

在上述第 02 行返回一个空白的画布，第 03 行～第 05 行，我们不断地在这个画布上添加子图，但子图区域并没有图形，等待我们继续在规定的区域内绘图。上述代码还可以用 plt.subplots 方法（注意，这个添加子图的方法是复数形式）一次性地添加多个子图区域。

范例 5-11　创建画布与子图（figure-2.py）

```
01  import matplotlib.pyplot as plt
02  # 生成一个画布 fig,fig 中有 2×2 均匀分布的子图
03  fig, axes_list = plt.subplots(2,2)
04  plt.show()
```

运行结果

运行结果如图 5-12 所示。值得注意的是，第 03 行的 plt.subplots 方法返回

两个对象，一个是 Figure（画布）对象，接收该对象的变量名是 fig（这个变量名可以自定义）；另一个是 Axes 对象，此处接收该对象的变量名是 axes_list，它包含了 4 个子图。如前文所述，在这种场景下，Axes 就是 subplot。

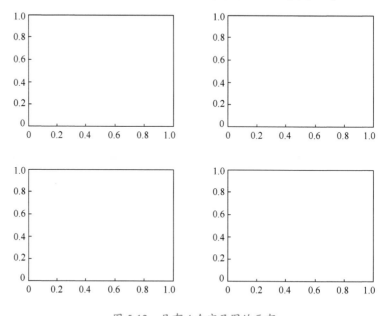

图 5-12　具有 4 个空子图的画布

现在，我们有 4 个空子图（Axes），那么该如何区分它们呢？区分的方法并不复杂，类似于 NumPy 的多维数组访问，axes_list[0,0]表示第 0 行第 0 列的子图（下标从 0 开始计数，下同），即左上角的图，axes_list[0,0]等价于 axes_list[0][0]。类似地，axes_list[0,1]表示第 0 行第 1 列的子图，即右上角的图，依此类推。

如果我们知道这种子图的区分方式，那么就可以做到准确定位所需子图。比如，我们仅仅想在右下角的子图上绘制特定图形，那么改造范例 5-10 进行如下操作即可实现。

范例 5-12　创建画布与子图（figure-3.py）

```
01  import matplotlib.pyplot as plt
02  import numpy as np
03
04  # 生成一个画布 fig，fig 中有 2×2 分布均匀的子图
05  fig, axes_list = plt.subplots(2, 2)
06  #构造 X 轴和 Y 轴的数据
07  x = np.linspace(0, 2 * np.pi, 400)
08  y = np.sin(x**2)
09  #在第 1 行第 1 列的子图中绘图
10  axes_list[1, 1].plot(x, y)
```

```
11   plt.show()
```

运行结果

运行结果如图 5-13 所示。

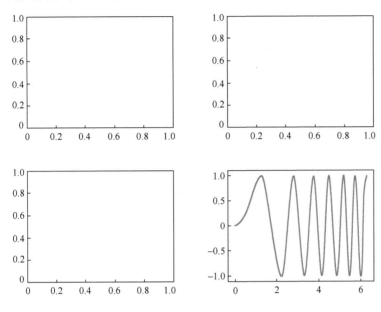

图 5-13　在特定的子图中绘图

上述代码第 10 行中的 axes_lst[1, 1].plot(x, y)完全等价于 pyplot 模型下的如下两行代码。

```
plt.subplot(2,2,4)                        #2 行 2 列的第 4 个子图
plt.plot(x,y)
```

使用 pyplot 方法（通常简写为 plt）绘图也很方便，我们可以把它理解为一辆自动挡汽车，开起来（绘图）很方便。而使用 Axes 方法绘图，模式更像是一辆手动挡汽车，它操作起来略显麻烦，但能让专业选手对绘制的图形更有"掌控感"。

比如，我们想绘制一个大图中套小图的子图，即"图中图"，使用 Axes 就相对容易一些，代码如范例 5-13 所示。

范例 5-13　利用 Axes 画出图中图（fig_in_fig.py）

```
01   import numpy as np
02   import matplotlib.pyplot as plt
03
04   #创建空画布
05   fig = plt.figure()
06
07   #构造 X 轴和 Y 轴的数据
```

```
08    x = np.linspace(0, 2*np.pi, 400)
09    y = np.sin(x**2)
10
11    #自定义子图 1 的绘图位置
12    left1, bottom1, width1, height1 = 0.1, 0.1, 0.8, 0.8
13    #在画布上添加一个子图
14    axes_1 = fig.add_axes([left1, bottom1, width1, height1])
15    axes_1.scatter(x, y)
16    axes_1.set_xlabel('x')
17    axes_1.set_ylabel('y')
18    axes_1.set_title('这是一个子图')
19
20    #自定义子图 2 的绘画位置
21    left2, bottom2, width2, height2 = 0.6, 0.6, 0.25, 0.25
22    #在画布上添加另外一个子图
23    axes_2 = fig.add_axes([left2, bottom2, width2, height2])
24    axes_2.plot(x, y)
25    axes_2.set_title('这是一个图中图')
26
27    plt.rcParams['font.sans-serif'] = ['SimHei']    #Windows 中显示中文
28    plt.show()
```

运行结果

运行结果如图 5-14 所示。

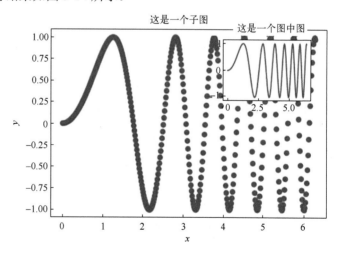

图 5-14　利用 Axes 画出图中图

在以上代码中，在使用 fig.add_axes([left, bottom, width, height])添加子图时，要事先确定子图在画布中的位置，这时需要 4 个参数来定位，即图左下角（原点的左边坐标和底部坐标）的位置和图形大小（宽和高）。但需要注意的是，这 4 个值分别用占整个 Figure 坐标系的百分比来表示，即都是小于 1 的数。

　　举例说明，参考代码第 12 行和第 14 行，如果传入的 4 个参数为[0.1,
0.1, 0.8, 0.8]，那么表示图片相对于原点（画布左下角）从左向右移动
10%，从下向上移动 10%，宽度为整个画布宽度的 80%，高度为整个画布
高度的 80%，读者可以自己尝试修改坐标参数（如第 21 行和第 23 行），
观察其中的规律。在第 15 行我们用了 scatter 方法绘制散点图，而在第 24
行却用了 plot 绘制曲线。读者先对散点图有一个简单的认识即可，在接下
来的章节中我们会详细讲解此类图形的绘制方式。

　　由上面的分析可知，用 add_axes 方法生成子图的灵活性更强，它完全
可以实现 add_subplot 方法的功能，并且更容易控制子图的显示位置，甚至
实现相互重叠的效果，请参考范例 5-14 的代码。

范例 5-14　利用 Axes 绘制重叠的图（stack-fig.py）

```
01    import matplotlib.pyplot as plt
02    import numpy as np
03
04    x = np.linspace(0, 2 * np.pi, 400)
05    y = np.sin(x ** 2)
06
07    fig = plt.figure()                              #创建画布
08
09    axes_1 = fig.add_axes([0.1, 0.1, 0.5, 0.5])
10    axes_2 = fig.add_axes([0.2, 0.2, 0.5, 0.5])
11    axes_3 = fig.add_axes([0.3, 0.3, 0.5, 0.5])
12    axes_4 = fig.add_axes([0.4, 0.4, 0.5, 0.5])
13    axes_4.plot(x, y)
14
15    plt.show()
```

运行结果

运行结果如图 5-15 所示。

代码分析

　　在上述代码中，因为 Axes 表示的子图位置可以自由定义，所以当如
果不同子图之间的显示区域有重叠时，就构成了具有重叠效果的子图群。
这种绘图方式在特殊场合下是很有用的。

5.3.6　图形的填充

　　有时，我们需要对绘图的部分区域进行填充。在这种场景下，就需要
使用 fill_between 方法来完成填充任务。

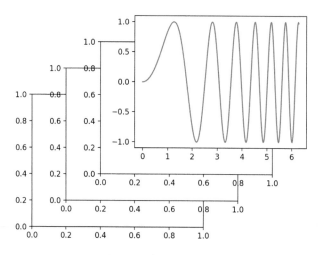

图 5-15　相互重叠的子图

范例 5-15　图形的填充（fill.py）

```
01    import numpy as np
02    import matplotlib.pyplot as plt
03
04    x = np.linspace(0,1,500)
05    y = np.sin(3 * np.pi * x) * np.exp(-4 * x)
06
07    fig, ax = plt.subplots(1,1)
08    ax.plot(x,y)
09    plt.fill_between(x,0,y,facecolor = 'green',alpha = 0.3)
10    plt.show()
```

运行结果

运行结果如图 5-16 所示。

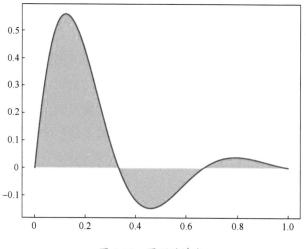

图 5-16　图形的填充

代码分析

在上述代码中，填充是由 fill_between 方法完成的，该方法的原型如下。

```
fill_between(x,y1,y2 = 0,where = None,interpolate = False,step = None,*,
data = None,**kwargs)
```

该方法的功能是填充两条曲线之间的区域。曲线由点(x, y1)和点(x, y2)定义。这将创建一个或多个描述填充区域的多边形。结合第 09 行，我们来解释相关参数的含义。第一个参数 x 表示覆盖的区域，这里直接采纳 x（第 04 行定义），表示水平方向的填充将覆盖整个 x 所定义的范围。第二个参数 y1 表示的是，定义第 1 条曲线的节点 y 坐标，这里直接被赋为一个固定值 0，其实表明它是由(x, 0)定义的一条水平线（设为 line1）。第三个参数 y2，它表示第 2 条曲线的节点 y 坐标，由(x, y2)构成了第二条曲线（设为 line2）。于是 line1 和 line2 在给定的定义域内有部分交集区域，fill_between 方法的功能是填充这些交集区域。facecolor 和 alpha 属于关键字参数（**kwargs）的一部分，facecolor 表示覆盖区域的颜色，alpha 表示覆盖区域的透明度，取值区间为[0,1]，其值越大，透明度越低。

> **你知道吗?**
>
> fill_betweenx 方法的作用是填充两条垂直曲线之间的区域。与 fill_between 方法一个字母（多了一个 x）之差，填充区域却大有不同，读者可自行尝试一下。

利用 fill_between 方法还可以完成两条直线之间的填充，参见范例 5-13。

范例 5-16　在两条直线间进行填充（fill_btw_lines.py）

```
01   import numpy as np
02   import matplotlib.pyplot as plt
03   N = 21
04   x = np.linspace(0,10,11)
05   y = [3.9,4.4,10.8,10.3,11.2,13.1,14.1,9.9,13.9,15.1,12.5]
06
07   # 用 x 和 y 来拟合一个多项式曲线
08   a, b = np.polyfit(x, y, deg = 1)
09   y_est = a * x + b
10   y_err = x.std() * np.sqrt(1/len(x) +
11                   (x - x.mean())**2 / np.sum((x - x.mean())**2))
12
13   fig, ax = plt.subplots()
14   ax.plot(x, y_est, '-')
15   ax.fill_between(x, y_est - y_err, y_est + y_err, alpha = 0.2)
16   ax.plot(x, y, 'o', color = 'tab:brown')
17   plt.show()
```

运行结果

运行结果如图 5-17 所示。

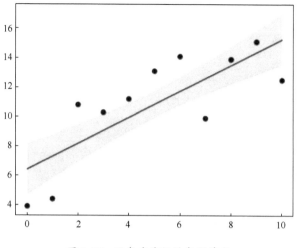

图 5-17　两条直线间的色彩填充

代码分析

本例的代码功能就是针对 x 和 y 做了一个简单的多项式拟合（第 08
行），用拟合出来的参数 a 和 b 配合 x 和 y 就能绘制一条拟合的直线，这
条直线固然有一定的误差，我们想把这个误差进行可视化，于是在这条直
线上下各画出一条误差线，不需要直接画出这两条误差线，而是在这两条
直线间进行填充，这就用到前面提到的 fill_between 方法（第 15 行）。第
16 行是将原始数据的坐标点以实心圆点画出来。

5.4　折线图

折线图（line chart）是一种将数据点按照一定顺序连接起来的线条
图，其主要功能就是查看因变量 y 随自变量 x 的变化趋势。在前面的案例
中，我们已经做了一部分介绍，下面我们将系统地介绍折线图的用法。绘
制折线图的方法是 plot，其原型如下。

```
plt.plot(*args, scalex = True, scaley = True, data = None, **kwargs)
```

该方法的功能是将包含一系列 y 值和同等长度 x 绘制成线条和/或标记
（marker）。注意，这里的"和/或"的关系描述是准确的，plot 方法既可以
绘制线条，又可以绘制离散的标记，还可以二者兼具。该方法并没太多明确
的参数，而是根据需要填入可变个数的参数，如用单个星号（*）表示 args
（这是一个元组），或用双星号（**）表示关键字参数 kwargs——这是一个字
典，或用"key:value 对"表示参数（key）和赋值（value）之间的关系。实
际上，这类参数常用的并不多，参见表 5-5。

表 5-5　plot 方法中的常用参数

参数名称	功能描述
x，y	接收类数组（array-like）数据，定义 X 轴和 Y 轴对应的数据
color	接收特定字符串，指定线条的颜色，默认 None。参见表 5-2 的 color 参数常用颜色的缩写
linestyle	接收特定字符串，指定线条的风格，默认为 "-"，即实线
marker	接收特定字符串，指定绘制点的类型，默认为 None。参见表 5-4 线条的标记
alpha	接收 0~1 区间内的小数，表示点的透明度，数值越大，透明度越低

下面举例说明绘制折线图的方法。

范例 5-17　绘制不同类型的折线图（lines.py）

```
01  import matplotlib.pyplot as plt
02  import numpy as np
03
04  x = np.sin(np.linspace(-3,3,50))
05
06  plt.plot(x, x, linestyle = '--', color = 'r')
07  plt.plot(x, x**2, 'bs')
08  plt.plot(x, x**3, 'g^')
09  plt.plot(x, x**4, 'o', color = "orange")
10  plt.plot(x, x**5, 'o-', color = "black")
11
12  plt.show()
```

运行结果

运行结果如图 5-18 所示。

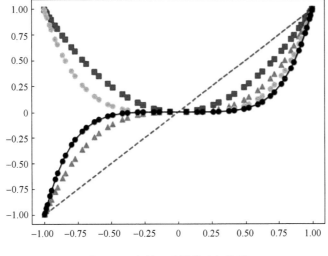

图 5-18　绘制不同样式的折线图

代码分析

在本例中，我们使用不同的方法绘制了不同样式的折线图。有的线条使用的是颜色的全称（如第 09 行和第 10 行），有的则使用的是颜色的简称（如第 06 行），有的则将线条样式和线条颜色合并在一起（如第 07 行和第 08 行）。常见的颜色字符串及其简写可参见表 5-2。但表 5-2 所示的颜色有限，更多的颜色表达可以查询相关资源（如 Matplotlib 官网）。

5.5　散点图

在可视化图形应用中，散点图的应用范围也很广泛。比如，如果某一个点或某几个点偏离大多数点，则称这些点为孤立点（Outlier），通过散点图可以快速区分孤立点。在机器学习中，散点图常用在分类、聚类中，以便显示不同类别。

在 Matplotlib 中，绘制散点图的方法与使用 plot 方法绘制图形类似，参见范例 5-18。

范例 5-18　绘制散点图（scatter.py）

```
01  import matplotlib.pyplot as plt
02  import numpy as np
03
04  #产生 50 对服从正态分布的样本点
05  nbPointers = 50
06  x = np.random.standard_normal(nbPointers)
07  y = np.random.standard_normal(nbPointers)
08
09  #设置种子，以便让实验结果具有可重复性
10  np.random.seed(19680801)
11  colors = np.random.rand(nbPointers)
12
13  area = (30 * np.random.rand(nbPointers)) ** 2
14  plt.scatter(x, y, s = area, c = colors, alpha = 0.5)
15  plt.show()
```

运行结果

运行结果如图 5-19 所示。

代码分析

scatter 方法与 plot 方法的使用大致相同。相比而言，利用 scatter 方法只能绘制点状图，且不支持点与点的连线。在上述程序中产生了 50 个点，每个点的颜色都不同，颜色取值是 50 个在区间[0,1)内的随机数（第

11 行）。50 个点的面积大小也不同，它同样由 50 个在区间[0,1)内的随机值取平方得到（第 13 行）

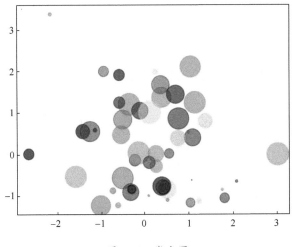

图 5-19   散点图

第 14 行的 scatter 方法中的参数 s 表达的含义是形状（shape）的大小，其功能基本等同于 plot 方法中的 markersize。由于散点图中的点默认是圆形，因此参数 s 实际上是指圆形的大小。

在本例中，我们要构造 50 个随机大小的点，其大小的确定由第 13 行完成。需要注意的是，参数 s 要么接收一个标量值，要么接收一组数值。若 s 是单个值，则表明所有点大小相同。若 s 是一组数值（array），则其赋值数量要与点的个数相匹配，表明每个点的大小都不一样。

参数 c 表示点的颜色（color），或表示单个颜色值或表示颜色的数组。若是单个颜色值，则表明所有点的颜色相同；若 c 是颜色数组，则要求颜色数组的个数要与点的个数相等，表明为各个点赋值不同的颜色。alpha 表示透明度，其取值区间为[0,1]，数值越大，透明度越低。

5.6   条形图与直方图

在数据可视化中，条形图（bar，又称柱状图或直方图）常用来展示和对比可测量数据。bar 和 barh 方法都可用于绘制一般的条形图，其区别在于，bar 方法用于绘制垂直条形图，而 barh 方法中的"h"是英文"horizontal"（水平的）的简写，因此它只用于绘制水平条形图。

5.6.1   垂直条形图

我们先通过一个范例来看看垂直条形图是如何绘制的。

范例 5-19　绘制垂直条形图（bar.py）

```
01   import numpy as np
02   import matplotlib.pyplot as plt
03
04   objects = ('Python','C++','Java','Perl','Scala','Lisp')
05   y_pos = np.arange(len(objects))
06   user = [10,8,6,4,2,1]
07   plt.rcParams['font.sans-serif'] = ['SimHei']          #显示中文
08
09   plt.bar(y_pos, user, align = 'center', alpha = 0.5)
10   plt.xticks(y_pos, objects,rotation = 30)              #刻度标签旋转 30°
11   plt.ylabel('用户量')
12   plt.title('数据分析程序语言使用分布情况')
13   plt.show()
```

运行结果

运行结果如图 5-20 所示。

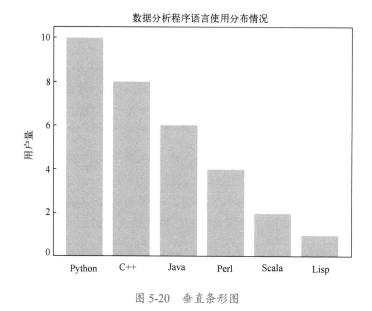

图 5-20　垂直条形图

代码解析

绘制垂直条形图的核心方法是 bar，其原型如下。

```
plt.bar(left,height,width = 0.8,bottom = None,,align = 'center',data = None,
kwargs*)
```

该方法的部分参数含义如下。

- left：X 轴的位置序列，一般利用 arange 方法产生一个序列，见本例第 05 行，它是一个类数组（array-like）的数据。

- height：Y 轴的数值序列，即条形图的高度，一般是指需要显示的数据，见本例第 06 行[①]。

- width：条形图的宽度，取值范围为 0～1，默认为 0.8（相对缩小）。

- bottom：条形图的起始位置，也是 Y 轴的起始坐标。默认值为 None（即以 X 轴作为起点），如果该条形图为叠状条形图，则该值通常为次一级条形图的高度。

此外，需要注意的是，与其他绘图方法类似，bar 方法除了具有上述专属的参数，还有一个特殊的参数 "**kwargs"，它表示的是不定个数的通用绘图参数，通常以字典形式（即 key = value）传递关键词参数。下面介绍几个常用的通用绘图参数。

- alpha：透明度，其取值范围为 0～1。0 为全透明，1 为不透明。在本例中取值 0.5，读者可根据具体情况自行调整。

- color 或 facecolor：条形图填充的颜色。

- edgecolor：图形边缘的颜色。

- linewidth、linewidths 或 lw：图形边缘线条的宽度。

- tick_label：设置每个刻度处的标签。在本例中，一方面可以在 bar 参数中设置 tick_label = objects。另一方面，也可以单独设置，如本例第 10 行的 plt.xticks(y_pos, objects, rotation = 30)。

本例代码的第 09～10 行等价于如下两行代码。

```
plt.bar(y_pos, user, align = 'center', alpha = 0.5, tick_label = objects)
plt.xticks(rotation = 30)                    #刻度标签旋转 30°
```

5.6.2　水平条形图

若要在水平方向绘制条形图（horizontal bar），则要使用 barh 方法，其原型如下。

```
matplotlib.pyplot.barh(y,width,height = 0.8,left = None,*,align = 'center',
**kwargs)
```

barh 方法中的 "h" 取之于单词 "horizontal（水平）" 的首字母，其参数与 bar 方法的参数基本类似。不同之处在于，barh 方法的第一个参数是 y，它表示在 Y 轴上绘制条形图的数据源。

[①] 本例所示程序语言使用情况，仅是为了说明一个条形图如何绘制而杜撰的数字，不可较真。

对范例 5-19 稍加修改（第 09 行和第 11 行）就可以得到绘制水平条形图的范例 5-20。

范例 5-20 绘制水平条形图（barh.py）

```
01  import numpy as np
02  import matplotlib.pyplot as plt
03
04  objects = ('Python','C++','Java','Perl','Scala','Lisp')
05  y_pos = np.arange(len(objects))
06  performance = [10,8,6,4,2,1]
07  plt.rcParams['font.sans-serif'] = ['SimHei']
08
09  plt.barh(y_pos, performance, align = 'center', alpha = 0.5, color = 'r')
10  plt.yticks(y_pos, objects,rotation = 30)
11  plt.xlabel('用户量')                              #修改 X 轴的标题
12  plt.title('数据分析程序语言使用分布情况')
13  plt.show()
```

运行结果

运行结果如图 5-21 所示。

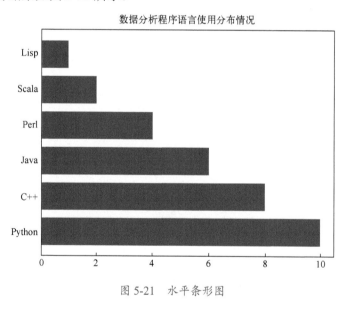

图 5-21　水平条形图

5.6.3　并列条形图

不论是绘制垂直条形图还是水平条形图，我们都可能会遇到这样的需求：如果有多个对象要同时进行比较，那么该怎么画出相应的条形图呢？其实方法并不复杂，请参考如下范例。

范例 5-21　绘制并列条形图（muti-bars.h）

```
01   import numpy as np
02   import matplotlib.pyplot as plt
03
04   #用于绘制图形的数据
05   n_groups = 4
06   zhangsan = (90, 55, 40, 65)
07   lisi = (85, 62, 54, 20)
08
09   #绘制图形，返回画布和子图对象
10   fig, ax = plt.subplots()
11
12   #定义条形图在横坐标上的分类位置
13   index = np.arange(n_groups)
14
15   bar_width = 0.35
16   opacity = 0.8
17   #绘制第一个条形图
18   rects1 = plt.bar(index,              #定义第一个条形图的 X 坐标信息
19                    zhangsan,           #定义第一个条形图的 Y 轴坐标信息
20                    bar_width,          #定义条形图的宽度
21                    alpha = opacity,    #定义第一个条形图的透明度
22                    color ='b',         #定义第一个条形图的颜色为蓝色（blue）
23                    label = '张三')      #定义第一个条形图的标签信息
24   #绘制第二个条形图
25   rects2 = plt.bar(index + bar_width,  #与第一个条形图在 X 轴上无缝排列
26                    lisi,
27                    bar_width,
28                     alpha = opacity,
29                     color = 'g',       #定义第二个条形图的颜色为绿色（green）
30                     label = '李四')     #定义第二个条形图的标签信息
31
32   plt.xlabel('课程')
33   plt.ylabel('分数')
34   plt.title('分数对比图')
35   plt.xticks(index + bar_width, ('A', 'B', 'C', 'D'))
36   plt.legend()
37   plt.show()
```

运行结果

运行结果如图 5-22 所示。

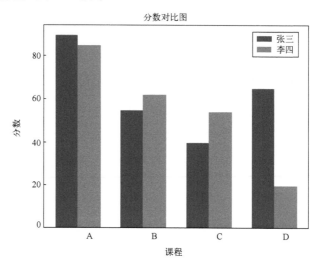

图 5-22 并列条形图

代码分析

在本质上，垂直并列条形图就是在 X 轴上分别绘制两组并列的条形图，但二者在 X 轴的位置上有先后关系。举例来说，第 18~23 行绘制出了第一个条形图。注意，实际上第 18~23 行是一条语句，只不过是为了注释方便，将不同的参数放置于不同行罢了。

第 25~30 行绘制出了第二个条形图。值得注意的是，在细节处理上，其 X 轴坐标的向右偏移量正好等于第一个条形图的宽度，通过 X 轴上的偏移操作 index + bar_width 使第二个条形图与第一个条形图在 X 轴上无缝排列。

为了区分两组条形图，我们用 label 属性（见代码第 23 行和第 30 行）来区分不同条形图的标签。然后在第 36 行利用 legend 方法显示这些标签。

我们知道，即使使用了不同颜色区分不同的条形图，但有时效果也欠佳。这是因为，在彩色的电子显示设备中，这些彩色图形清晰可分，但当黑白打印时，颜色往往难以区分。因此，在科技论文写作场景中，出版方通常建议作者采用不同纹理而非不同颜色来区分不同的图形。这时，就需要使用图形的纹理填充参数 hatch 了。下面，我们接着改写范例 5-21，绘制带有纹理填充的条形图。

> 💡 思考
>
> 请读者思考，如果我们不想让两个条形图紧密挨在一起，而是有所间隔，那么该如何处理？
>
> 提示：可尝试使用 index + bar_width + 0.01，额外添加一些间隔余量，如 0.01。

范例 5-22 绘制带有纹理填充的条形图（hatch-bar.py）

```
01    import numpy as np
02    import matplotlib.pyplot as plt
```

```
03    #设置字体以便支持中文
04    plt.rcParams['font.sans-serif'] = ['SimHei']
05
06    #用于绘制图形的数据
07    n_groups = 4
08    zhangsan = (90, 55, 40, 65)
09    lisi = (85, 62, 54, 20)
10
11    #创建图形
12    fig, ax = plt.subplots()
13    #定义条形图在横坐标上的分类位置
14    index = np.arange(n_groups)
15
16    bar_width = 0.35
17    opacity = 0.8
18    #绘制第一个条形图
19    rects1 = plt.bar(index,                  #定义第一个条形图的 X 轴坐标信息
20                     zhangsan,               #定义第一个条形图的 Y 轴坐标信息
21                     bar_width,              #定义第一个条形图的宽度
22                     alpha = opacity,        #定义第一个条形图的透明度
23                     color = "w",edgecolor="k",
24                     hatch = '.....',
25                     label = '张三')          #定义第一个条形图的标签信息
26    #绘制第二个条形图
27    rects2 = plt.bar(index + bar_width,
28                     lisi,
29                     bar_width,
30                     alpha = opacity,
31                     color = "w",edgecolor="k",
32                     hatch = '\\\\\',
33                     label = '李四')          #定义第二个条形图的标签信息
34    plt.xlabel('课程')
35    plt.ylabel('分数')
36    plt.title('分数对比图')
37    plt.xticks(index + bar_width, ('A', 'B', 'C', 'D'))
38    plt.legend()
39    plt.show()
```

运行结果

运行结果如图 5-23 所示。

代码分析

本例的绘图关键在于，首先要将图形的填充色设置为白色，即 color =

"w"。同时把图形的边界颜色设置为黑色，即 edgecolor = "k"。然后我们再设置图形的纹理。

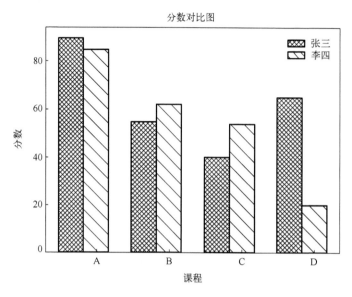

图 5-23　带有纹理填充的条形图

参数 hatch 用来设置填充的纹理类型，其取值为/、\、|、–、+、x、o、O、.、*。这些符号表示图形中填充的符号，大多都能"见号知意"。

这里有一个小技巧，即我们使用的填充单一符号越多，图形中对应的纹理就越密集。比如，通过第 24 行的 hatch = '.....'绘制的图形就比通过 hatch = '..'绘制的图形纹理更密集，这个填充符号表示图形中填充的都是点（.）。

同理，第 32 行的 hatch = '\\\\' 就比 hatch = '\\'的纹理密集，这里表示填充的是反斜线（\）。

最后需要说明的是，注意转义字符的干扰。如果我们在第 32 行的字符串前添加一个字符 r，即变为 hatch=r'\\\\'，则图 5-23 中条形图的斜线纹理要密集得多，请读者思考一下这是为什么。

5.6.4　直方图

前面我们讨论了条形图的绘制。如前所述，条形图一般用来描述顺序数据，各个长条形之间留有空隙，以区分不同的类别，不同类别之间并没有必然的先后关系，调整类别出场顺序，并不会影响可视化表达的内涵。

对比而言，直方图（histogram）则像一种统计报告图。不同于普通的条形图，直方图的宽度和高度均有意义，特别是在宽度方向，不可随意调整顺序。

　　在外观上，直方图由一个个长条形构成，但直方图在宽度（如 X 轴）方向上，将样本的取值范围从小到大划分为若干个间隔（bin），这个间隔越大，表明涵盖的属性值跨度就越大（换句话说，间隔并不一定是等分的）。在高度（如 Y 轴）方向上，直方图可表示特定间隔区间样本出现的次数（即频数），长条形越高，表明此间隔内的样本越多。

　　为了绘制直方图，首先需要在样本取值范围内进行分段，形成一系列小间隔（bins），然后计算每个间隔中有多少个样本。下面我们用范例来说明如何绘制频率分布直方图。

范例 5-23　绘制频率分布直方图（plot_hist.py）

```
01  import numpy as np
02  import matplotlib.pyplot as plt
03
04  mu = 100
05  sigma = 15
06  x = mu + sigma * np.random.randn(200)
07  num_bins = 25
08  plt.figure(figsize = (9, 6))
09
10  #设置字体以便支持中文
11  plt.rcParams['font.sans - serif'] = ['SimHei']      #Windows 操作系统适用
12
13  n,bins,patches = plt.hist(x, num_bins,
14                            color = "w", edgecolor = "k",
15                            hatch = r'ooo',
16                            density = 1,
17                            label = '频率',
18                            histtype = 'barstacked'
19                            )
20
21  y = ((1 / (np.sqrt(2 * np.pi) * sigma)) *
22      np.exp(-0.5 * (1 / sigma * (bins - mu))**2))
23
24  plt.plot(bins, y, '--',label = '概率密度函数')
26
25  plt.xlabel('聪明度')
26  plt.ylabel('概率密度')
27  plt.title('IQ 直方图:$\mu = 100$,$\sigma = 15$')
28
29  plt.legend()
30  plt.show()
```

运行结果

运行结果如图 5-24 所示。

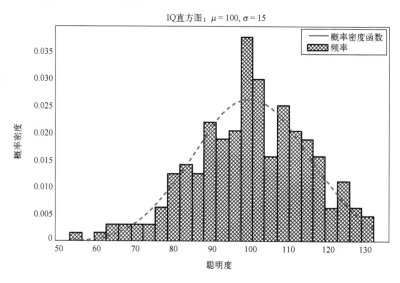

图 5-24　频率分布直方图

代码分析

第 06 行使用 np.random.randn() 函数随机生成期望为 100，标准差为 15 的 200 个数据，num_bins 表示划分的组数。本例中的核心方法是 hist，其原型如下所示。

```
plt.hist(
x,bins = 10,range = None,normed = False,weights = None,cumulative = False,
bottom = None,histtype = u'bar',align = u'mid',orientation = u'vertical',rwidth =
None,log = False,color = None,label = None,stacked = False,hold = None,**kwargs)
```

该方法中的大部分参数都能见名知意，下面对较为常用的参数进行简单说明。

- x：用于指定要在 X 轴上绘制直方图所需的数据；在形式上，它可以是一个数组，也可以是数组序列。若是数组序列，则数组的长度不需要相同。

- bins：用于指定直方图条形的个数。若此处的值为整数，则会产生 bins + 1 个分割边界。

- range：用于设置直方图数据的显示上下界，边界之外的数据将被舍弃。默认为 None，即不设置边界，包含所有数据。

- weights：用于设置每个数据点的权重。

- cumulative：表明是否需要计算累计频数或频率。

- bottom：用于添加直方图的基准线，默认为 0。

- align：用于设置条形边界的对齐方式，默认为 mid，除此之外，还有 left 和 right。

- normed：表明是否将得到的直方图进行向量归一化，该参数布尔类型，默认为 False。

下面我们再来看一下 hist 方法的返回值，其含义分别如下。

- n：表示直方图每个间隔内的样本数量，其数据形式为数组或数组列表。

- bins：返回直方图中各个条形（分组）的区间范围，数据形式为数组。

- patches：返回直方图中各个间隔的相关信息（如颜色、透明度、高度、角度等），数据形式为列表或列表的列表（即嵌套列表，相当于多维数组）。

读者可以自行输出 n、bins、patches，并查看验证。

5.7 饼状图

当要反映某个部分占整体的比重（如学校中的走读学生人数占总学生人数的百分比）时，就要使用饼状图（pie chart）来体现。以下范例使用饼状图表示，选择三种不同去学校的方式的学生人数占所有学生人数的百分比。

范例 5-24 绘制饼状图（plot_pie.py）

```
01    import matplotlib.pyplot as plt
02    # 为了在 Matplotlib 中显示中文，需要设置特殊字体
03    plt.rcParams['font.sans - serif'] = ['SimHei']
04    #设置图片的大小和分辨率
05    plt.figure(figsize = (9, 6))
06    x = [217,743,426]
07    labels = ['走路','骑自行车','乘公交车']
08    explode = [0,0.05,0]
09
10    _, _, autotexts = plt.pie(x = x,labels = labels,shadow = 1,
11                        autopct = '%.1f%%',explode = explode)
12    #将饼状图中的汉字颜色改成白色
13    for autotext in autotexts:
14        autotext.set_color('white')
15
16    plt.title('3 种去学校的方式')
17    plt.show()
```

运行结果

运动结果如图 5-25 所示。

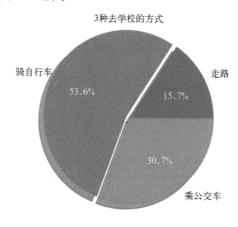

图 5-25 饼状图

代码分析

绘制饼状图用到的方法为 pie，其原型如下。

```
plt.pie(x,explode = None,labels = None,colors = None,autopct = None,
pctdistance = 0.6,shadow = False,labeldistance = 1.1,startangle = None,radius =
None,counterclock = True,wedgeprops = None,textprops = None,center = (0,0),frame =
False,rotatelabels = False,*,data = None)
```

pie 方法中的重要参数解释如下。

- x：为传入的数据。该数据类似于数组，其中每个元素表示每个饼块的比例。如果所有元素之和 sum(x) > 1，则每个元素都会被除以 sum(x)，也就是进行归一化处理。

- explode：默认情况下每个饼块都是彼此相连的，有时为了突出某一个饼块，我们可以将其与其他部分分开（即饼状图爆裂），自定义一个类似于数组的数据容器（如列表或数组等）来规定每个饼块的爆裂比例，该数据容器的数据长度要与 x 的长度匹配。

- labels：默认情况下，x 没有标签。若想定义标签，则需要启用 labels 参数，它通常和数据 x 的维度相同。

- autopct：默认情况下，不显示每个饼块的百分比标注，若启用 autopct，则可以自定义每个饼块的百分比属性，如保留几位小数，格式类似于 print 方法的 format 定义。

- pctdistance：每个饼块都要显示一个百分数字符串，该参数将指明在何处显示这个字符串。通过该参数可以自定义一个比值，它表示沿着半径偏离圆心的比例，默认为 0.6，表示在距离圆心 60%半径

你知道吗？

autopct 中的 "pct" 是 "percent" 的简写，意为 "百分比"

处显示百分数。

- shadow：布尔类型，自定义饼状图是否有阴影属性。
- labeldistance：标签位置，若定义标签，则默认位于 1.1 倍半径处。

观察如图 5-25 所示的饼状图，可以发现，"骑自行车"这个类别与其他两类没有紧密相连，而是稍微分开了一些，这是因为使用了 pie 方法中的 explode 参数，该参数是一个列表，列表中的第二个元素值为 0.05（见第 08 行），它与 x（第 06 行中的定义）中的第二个元素 743（即骑自行车）对应。这个"0.05"表示当前饼块相对于其他饼块的偏移距离，但并非具体的值（如多少厘米），而是相对于半径的比值。这一功能使我们绘制出来的饼状图更加美观，且可突出显示关键数据。

关于 autopct 参数，我们这里保留了一位有效数字（第 11 行）。此外，为了让饼状图中的文字更加醒目，我们将饼状图的字体修改为白色（第 13～15 行），这里利用了 pie 方法的返回值 autotexts。由于不需要前两个返回值，因此就用下画线"_"代替。

5.8 箱形图

箱形图（boxplot）又称为盒须图或箱线图，是一种用来显示某一组数据分散情况的统计图，因形状如箱子而得名。箱形图是由美国统计学家约翰·图基（John Tukey）于 1977 年发明的。

箱形图在各种领域中都有应用，尤其常见于品质管理领域，它主要用于反映原始数据的分布特征，还可以实现多组数据分布特征的比较。箱形图由 6 个数值点组成：异常值（outlier）、最小值（min）、下四分位数（Q1，即第 25%分位数）、中位数（median，即第 50%分位数）、上四分位数（Q3，即第 75%分位数）、最大值（max），如图 5-26 所示。

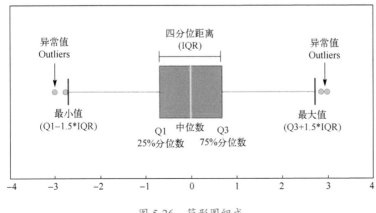

图 5-26　箱形图组成

四分位距离（InterQuartile Range，简称 IQR）被定义为 Q3–Q1，即 Q3 和 Q1 的差值，也就是中间的 50%部分。如果某个值比 Q1 还小 1.5 倍的 IQR，或者比 Q3 还大 1.5 倍的 IQR，则被视为异常值。根据这个标准，有时箱形图也被用于异常检测。

为了便于解释，图 5-26 是水平放置的，实际上，更多的箱形图是垂直放置的。对于垂直放置的箱形图，其绘制方法是先找出一组数据的上边缘（最大值）、下边缘（最小值）、中位数和两个四分位数（Q1 和 Q3）；然后，连接两个四分位数画出箱体；再将上边缘（最大值）、下边缘（最小值）与箱体相连，中位数在箱体中间。

下面以鸢尾花（Iris）数据集为例来说明箱形图的绘制方法。

范例 5-25　绘制箱形图（plt_box.py）

```
01  import matplotlib.pyplot as plt
02  import numpy as np
03  #读取数据
04  data = []
05  with open('iris.csv','r') as file :
06      lines = file.readlines()            #读取数据行的数据
07      for line in lines:                  #对每行数据进行分析
08          temp = line.split(',')
09          data.append(temp)
10
11  #转换为 NumPy 数组，方便后续处理
12  data_np = np.array(data)
13  #不读取最后一列，并将数值部分转换为浮点数
14  data_np = np.array(data_np[:,:-1]).astype float)
15
16  #特征名称
17  labels = ['sepal length','sepal width','petal length','petal width']
18  plt.boxplot(data_np,labels=labels)
19  plt.show()
```

运行结果

运行结果如图 5-27 所示。

代码分析

第 03～09 行的功能是手动读取 "iris.csv" 文件中的数据。自然，如果我们利用 Pandas，则这部分代码可以简化为寥寥几行，读者可以自行尝试。注意，本例使用的 "iris.csv" 没有标题行，因此，我们在第 17 行设置了鸢尾花的 4 个特征标签，并在第 18 行应用了这些标签。

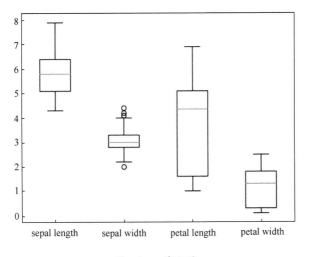

图 5-27　箱形图

在以鸢尾花的 4 个特征为数据绘制出的 4 个箱形图中，我们可以看到每个箱形图中都有 5 条横线。从上到下，第一条横线为最大值所在位置，第二条横线是上四分位点（Q3）所在位置，箱体内的横线为中位数（median）所在位置，第四条横线是下四分位点（Q1）所在位置，最下面的横线为最小值（min）所在位置。如前所述，中间箱体为四分位距离 IQR（Q3-Q1），我们将大于 Q3+1.5IQR，或小于 Q1-1.5IQR 的点视为异常值。

通过箱形图的可视化，我们对于中位数、异常值、分布区间等信息一目了然。比如，在"sepal width（花萼宽度）"这一特征上，箱形图显示有 4 个异常值点。此外，对于数值分布是集中还是分散的，观察箱体和线段的长短便能一目了然。所以，在数据预处理阶段，人们常选择使用箱形图来查看数据的特征，以便后续处理。

5.9　误差条

在机器学习中，单次实验难免会产生误差。为减少误差的影响，人们经常实验多次，然后用实验的均值表示要测量的值，而用误差条（error bar）来表征数据的上下浮动，其中误差条的高度为"±标准误差"。在 Matplotlib 中，误差条方法常用于评估预测结果的浮动程度，并能显示预测值与真实值之间的误差，从而体现模型的拟合准确度。

范例 5-26　绘制误差条（error-bar.py）

```
01  import matplotlib.pyplot as plt
02  import numpy as np
```

```
03    x = np.linspace(-np.pi, np.pi, num = 48)
04    y = np.sin(x + 0.05 * np.random.standard_normal(len(x)))
05    #模拟误差
06    y_error = 0.1 * np.random.standard_normal(len(x))
07
08    #设置 y 轴的上下限
09    plt.ylim(-0.5 * np.pi, 0.5 * np.pi)
10    #绘制图形
11    plt.plot(x, y, 'r--', label = 'sin(x)')
12    plt.errorbar(x, y, yerr = y_error, fmt = 'o')
13
14    plt.legend(loc = 'best')
15    plt.show()
```

运行结果

运行结果如图 5-28 所示。

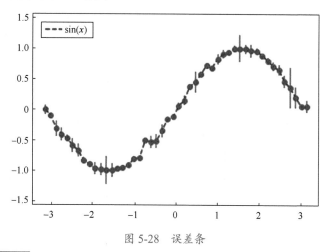

图 5-28　误差条

代码分析

第 04 行实现的功能是模拟一个目标函数 y = sin(x)。由于自变量 x 存在测量误差，在第 06 行，我们用 NumPy 中的 standard_normal 方法来模拟测量误差。该函数产生与自变量 x 等长度的符合正态分布（均值为 0，方差为 1）随机数。为了防止误差过大而淹没正常值，这里乘以比例因子 0.1 来降低误差对正常值的影响。

你知道吗？

fmt 是 format（格式）的简写。

第 12 行中的 plt.errorbar 方法可绘制误差条，其中最少含有三个参数：x 值、y 值，以及 y 的误差值。fmt 是可选参数，用于指定预测值标记，标记字符串可参考表 5-4，在图 5-28 中采用的就是圆形（标记为 "o"），圆点上的竖直线段就是预测值与真实值之间的误差。这些竖直线段的长短表示误差的大小。

至此，关于 Matplotlib 绘图的基础知识讨论完毕。由于 Maplotlib 所含内容非常丰富，前面所涉及的知识自然不够全面，如果想要更深入地了解 Matplotlib，经常查阅官方文档，不失为一个好方法。针对前面所学的可视化知识，下面我们结合一个综合实例，来巩固前面所学的可视化知识。

5.10　实战：谷歌流感趋势数据可视化分析

如前所述，Matplotlib 是一个相当底层的绘图工具。为了更方便地对数据进行分析，Matplotlib 还被有机整合到了 Pandas 中。在下面的案例中，Pandas 在绘图中扮演主要角色。

5.10.1　谷歌流感趋势数据描述

谷歌流感趋势（Google Flu Trends）[1]是谷歌工程师开发的一款具有代表性的数据分析算法，它利用人们搜索的关键词（如流感等）来预测各个地区的流感状况，其准确性和时效性都远超过传统的方法，一度被认为是大数据领域的经典应用案例。虽然由于种种原因，这款应用已经下线，但它留下的数据还是可以被二次开发的，为我们提供思路。

在本节中，我们就利用谷歌流感趋势部分数据，结合 Pandas 来绘制美国各个州的流感趋势图。经过必要的数据处理后，这里我们假设另存后的文件名为 us.csv（参见随书电子资源），部分数据如图 5-29 所示。

	Date	United States	Alabama	Alaska	Arizona	Arkansas	California	Colorado	Connecticut	Delaware	District of Columbia	Florida	Georgia
2	2003/6/1	0.509	0.598	0.349	0.351	0.907	0.419	0.315	0.477	1.478		0.703	0.426	0.472
3	2003/6/8	0.546	0.679	0.451	0.423	0.671	0.429	0.394	0.754	0.86		0.636	0.538	0.521
4	2003/6/15	0.501	0.579	0.534	0.394	0.605	0.4	0.315	0.584	0.598		0.625	0.535	0.516
5	2003/6/22	0.457	0.564	0.406	0.439	0.502	0.324	0.422	0.448	0.542		0.523	0.442	0.474
6	2003/6/29	0.357	0.459	0.554	0.402	0.519	0.349	0.336	0.371	0.923		0.384	0.407	0.354
7	2003/7/6	0.408	0.594	0.701	0.42	0.378	0.358	0.345	0.362	0.542		0.37	0.548	0.426
8	2003/7/13	0.397	0.439	0.367	0.505	0.363	0.359	0.351	0.381	0.488		0.334	0.475	0.451
9	2003/7/20	0.372	0.617	0.377	0.342	0.85	0.314	0.359	0.404	0.488		0.379	0.381	0.379
10	2003/7/27	0.369	0.504	0.328	0.381	0.43	0.32	0.336	0.351	0.777		0.33	0.406	0.368
11	2003/8/3	0.362	0.507	0.701	0.31	0.275	0.325	0.301	0.463	0.237		0.327	0.417	0.338
12	2003/8/10	0.354	0.694	0.432	0.364	0.57	0.314	0.271	0.409	0.627		0.364	0.401	0.366
13	2003/8/17	0.399	0.507	0.509	0.417	0.641	0.307	0.362	0.448	0.462		0.37	0.496	0.511
14	2003/8/24	0.409	0.829	0.658	0.549	0.706	0.285	0.484	0.499	0.462		0.429	0.524	0.526
15	2003/8/31	0.428	0.655	0.392	0.492	0.605	0.362	0.394	0.539	0.686		0.399	0.529	0.472
16	2003/9/7	0.561	1.089	0.413	0.622	0.611	0.451	0.413	0.663	0.891		0.307	0.69	0.707
17	2003/9/14	0.629	1.338	0.397	0.758	0.511	0.429	0.54	0.555	0.947		0.575	0.749	0.628
18	2003/9/21	0.707	1.291	0.674	0.593	1.26	0.498	0.513	0.817	0.554		0.552	0.766	0.774
19	2003/9/28	0.75	0.934	0.392	0.805	0.687	0.528	0.696	0.731	0.916		0.703	0.791	0.711
20	2003/10/5	0.79	1.151	0.695	0.723	0.671	0.547	0.711	0.871	1.186		0.64	0.78	0.831
21	2003/10/12	0.911	1.617	0.893	0.812	1.342	0.639	0.614	1.086	1.591		0.795	0.887	0.862
22	2003/10/19	1.022	1.37	1.336	0.963	1.648	0.696	0.762	1.209	2.583		0.812	1	1.119

图 5-29　谷歌流感趋势部分数据

[1] 参考文献：Ginsberg J, Mohebbi M H, Patel R S, et al. Detecting influenza epidemics using search engine query data[J]. Nature, 2009, 457(7232): 1012.

5.10.2　导入数据与数据预处理

 情况说明

为了讲解方便，我们采
用 Jupyter 的方式逐步
阐述代码，完整的代码
参见随书源代码：

google-flu.py

基于数据文件 us.csv，我们来讨论一下如何结合 Pandas 来绘制图形。首先，加载这个数据文件（假设这个文件已经处于与 Python 脚本相同的路径下）。

范例 5-27　谷歌流感趋势的可视化分析（google-flu.py）

```
In [1]: #导入必要的库
import matplotlib.pyplot as plt          #导入 pyplot 包
import pandas as pd                       #导入 Pandas
df = pd.read_csv('us.csv')
```

然后，显示部分数据，以证明数据已被正确加载。由于这批数据的列太多，输出结果只能显示部分列。

```
In [2]: df.head()                                            #显示前 5 行
Out[2]:
```

	Date	United States	Alabama	Alaska	Arizona	Arkansas	California	Colorado	Connecticut	Delaw
0	2003/6/1	0.509	0.598	0.349	0.351	0.907	0.419	0.315	0.477	1
1	2003/6/8	0.546	0.679	0.451	0.423	0.671	0.429	0.394	0.754	0
2	2003/6/15	0.501	0.579	0.534	0.394	0.605	0.400	0.315	0.584	0
3	2003/6/22	0.457	0.564	0.406	0.439	0.502	0.324	0.422	0.448	0
4	2003/6/29	0.357	0.459	0.554	0.402	0.519	0.349	0.336	0.371	0

5 rows × 62 columns

从上面的输出结果可以看出，数据集的第一列为日期类型，但实际上，目前它们仅仅是看起来像日期的字符串，我们可以用 DataFrame 的 dtypes 属性来核实。

```
In [3]: df.dtypes
Out[3]:
Date                    object
United States           float64
Alabama                 float64
                ...（省略大部分输出结果）
Mountain Region         float64
Pacific Region          float64
Length: 62, dtype: object
```

从上面的输出结果可以看出，Date 列的数据类型为 Object，如前所述，Pandas 中的这个类型就等同于 Python 中的原生态类型——字符串（str）。如果想利用日期类型中的某些特性，则需要把这一列的类型转换为日期类型。

　　把字符串转换为日期类型有很多种方法。我们列举其中的几种方法，以帮助读者巩固 Pandas 的相关知识。

　　第一个方法比较简单，但依然值得掌握，那就是自己设计一个匿名函数（即 lambda 表达式）lambda x : datetime.strptime(str(x), '%Y/%m/%d')，将每个字符串都转化为对应的日期格式（不同格式的字符串对应不同的日期格式）[①]。

```
In [4]: from datetime import datetime
In [5]: df['Date'] = df['Date'].map(lambda x : datetime.strptime(str(x),
'%Y/%m/%d'))
```

　　在这个匿名函数设计好之后，就可以利用 Pandas 提供的 map 方法将这个函数应用在这一列。这一列的所有数据都会被逐个加工为另一批数据，这种一一对应的关系就是所谓的映射（map）。

　　此时，如果我们再次查看这个数据集中的数据，第一列的输出格式就会有所不同。

```
In [6]: df.head()
Out[6]:
```

	Date	United States	Alabama	Alaska	Arizona	Arkansas	California	Colorado	Connecticut	Delaware
0	2003-06-01	0.509	0.598	0.349	0.351	0.907	0.419	0.315	0.477	1.478
1	2003-06-08	0.546	0.679	0.451	0.423	0.671	0.429	0.394	0.754	0.860
2	2003-06-15	0.501	0.579	0.534	0.394	0.605	0.400	0.315	0.584	0.598
3	2003-06-22	0.457	0.564	0.406	0.439	0.502	0.324	0.422	0.448	0.542
4	2003-06-29	0.357	0.459	0.554	0.402	0.519	0.349	0.336	0.371	0.923

5 rows × 62 columns

　　从上面的输出结果可以看出，此时 DataFrame 的索引范围是 $0 \sim n-1$（n 为数据的条数）。有时，我们更希望索引为日期，因为这样就能很容易地利用 Pandas 画出基于日期时序的图形。此时，我们可以利用 set_index 方法来设置索引。

```
In [7]: df.set_index(['Date'], inplace = True)
```

　　请注意，上面代码中的参数 inplace = True 是很重要的。否则，我们在设置了一个新的索引后，原索引并不会自动消失，而是二者并存，这样就形成了双重索引，而这并不是我们想要的。

[①] 关于日期格式的使用，读者可参考：张玉宏.《Python 极简讲义——一本书入门数据分析与机器学习》，电子工业出版社，2022。

下面我们利用 head 方法再次查看目前的数据状态。

```
In [8]: df.head()
Out[8]:
```

Date	United States	Alabama	Alaska	Arizona	Arkansas	California	Colorado	Connecticut	Delaware
2003-06-01	0.509	0.598	0.349	0.351	0.907	0.419	0.315	0.477	1.478
2003-06-08	0.546	0.679	0.451	0.423	0.671	0.429	0.394	0.754	0.860
2003-06-15	0.501	0.579	0.534	0.394	0.605	0.400	0.315	0.584	0.598
2003-06-22	0.457	0.564	0.406	0.439	0.502	0.324	0.422	0.448	0.542
2003-06-29	0.357	0.459	0.554	0.402	0.519	0.349	0.336	0.371	0.923

5 rows × 61 columns

从上面的输出结果可以看出，原来的纯数字索引已经没了。整个 df 的列数减少了一个，因为此时的 Date 已经升级为行索引了。

事实上，对于 Pandas 这样一种经典数据分析工具，其设计者早已考虑到如何将字符串转换为日期类型，我们可以直接利用 Pandas 提供的 to_datetime 方法实现。现在我们假设 DataFrame 的数据状态回到刚刚导入的状态，我们可以重新完成 In [1]处的功能，即让数据重新加载。

```
In [9]: df = pd.read_csv('us.csv')                          #重新加载数据
In [10]: df ['Date'] = pd.to_datetime(df ['Date'])          #转换为日期类型
In [11]: df.set_index(['Date'], inplace = True)             #重新设置索引
In [12]: df.head()                                          #验证
Out[12]:
```

Date	United States	Alabama	Alaska	Arizona	Arkansas	California	Colorado	Connecticut	Delaware
2003-06-01	0.509	0.598	0.349	0.351	0.907	0.419	0.315	0.477	1.478
2003-06-08	0.546	0.679	0.451	0.423	0.671	0.429	0.394	0.754	0.860
2003-06-15	0.501	0.579	0.534	0.394	0.605	0.400	0.315	0.584	0.598
2003-06-22	0.457	0.564	0.406	0.439	0.502	0.324	0.422	0.448	0.542
2003-06-29	0.357	0.459	0.554	0.402	0.519	0.349	0.336	0.371	0.923

5 rows × 61 columns

相比于第一种方法，第二种方法稍微方便一些，至少我们不需要自己设计转换函数，但是设置索引的任务还得自己完成，那有没有更简单的方法呢？

当然是有的。事实上，在数据加载时，Pandas 为我们提供了功能强大的 read_csv 方法，我们要合理利用它，使它发挥最大的功效。

还是回到初始状态——加载数据。

```
In [13]: df = pd.read_csv('us.csv', parse_dates = True, index_col = 0)
```

一行代码就完成了数据的加载、日期的转换和索引的设置。其中，当 parse_dates = True 时，会尝试把"疑似"日期的字符串列转换为日期类型。然后，我们对参数 index_col 进行赋值，把索引设置为第 0 列。若想把多列设置为索引，则把对应的列编号放到列表中即可。例如，index_col = [0,1]就表示把第 0 列和第 1 列都设置为索引，形成一个双层索引。

5.10.3　绘制时序曲线图

我们尝试使用了以上好几种方法，其实就是为了让日期类型成为 DataFrame 对象的索引，有了这个索引，就可以直接绘图了。

```
In [14]: df.plot()                              #利用 Pandas 绘图
```

一行代码无须额外设置就可以完成绘图，运行结果如图 5-30 所示。

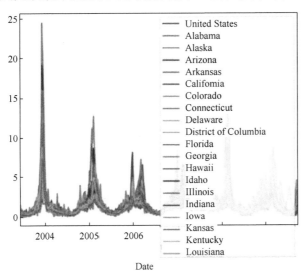

图 5-30　流感趋势时序曲线图

如果我们想保存由 Pandas 生成的图形，也很简单，参见如下代码。

```
In [15]:
plot = df.plot()
fig = plot.get_figure()                         #获取画布对象
fig.savefig("us.jpg",dpi = 600,bbox_inches = 'tight')    #还有其他方法①
```

---

① 等价于 plot.savefig("us.jpg",dpi = 600, bbox_inches = 'tight')

在上述代码中，savefig 方法会根据文件的拓展名来选择生成的文件格式。dpi 是分辨率，bbox_inches 用于设置图片周围的空白，这里选择紧凑模式（tight）。

图 5-30 只显示部分数据，因为美国的州太多，如果将所有数据都放到一张图上，图例（legend）就会显示不全。因此，有时我们希望利用更多的子图来显示不同州的数据。首先绘制一个州（如伊利诺伊州）的流感趋势时序曲线图。

```
In [16]:   style.use('ggplot')        #转换成 ggplot 的绘图风格
In [17]:   df.Illinois.plot()         #绘制伊利诺伊州（Illinois）流感趋势时序曲线图
In [18]:   plt.show()
```

运行结果如图 5-31 所示。

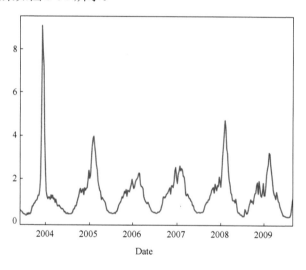

图 5-31　伊利诺伊州流感趋势时序曲线图

绘图的核心代码是 df.Illinois.plot()，Pandas 提供了很多语法糖，我们只需要给出 Y 轴的数据，实际上就是 Illinois 代表的列，而 X 轴的数据就默认启用行索引，即前面我们反复尝试转换的日期索引。

In [17]处的代码与如下代码等价。

```
df['Illinois'].plot()
```

如果我们想在一个图形中绘制两个州或更多州的流感趋势时序曲线，该怎么办呢？方法也非常简单，就是利用不同的数据源，多调用几次 plot 方法即可。比如，我们想同时显示伊利诺伊州和印第安纳州的流感趋势，可以这么做。

```
In [19]:   df['Illinois'].plot()      #绘制伊利诺伊州流感趋势时序曲线图
In [20]:   df.Indiana.plot()          #绘制印第安纳州流感趋势时序曲线图
In [21]:   plt.show()
```

运行结果

运行结果如图 5-32 所示。

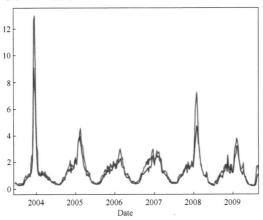

图 5-32　两个州的流感趋势时序曲线图

事实上，可以将 In [19]和 In [20]这两行代码合并为如下一行代码，二者的绘图效果是一样的。

```
df[['Illinois','Indiana']].plot()
```

5.10.4　选择合适的数据可视化表达

当两个州的流感趋势曲线区分度很低时，我们可以为它们添加标签，示例代码如下。

```
In [22]:
import matplotlib.pyplot as plt
style.use('default')
df.Illinois.plot(label = "Illinois")        #添加标签
df['Idaho'].plot(label = 'Idaho')           #添加标签
plt.legend(loc = 'best')                     #显示图例
plt.show()
```

运行结果

运行结果如图 5-33 所示。

在彩色显示的情况下，上述图形中代表不同州的曲线是清晰可辨的，但如果是在黑白显示的情况下，分别就有难度了。为了有更好地区分，我们可以分别给曲线设置不同的风格。

```
In [23]:
temp_df = df[['Illinois','Idaho','Indiana']]       #读取 3 个州的绘图数据
styles = ['bs-','ro-','y^-']                         #设置不同的曲线风格
labels = ['Illinois','Idaho','Indiana']
fig, ax = plt.subplots()                             #返回画布与子图
for col,style,label in zip(temp_df.columns,styles,labels):
```

```
   temp_df[col].plot(style = style,ax = ax,label = label)
plt.legend(loc = 'best')
plt.show()
```

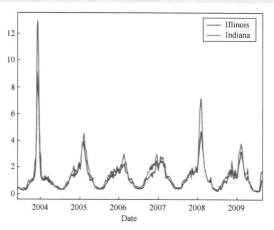

图 5-33　有标签的时序曲线图

运行结果

运行结果如图 5-34 所示。

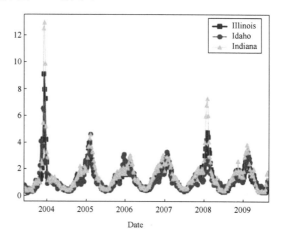

图 5-34　设置不同风格的时序曲线图

从上面的输出结果可知，由于数据密度太高，导致各条曲线高度重叠，区分度并不是很大。好在我们的目的仅仅在于，利用上述代码学习 Pandas 的曲线风格设置。

当然，Pandas 并不是只能绘制曲线图。基本上，Matplotlib 能实现的绘图功能，Pandas 都能实现（实际上就是调用 Matplotlib 作为底层实现）。比如，我们也可以绘制条形图，修改上述代码，添加一个 kind 参数即可。

```
In [24]:
df.Illinois.plot(kind = 'bar',label = 'Illinois')
```

```
plt.show()
```

运行结果

运行结果如图 5-35 所示。

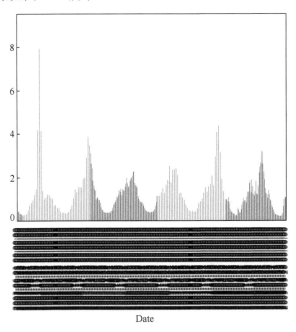

图 5-35　没有区分度的条形图

从图 5-35 可以看出，数据过于密集，条形图基本没有什么区分度，但这里要强调的重点在于，我们可以通过 kind 参数更改绘制图形的种类。

在 Pandas 的 plot 方法中，参数 kind 的取值及对应图形如表 5-6 所示。

表 5-6　参数 kind 的取值及对应图形

取值	对应图形
line	默认值，曲线
bar	垂直条形图，若设置 stacked = "True"，则可以绘制叠加条形图
barh	水平条形图
hist	直方图，可设置 bins 的值控制分割数量
box	箱形图
kde	核密度估计图，对条形图添加核概率密度线
density	等同于 kde
area	面积图
pie	饼状图
scatter	散点图
hexbin	六角分箱图（全称为 hexagonal binning，形式上类似于热力图，用于显示一个区域中点的个数，用正六边形表示数值区域）

我们要根据所分析数据的特性来选择绘制什么样的图形,比如,在 In [25]
处设置 bar(绘制垂直柱状图)就不太适合,但设置 area(面积图)就看起来
不错。所以,我们要不断探索,选择合适的方法来呈现数据。

```
In [25]:
df.Illinois.plot(kind = 'area',label = 'Illinois')
plt.show()
```

运行结果

运行结果如图 5-36 所示。

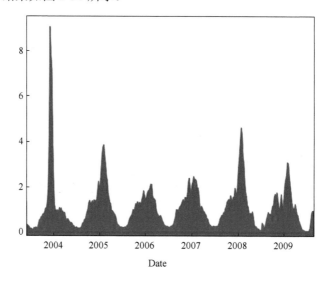

图 5-36　流感趋势面积图

5.10.5　基于条件判断的图形绘制

Pandas 具有强大的数据分析能力,我们可以利用 Pandas 的布尔矩阵
表达形式有选择地绘制某些图形,从而过滤掉不需要的数据。

举例来说,美国有很多州,假设我们仅仅想绘制首字母为"M"的州
的流感趋势图,根据前面章节中学习的 Pandas 的知识,我们至少有三种可
选方案。

在前面导入的流感数据中,第一列为美国的整体情况,其他列都是美
国的州名,因此,我们可以很容易地利用 DataFrame 的 colomns 属性来查
看美国的州名。

```
In [26]: df.columns
Out[26]:
array(['United States', 'Alabama', 'Alaska', 'Arizona', 'Arkansas',
       'California', 'Colorado', 'Connecticut', 'Delaware',
       'District of Columbia', 'Florida', 'Georgia', 'Hawaii', 'Idaho',
```

```
……（省略大部分输出）
'West North Central Region', 'South Atlantic Region',
'East South Central Region', 'West South Central Region',
'Mountain Region', 'Pacific Region'], dtype=object)
```

有了这些州名，我们就可以提取想要的州的数据，并绘制相应的图形。方案一：利用一个列表推导式（实际上就是一个 for 循环），把首字母为 M 的州所在的列提取出来，然后进行绘图。

```
In [27]:                              #方案一
df[[state for state in df.columns if state[0] == 'M']].plot()
```

运行结果

运行结果如图 5-37 所示。

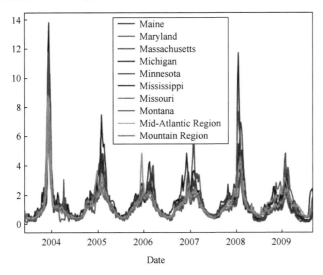

图 5-37　首字母为 M 的州的流感趋势时序曲线图

又如，如果我们想改变数据呈现方式（如用面积图来呈现），则可用方案二所示的方法。

```
In [28]:                              #方案二
df[[state for state in df.columns.values if state[0] == 'M']].plot(kind =
'area')
plt.gcf().autofmt_xdate()
```

运行结果

运行结果如图 5-38 所示。

方案二类似于方案一，也用了 for 循环逐个判断每个列是否符合条件。这里，我们主要回顾了获取 DataFrame 对象列值的方法 df.columns. values。

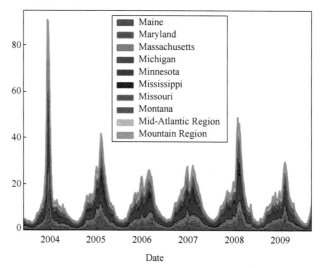

图 5-38　首字母为 M 的州的流感趋势面积图

当然，我们还可以采用以下第三种方案。这三种方案实现的功能是类似地，但能让我们更加熟悉 Pandas 或 Python 的相关知识。下面我们绘制首字母为 M 的州的流感趋势箱形图。

```
In [29]:                              #方案三
states = list(filter(lambda x : str(x)[0] == 'M', df.columns.values))
In [30]:  df[states].plot(kind = 'box', rot = 20, fontsize = 8)
```

运行结果

运行结果如图 5-39 所示。

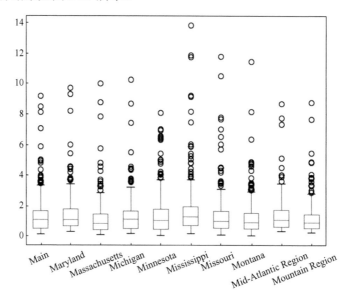

图 5-39　首字母为 M 的州流感趋势箱形图

在这个方案中，我们回顾了 lambda 表达式及 filter 方法的使用。这里需要注意的是，filter 方法返回的对象并不能直接使用，而需要用 list 函数对其进行类型转换。最后我们利用 Pandas 的 plot 方法将这些符合条件的列绘制出来。这里设置 kind = 'box'，表明要绘制的图形是箱形图。在箱形图中，我们容易发现孤立点（outlier），这在异常检测中十分有用。为了能让州的名称尽可能多地显示出来，我们启用 rot（旋转）这个参数，让 X 轴的标签旋转 20°。

5.10.6　绘制多个子图

到目前为止，利用 Pandas 绘制的图形都是一个整体图，那是否能利用 Pandas 绘制子图呢？事实上，这并不难。在上述数据环境下，同样可以通过一行代码绘制多个子图。

```
In [31]: df[states[:2].plot(subplots = True)
```

上述代码的含义很简单，结合前面的分析可知，states 是符合条件的州（即首字母为 M 的州）的数据，states[:2]是前两个首字母为 M 的州，否则子图太多而难以显示。当 subplots = True 时，表示要绘制子图，而不是将多个不同的列绘制在同一个画布上。

运行结果

运行结果如图 5-40 所示。

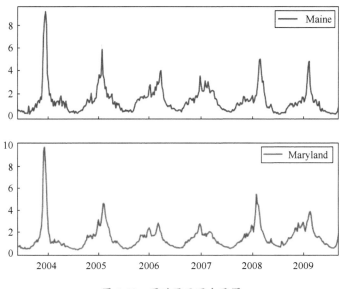

图 5-40　同时显示两个子图

进一步地，是否能利用 Pandas 控制子图的布局呢？如显示为三行四列。当然是可以的。只要在 Pandas 的 plot 方法中添加一个布局参数 layout

即可，示例代码如下。

```
In [32]: df[states].plot(subplots = True,layout = (3,4),figsize = (10,5),rot
= 30,sharex = True,sharey = True)
plt.show()
```

运行结果

运行结果如图 5-41 所示。

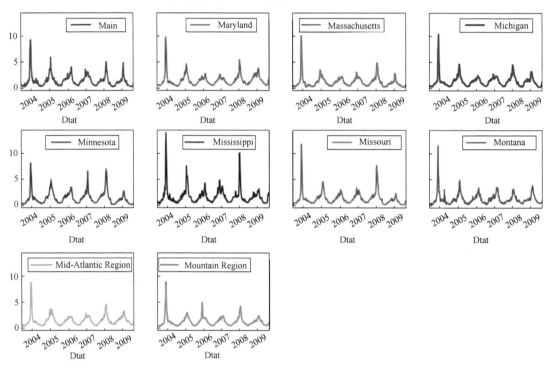

图 5-41　具有布局参数的子图

通过上面的分析可知，有了 Pandas 的协助，数据的分析及可视化，可以更加"浑然一体"。

5.11　本章小结

在本章中，我们学习了 Python 中重要的数据可视化库 Matplotlib，首先介绍了绘图的基本功能，包括绘制基础图形，如散点图、条形图、直方图、饼状图、箱形图、误差条等方法。

然后，结合 Pandas 的数据操作，以谷歌流感趋势数据集为例，给出了时序数据的可视化分析方法。

但客观来讲，Matplotlib 也有缺点。比如，它绘制的图形还不够细腻，或者说比较底层，如果我们想绘制一个相对高级的图形，需要花费较大的精力进行微调和美化。

有需求，自然就会有开发的动力。于是，人们对 Matplotlib 进行了二次封装，开发出了更为高阶的 Seaborn 绘图库，使绘制的图形更加细腻，也显得更加"高大上"。在某些场合，可用 Seaborn 来替代 Matplotlib 绘制更为惊艳的图形

在下一章，我们将介绍这款更加好用的绘图工具——Seaborn，它与 Pandas 配合使用，能让我们绘制的图形更加精准、细腻。

5.12　思考与提高

5-1　利用正弦函数 sin(x−1/2π*i)，通过改变不同的相位（i 分别取值 0,1,2,3），配以不同的曲线风格（线条和颜色均不同），完成如图 5-42 所示的绘图效果。

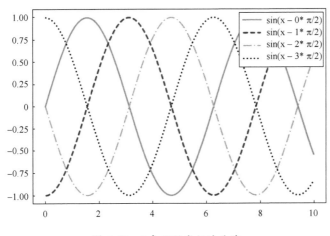

图 5-42　4 条不同类似地曲线

5-2　改造范例 5-21，让代码实现叠加条形图，并填充不同的底纹以示区别，如图 5-43 所示。

5-3　在 Matplotlib 中，饼状图可以有多种画法。对于如下汽车数据

```
cars = ['AUDI', 'BMW', 'FORD', 'TESLA', 'JAGUAR', 'MERCEDES']
data = [23, 17, 35, 29, 12, 41]
```

通过查阅资料，设置合理的 plt.pie 方法参数，绘制出如图 5-44 所示的饼状图。

5-4　结合 Pandas 的使用，以鸢尾花数据集（iris.csv）为例，以它们两两特征为坐标轴画出对应的散点图，如图 5-45 所示。

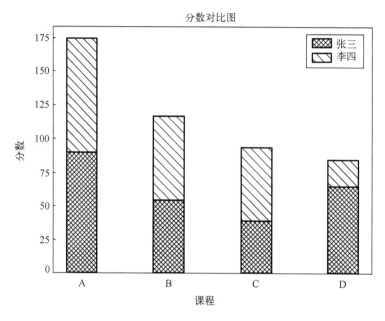

图 5-43 堆叠的柱状图

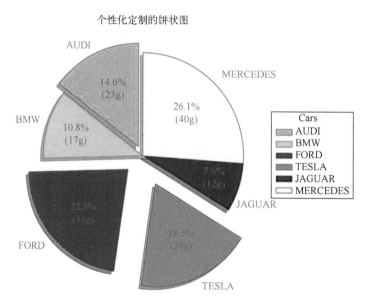

图 5-44 个性化的饼状图

鸢尾花散点图

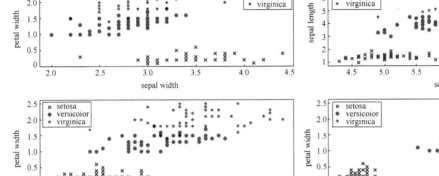

图 5-45 鸢尾花两两特征之间的散点图

第 6 章　可视化分析进阶

可视化分析领域中的分析工具多种多样，其中 Seaborn 扮演着举足轻重的作用。在本章中，我们将主要介绍 Seaborn 的用法和手绘风格绘图。

本章要点（对于已掌握的内容，请在对应的方框中打钩）

☐ 掌握 Seaborn 的使用方法

☐ 了解手绘风格的绘图技巧

☐ 掌握可视化分析在特征选择中的作用

前面章节所介绍的 Matplotlib 无疑是高度可定制的，但若想快速构造出细节丰满而绚丽多彩的图像，Matplotlib 就显得复杂而低效。Seaborn 适时出现，就是为了解决这一痛点。

6.1　绚丽多姿的 Seaborn

我们常说"欲穷千里目，更上一层楼"。如果说 Seaborn 是绘图界的"更上一层楼"，那么 Matplotlib 无疑是支撑 Seaborn 的地基。Seaborn 在 Matplotlib 的基础上，进行了更高级的 API 封装，从而使得作图更加容易，几行简单的代码，且不需要经过大量的调整，就能使图形变得更加精致。

在使用 Seaborn 前，需要显式导入软件包（字母需要全部小写 seaborn），通常还会取个别名为 sns，示例代码如下。

```
import seaborn as sns
```

6.1.1　Matplotlib 与 Seaborn 对比

Matplotlib 的默认风格与 MATLAB 类似，偏于古典。当 Seaborn 加入 Python 绘图生态圈之后，绘图风格更趋多样化，也更符合现代人的审美观。

下面我们用实例来说明上述观点。首先导入必要的库。

```
In [1]: import numpy as np
In [2]: import seaborn as sns
In [3]: import matplotlib.pyplot as plt
```

然后，我们利用随机数生成绘图所需的数据。

```
In [4]: rng = np.random.RandomState(0)      #设置随机数种子
In [5]: x = np.linspace(0, 10, 500)         #在 0～10 之间等分 500 份
In [6]: rand = rng.randn(500, 6)
In [7]: y = np.cumsum(rand, axis = 0)
```

In [4]处设置了一个伪随机数种子。In [5]处利用 NumPy 中的 linspace 方法，将 0～10 区间的数等分成 500 份，将获得的值充当 X 轴的值。In [6] 处利用随机数生成器 randn，创建尺寸为 500×6 的符合标准正态分布的随机数数组。In [7]处利用 NumPy 中的 cumsum 方法按轴 axis = 0（即垂直方向）累计求和，模拟的是股票在某段时间内的累计收益，其计算结果充当 Y 轴的值。有了 X 轴和 Y 轴的值，下面我们就可以画图了。

首先，我们使用 Matplotlib 的经典风格来绘图，它最接近于 MATLAB 的风格。

```
In [8]: plt.style.use('classic')  #设置经典风格绘图
In [9]: plt.plot(x, y)
In [10]: plt.legend('ABCDEF', ncol = 2, loc = 'upper left')
In [11]: plt.show()
```

利用 Matplotlib 绘图的效果如图 6-1 所示。

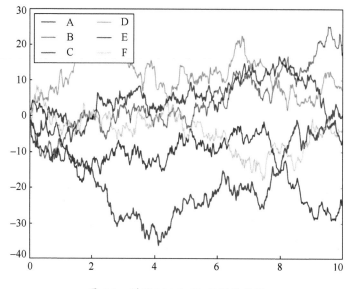

图 6-1 利用 Matplotlib 绘图的效果

In [8]处设置 Matplotlib 的绘图风格。事实上，我们可以通过如下指令查询 Matplotlib 支持的绘图风格。

```
In [12]: print(plt.style.available)
['Solarize_Light2', '_classic_test_patch', 'bmh','classic','dark_background',
'fast', 'fivethirtyeight', 'ggplot', 'grayscale', 'seaborn', 'seaborn-bright',
'seaborn-colorblind', 'seaborn-dark', 'seaborn-dark-palette', 'seaborn-darkgrid',
    'seaborn-deep', 'seaborn-muted', 'seaborn-notebook', 'seaborn-paper',
'seaborn-pastel', 'seaborn-poster', 'seaborn-talk', 'seaborn-ticks', 'seaborn-
white', 'seaborn-whitegrid', 'tableau-colorblind10']
```

上述的每种风格都是一套包括字体、配色、刻度线等一系列的配置，都是人们在大量可视化实践探索出来的，适用于不同的环境。使用上述风格方式很简单，其代码为 plt.style.use(<style-name>)。<style-name>就是上述指令输出的风格字符串。

在 In [10]处，我们利用 legend 方法添加了各个曲线的标注。如果在

plot 方法中没有添加 label 参数，则可以在 legend 方法中补充添加。字符串'ABCDEF'会被转换为列表，在转换过程中，原来是一个整体的字符串被"炸开"形成一个个字符：['A', 'B', 'C', 'D', 'E', 'F']，由它们充当 6 条曲线的标签。

让我们先感性认识一下相同数据情况下 Seaborn 的绘图效果。

```
In [13]: import seaborn as sns
In [14]: sns.set()                          #显式启用 Seaborn 绘图风格
In [15]: plt.plot(x, y)
In [16]: plt.legend('ABCDEF', ncol=2, loc='upper left')
In [17]: plt.show()
```

利用 Seaborn 的绘图效果如图 6-2 所示。

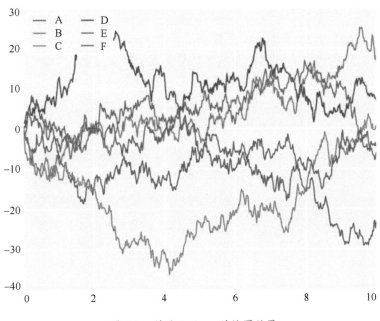

图 6-2　利用 Seaborn 的绘图效果

从图 6-2 可以看出，Seaborn 依然是利用 Matplotlib 作为后台进行绘图的，但绘图底色却更加柔和。需要注意的是，In [8]处和 In [14]处的差异。在默认情况下，Matplotlib 使用自身的绘图风格，如果我们想启用 Seaborn 绘图风格，则需要显式使用 sns.set 方法进行设置。

Seaborn 不仅可以配合 Matplotlib 来绘制更好的图形，还可以与 Pandas 高效对接。Seaborn 处理的数据类型大多基于 Pandas 中的数据结构——DataFrame。在后文我们会详细介绍这部分内容。

6.1.2 Seaborn 的样式设置

Seaborn 将 Matplotlib 中的参数划分为两个独立部分。第一部分是设置 Seaborn 的美学风格；第二部分是设定不同的度量（scale）元素，用于控制各种元素的缩放比例，以至于可以嵌入不同的上下文（context）环境。操作这些参数的接口是以下两对方法：

- 设置美学风格的方法有 axes_style、set_style。
- 设置元素度量的方法有 plotting_context、set_context。

其中，每对方法中的第一个方法（即 axes_style 和 plotting_context）返回一组字典参数。这里的 axes 应该理解为画布上的子图，而不是所谓的轴。利用上述每对方法中的第二个方法（即 set_style 和 set_context）修改 Matplotlib 的默认参数。

除了上述方法，Seaborn 还提供了一个 seaborn.set_theme 方法，可以用该方法混合的形式设置绘图风格和具体元素（如字体、调色板等），这也是 Seaborn 官方推荐的风格设置方法，其原型如下所示。

```
seaborn.set_theme(context = 'notebook',style = 'darkgrid',palette = 'deep',
font = 'sans-serif',font_scale = 1, color_codes = True,rc = None)
```

下面我们来说明 set_theme 方法的使用，还是以前面的曲线图为例。

```
In [18]: sns.set_theme(style = 'whitegrid',font_scale = 1.5)
In [19]: plt.plot(x, y)
In [20]: plt.legend('ABCDEF',ncol = 2,loc = 'upper left')
In [21]: plt.show()
```

Seaborn 提供了以下 5 种风格的主题，以适用于不同的应用场景和人群偏好。

- darkgrid：深色网格（默认值），实际上这个深色仅是底色的代名词，真实的颜色是如图 6-2 所示的淡蓝色。
- whitegrid：白色网格，实际上就是无底色风格。
- dark：纯深色无网格。
- white：纯白色无网格。
- ticks：与纯白色无网格基本类似，但绘图坐标轴会有很短的刻度线。

在默认情况下，Seaborn 的风格是有底色的网格，即 style = 'darkgrid'，但我们可以显式将其修改为白底网格，如 In [18]处的 style = 'whitegrid'。此外，我们还可以将字体扩大 1.5 倍，即 font_scale = 1.5。上述代码的绘图效果如图 6-3 所示。

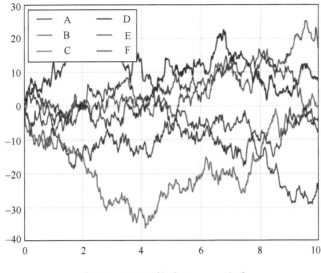

图 6-3　不同风格的 Seaborn 绘图

事实上，Matplotlib 也可以使用前文所述的 plt.style.use(<style-name>) 指令来设置 Seaborn 风格的绘图。因此，二者在绘图风格上并没有做到完全不同。Seaborn 的特点主要体现在具体的绘图类型的操作上（后文会有详细介绍）。

6.1.3　设置应用模式与绘图元素缩放比例

绘制出来的图形总是要拿来用的，用就要讲究应用场景。事实上，我们可以根据图形应用的不同场景来确定图形的风格。在 Seaborn 中，可以利用 set_context 方法设置图形的应用环境，从而确定绘图风格，在特定设置的风格下，还可以对字体、线条等进行缩放。在 Seaborn 中，预设的绘图场景参数有 notebook（笔记本模式，默认模式）、paper（论文模式）、talk（报告模式）和 poster（海报模式）。

在下面的示例中，绘图部分是完全相同的，故不再重复。这里我们仅设置两个不同的上下文环境，读者可以看出绘图风格的不同，它们绘图的效果分别如图 6-4 和图 6-5 所示。

```
In [22]: sns.set_context('paper')         #论文模式
In [23]: sns.set_context('poster')        #海报模式
```

海报模式和论文模式下的绘图风格所有不同。论文模式下的绘图强调全局性，不遗漏细节。海报模式下的绘图通常是要被打印出来的，所以更强调聚焦，线条更粗，进而更醒目。

在特定应用场景下，我们还可以对于字体大小、线条粗细等细节进行设置。但与传统的 Matplotlib 设置不同，它不直接设置具体的参数值，而是设置参数的缩放系数，且通过字典模式（即 key = value 或 key : value）进行设置。比如，在默认的 notebook 应用环境下，我们希望字体放大 1.8 倍，线条加粗 2 倍（使用 rc 参数），可通过如下代码来实现，绘图的效果如图 6-6 所示。

```
In [24]: sns.set_context('notebook',font_scale = 1.8,rc = {'lines.linewidth':2})
         #设置参数的缩放系数
```

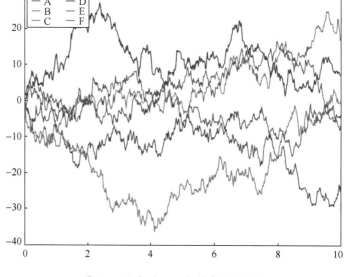

图 6-4　论文（paper）模式下的绘图

你知道吗？

在一些配置环境中，经常会遇到 rc 之类的参数，如 vimrc（Vim 编辑器）、bashrc（shell 终端）、rcParams（Matplotlib）等，其代表的含义是刚启动运行时的参数配置（Run at startup and they Configure your stuff）。

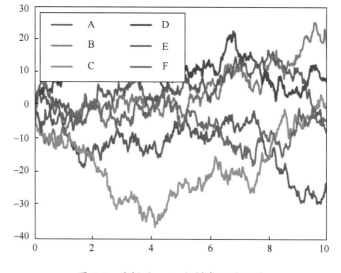

图 6-5　海报（poster）模式下的绘图

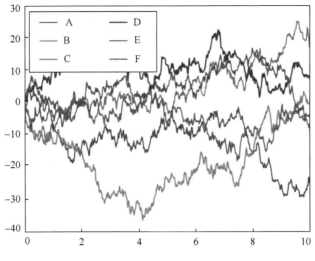

图 6-6 设置绘图元素的缩放比例

6.1.4 使用 despine 方法进行边框控制

在前面的案例中，所有绘图都局限在一个矩形框之内。实际上，矩形框就是由 4 条轴绘制而来的。在 Seaborn 绘图环境下，若要使用 white 和 ticks 绘图风格，则可以利用 despine 方法删除顶部和右侧坐标轴上不需要的轴线，这在 Matplotlib 中通常难以实现。下面我们举例说明。

范例 6-1 删除顶部和右侧的轴线（despine.py）

```
01   import numpy as np
02   import matplotlib.pyplot as plt
03   import seaborn as sns
04
05   def sinplot(flip = 1):
06       data = np.linspace(0, 14, 100)
07       for i in range(1,7):
08           plt.plot(data, np.sin(data + i * .5) * (7 - i) * flip)
09
10   sns.set_style('ticks',{"xtick.major.size": 10, "ytick.major.size":
11               10 })
12   sinplot()
13   sns.despine()
14   plt.show()
```

运行结果

运行结果如图 6-7 所示。

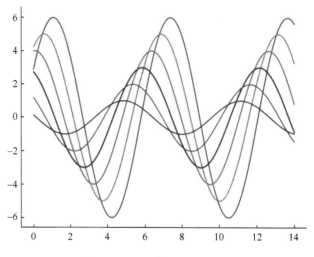

图 6-7 删除顶部和右侧的轴线

代码分析

在第 05～08 行中，我们定义了一个包含偏移相位的正弦曲线绘制函数。第 10 行我们使用 sns.set_style 方法设置了 ticks（有刻度）的绘图风格。同时，通过字典{key：value}模式，对 X 轴和 Y 轴的刻度值大小进行了设置。在第 12 行进行了绘图。第 13 行使用 sns.despine 方法对顶部和右侧的轴线进行了删除，这是因为默认值"top = True, right = True"在起作用。

还可以利用 sns.despine 方法进行"精细化"的参数设置，让保留的坐标轴进行偏移（offset）。这时，我们启用 trim 参数（将其设置为 True）。如将第 13 行修改为如下代码。

```
sns.despine(offset = 15, trim = True)
```

上述代码的绘图效果如图 6-8 所示。

进一步，如果我们还想把左侧和底部的坐标轴删除，那么可以显式设置"left = True, bottom = True"，示例代码如下。

```
sns.despine(left = True, bottom = True)
```

上述代码的绘图效果如图 6-9 所示。

6.1.5 使用 axes_style 方法设置子图风格

在前面的章节中，我们已经提到，在 Matplotlib 中，axes 表示子图。在 Seaborn 中，有类似地用法，我们可以用 axes_style 方法设置子图的风格。

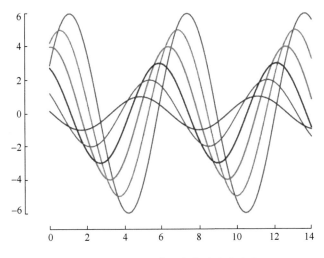

图 6-8 坐标轴偏移和裁剪的绘图效果

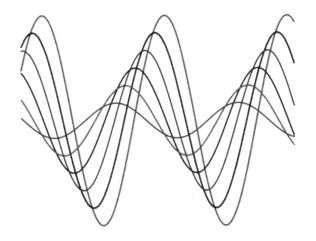

图 6-9 没有坐标轴的绘图效果

范例 6-2 使用 axes_style 方法设置子图风格（subplot.py）

```
01  import numpy as np
02  import matplotlib.pyplot as plt
03  import seaborn as sns
04
05  def sinplot(flip = 1):
06      data = np.linspace(0,14,100)
07      for i in range(1,7):
08          plt.plot(data,np.sin(data + i * .5) * (7 - i) * flip)
09
10  # 设置局部子图的风格，with 用于设置上下文环境
11  fig = plt.figure(figsize = (10,8))
```

```
12  with sns.axes_style("darkgrid"):          #with 环境内的绘图风格
13      plt.subplot(211)
14      sinplot()
15
16  # 外部子图的风格
17  sns.set_style("whitegrid")
18  plt.subplot(212)
19  sinplot()
20
21  plt.show()
```

运行结果

运行结果如图 6-10 所示。

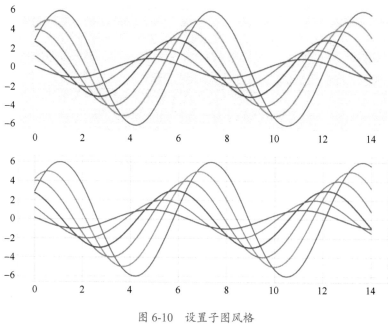

图 6-10　设置子图风格

代码分析

在本例中，需要注意两点：①第 12～14 行利用 sns.axes_style 方法设置子图的风格，其设置方法与全局的 sns.set_style 方法完全一样。所不同的是，如果想让子图的设置风格只影响子图本身，则需借助关键字 with 来控制上下文，它所控制的区域代码有相同的缩进。一旦超出 with 的作用域，由 sns.axes_style 设置的风格就会失效。②第 17 行设置了全局风格，第二个子图实际上就是在这个风格下绘制而出的图形。

6.2　Seaborn 中的常用绘图

前面我们介绍了 Seaborn 绘图的基础元素。下面我们将重点介绍 Seaborn 中几个常用的图形类型，如回归图、对图、密度图、直方图、热力图、箱形图及小提琴图等。

6.2.1　回归图

通常来说，若要绘制两组数据的回归图，则需要先显式计算相应的回归参数，然后再绘制图形。但是，利用 Seaborn 中的 regplot 方法绘制回归图却十分简便，它能够自动根据数据拟合出必要的参数，进而基于拟合而来的参数绘制图形和数据点，并给出拟合的误差范围。

范例 6-3　Seaborn 中的回归图（regplot.py）

```
01  import matplotlib.pyplot as plt, seaborn as sns
02  import numpy as np
03
04  sns.set(style = 'whitegrid')
05  x = np.array([1, 2, 3, 4, 5, 6])
06  y = np.array([2, 1, 6, 13, 10, 13])
07  sns.regplot(x = x, y = y)
08  plt.show()
```

运行结果

运行结果如图 6-11 所示。

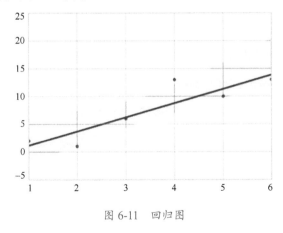

图 6-11　回归图

代码分析

在范例 5-16 中也能绘制类似地图，当时使用的是 fill_between 方法，

你知道吗？

回归分析（regression analysis）是指确定两种或两种以上变量间相互依赖的定量关系的一种统计分析方法。

但具体实现相对复杂。而利用 Seaborn 中的 regplot 方法来绘制回归图则非常简单。regplot 方法中的参数非常多（读者可参阅 Seaborn 的官方文献），其中 x 表示 X 轴的数据，y 表示 Y 轴的数据，x 和 y 用于回归分析。读者可以尝试将第 04 行修改为 sns.set(style = 'white')，来体验一下不同风格（白底无格）的绘图。

事实上，regplot 方法中的参数 data 也很常用，通常被用于设置 DataFrame 对象。一旦这个数据源确定了，前面提到的 x 和 y 可以是 DataFrame 中的某个列的名称。我们以熟悉的鸢尾花数据集为例来说明参数 data 的使用，如范例 6-4 所示。

范例 6-4　绘制鸢尾花数据集中的回归图（iris-regplot.py）

```
01    import seaborn as sns
02    import pandas as pd
03    import matplotlib.pyplot as plt
04    df = pd.read_csv('iris.csv')
05
06    sns.set(style = "whitegrid")
07
08    sns.regplot(x = data['sepal.length'], y = data['sepal.width'], data = df)
09    plt.show()
```

注意

在网络资源中，通常有两种版本的 iris. csv 文件，它们的主要差别有两点：①有无标题行，且标题行的命名可能稍有不同；②最后一列的类别是否用双引号引起来。

建议读者在使用这个文件时，不妨先打开这个文本文件，以免处理错误。

运行结果

运行结果如图 6-12 所示。

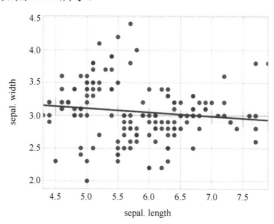

图 6-12　鸢尾花的花萼长度与宽度的回归图

代码分析

首先，我们从如图 6-13 所示的可视化图中可以看出，鸢尾花的花萼长度与宽度基本没有什么线性回归关系。其次，我们从代码的角度来看，第 04 行利用 Pandas 读入数据，因此，df 就是一个 DataFrame 对象。请注

意，由于后续代码需要使用 df 各个列的数据，因此需要 data 每列都有名
称。在本例中，我们使用的文件 iris.csv 有表头。我们可以用如下代码进行
验证。

	sepal.length	sepal.width	petal.length	petal.width	species
0	5.1	3.5	1.4	0.2	Setosa
1	4.9	3.0	1.4	0.2	Setosa
2	4.7	3.2	1.3	0.2	Setosa
3	4.6	3.1	1.5	0.2	Setosa
4	5.0	3.6	1.4	0.2	Setosa

`data.head()` #显示前 5 行

在第 08 行，当将实参 df 赋值给 regplot 的形式参数 data 时，x 和 y 的
值分别被赋值为 DataFrame 的两个列，data['sepal.length'] 和 data['sepal.
width'] 其实就是两个 Series 对象。

事实上，在已知 data 是一个 DataFrame 后，可以通过 Python 语法糖
为其包装，这种给 x 和 y 赋值的行为，可以简化为只需给出 DataFrame 对
象中的列名（字符串称）即可。因此，第 08 行还可以简化为如下代码，
而绘图的效果不变。

```
sns.regplot(x = 'sepal.length', y = 'sepal.width', data = df)
```

6.2.2　对图

对图（pairplot，也有文献译作散点图矩阵）用于呈现数据集中不同特
征数据两两成对比较（包括自己和自己对比）的结果。对图是数据探索性
分析中的常用工具，可用于呈现所有可能的数值变量对之间的关系。对图
是双变量分析的必备工具之一。下面范例使用的数据集还是前面提到的
鸢尾花数据集。我们来看一下如何利用 Seaborn 绘制对图。

范例 6-5　利用 Seaborn 绘制对图 (pairplot.py)

```
01    import matplotlib.pyplot as plt
02    import seaborn as sns
03    import pandas as pd
04
05    sns.set(style = 'ticks')
06    iris = pd.read_csv('iris.csv')
07
08    sns.pairplot(iris, hue = 'species',diag_kind = 'kde', palette = 'muted')
09    plt.show()
```

运行结果

运行结果如图 6-13 所示。

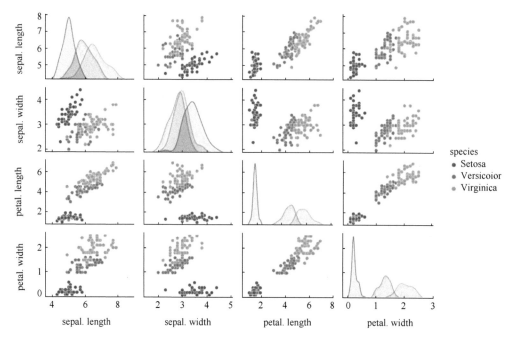

图 6-13 对图

代码分析

从上面的输出结果可以看出，利用 Seaborn 的高级 API 接口仅使用 10 行左右的代码，我们就能绘制出非常"惊艳"的图形。第 05 行等价于 sns.set_style('ticks')，用于设置图片的风格（绘图带有刻度线），它与 plt.style.use(<风格名称>)的作用相同。

pairplot 方法的原型如下。

```
seaborn.pairplot(data,*,hue = None,hue_order = None,palette = None,vars = None,
x_vars = None,y_vars = None,kind = 'scatter',diag_kind = 'auto',markers = None,
height = 2.5, aspect = 1,corner = False,dropna = False,plot_kws = None,diag_kws =
None,grid_kws = None,size = None)
```

pairplot 方法中有很多参数，结合上述案例，我们挑选若干个比较重要的参数进行介绍。

第一个参数是 data，它表示绘制图形的数据源。这里，我们利用 Pandas 读取数据（第 06 行），读取数据 DataFrame 名称为 iris，然后赋值给参数 data。更具有可读性的写法是 data = iris。但由于 data 属于位置参数，在调用函数时，它根据函数定义的参数位置来传递参数，因此无须显式给出参数名称，也就是说，"data ="可以省略，从而就形成代码第 08 行的样式。

第二个比较重要的参数是 hue，它用于从 data 中指定某个类别的属性，并据此对不同类别的图形进行上色。在鸢尾花这个例子中，hue 的赋值为 species，即鸢尾花的类别。需要特别说明的是，species 是当前 DataFrame 对象 iris 中类别的列名称，不同的数据源完全可以有不同的类别名称，如 class 和 label 等。

第 08 行中的第三个参数 diag_kind 用于指定对角线上图形的类别。因为在主对角线上，即自己与自己对比，所以对于某一属性自身而言，自然无法画出如散点图之类的图形。于是，我们有两种类型可选，频率分布直方图（hist）和核密度估计图（kde）。读者可尝试将第 08 行中的 diag_kind = 'kde'改成 diag_kind = 'hist'，观察绘图效果。

另外一个参数是 palette（调色板，即配色方案），我们可以选择不同的调色板来给图形上色。通常，选择预设好的调色板就能满足我们的一般需求，预设好的调色板包括 husl、pastel、muted、bright、deep、colorblind、dark、hls、Paired、Set1、Set2、Blues、Greens、Reds、Purples、BuGn_r、GnBu_d、cubehelix 等。

其实 pairplot 方法还有一个好用的参数 kind，其默认值为 scatter，即绘制散点图。实际上，该参数还可以取值为 kde、hist、reg，分别用于绘制密度图、直方图和回归图。我们以密度图为例进行测试，将第 08 行修改成如下代码，对应的绘图效果如图 6-14 所示。

```
sns.pairplot(iris,hue = 'species',diag_kind = 'hist',kind = 'kde',palette = 'muted')
```

由于对图的数据是成对出现的，绘制出来的图形以对角线为分隔线，彼此转置对称，因此图形的上半部分存在的意义不大，如果我们想让绘图空间留白更多，可以设置 corner = True。将第 08 行修改成如下代码，对应的绘图效果如图 6-15 所示。

```
sns.pairplot(iris, hue = 'species',palette = 'muted',
            diag_kind = 'hist', corner = True,
            plot_kws = dict(marker = '+', linewidth = 1),
            diag_kws = dict(fill=False))
```

在上述代码中，我们还展示了一个绘图技巧，如果我们想对绘图的细节进行调整，则可以通过字典的形式修改特定参数。

6.2.3　密度图

数据分析的重要目的之一是了解数据的基本性质，为后续模型选择和模型训练提供依据。了解特征的密度分布情况通常是机器学习的第一步，同时也是相当关键的一步。通常，我们会通过核密度估计来掌握数据的分布情况。

你知道吗？

密度图用于显示数据在连续时间段内的分布情况。这种图表是直方图的变种，使用平滑曲线来绘制数值水平，从而得出更平滑的分布。

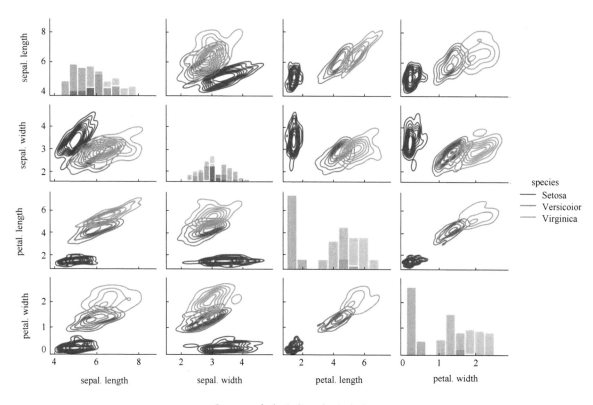

图 6-14　密度图（kde）的对图

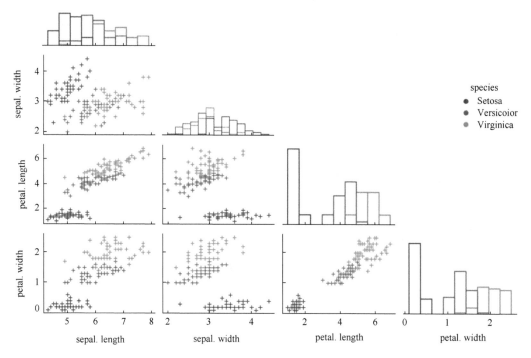

图 6-15　仅显示一半数据的对图

基于核密度估计的密度图（density plot）是一种常用的可视化图形。在密度图中，分布曲线上的每个点都表示概率密度，分布曲线下的每块面积都是特定变量区间发生的概率。

核密度估计（Kernel Density Estimates，KDE）是指采用平滑的峰值函数（核）来拟合观察到的数据点，从而模拟出真实数据的大致概率分布曲线。密度图其实是对直方图的一个自然拓展。

下面，我们还是以鸢尾花数据集为例（带有标题行的 iris.csv 文件），来说明三种不同品类鸢尾花的花瓣长度的概率密度分布。

范例 6-6　绘制鸢尾花花瓣长度的密度图（kde-plot.py）

```
01   import pandas as pd
02   import matplotlib.pyplot as plt
03   import seaborn as sns
04   #用来正常显示中文标签
05   plt.rcParams['font.sans-serif']=['SimHei']          # Windows 操作系统
06
07   # 装载数据
08   iris = pd.read_csv("iris.csv")
09
10   #绘图
11   sns.kdeplot(iris.loc[iris['species'] == 'Versicolor','sepal.length'],
12              shade = True,color = "g",,alpha = .7)
13
14   sns.kdeplot(iris.loc[iris['species'] == 'Virginica','sepal.length'],
15       shade = True,color = 'deeppink',alpha = .7)
16
17   sns.kdeplot(iris.loc[iris['species'] == 'Setosa','sepal.length'],
18        shade = True,color = 'dodgerblue',alpha = .7)
19
20   plt.title('鸢尾花花瓣长度的密度图',fontsize = 16)
21   plt.legend(iris['species'].unique())
22   plt.show()
```

运行结果

运行结果如图 6-16 所示。

代码分析

绘制密度图需要用到 Seaborn 提供的一个专门方法 kdeplot，与 Seaborn 提供的其他绘图方法类似，该方法有很多好用的参数，其方法的原型如下。

```
kdeplot(data,data2 = None,shade = False,vertical = False,kernel = 'gau',bw =
'scott',gridsize = 100,cut = 3,clip = None,legend = True,cumulative = False,shade_
lowest = True,cbar = False,cbar_ax = None,cbar_kws = None,ax = None,**kwargs)
```

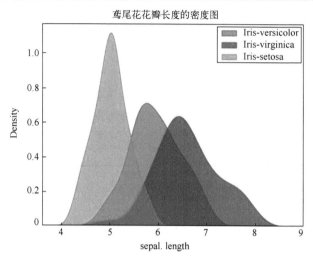

图 6-16　密度图

下面我们简单介绍几个常用的参数。

- data、data2：这两个参数都用于指定绘图的数据源。如果除了 X 轴的数据，我们还想指定 Y 轴的数据，那么就要启用 data2。如果同时启用 data 和 data2，那么绘制的效果就如同等高线式二维密度图，如图 6-16 所示。

- shade：用于指明密度曲线内是否填充阴影。对于本例的第 12、15 和 18 行，如果将这个参数设置为 False，即不需要填充阴影，那么运行结果如图 6-17 所示。

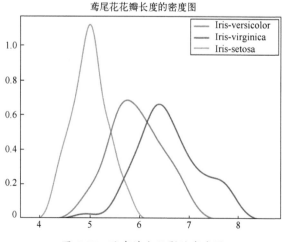

图 6-17　没有填充阴影的密度图

- vertical：布尔类型值，用于指定密度图的方向，默认为 False（即非垂直显示），如果将此值设置为 True，则本例的运行结果如图 6-18 所示。

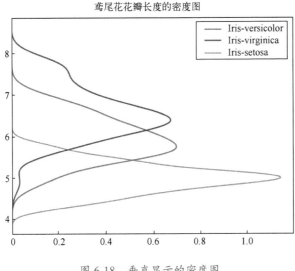

图 6-18 垂直显示的密度图

6.2.4 直方图

在前面的章节中，我们已经介绍过如何使用 Matplotlib 绘制直方图。事实上，利用 Seaborn 的 displot 方法绘制直方图更加便捷[①]。

范例 6-7 绘制鸢尾花数据集的直方图（distribution-plot.py）

```
01  import pandas as pd
02  import matplotlib.pyplot as plt
03  import seaborn as sns
04  #用来正常显示中文标签
05  plt.rcParams['font.sans-serif'] = ['SimHei']
06
07  # 导入数据
08  iris = pd.read_csv('iris.csv')
09
10  sns.displot(data = iris, x = 'sepal.width')
11  plt.show()
```

运行结果

运行结果如图 6-19 所示。

---

① 需要注意的是，在新版本的 Seaborn 中，推荐使用 displot 代替旧版本的 distplot，二者在方法名上有个字母 "t" 的差别。绘图的差别请参阅 Seaborn 的官方文献。

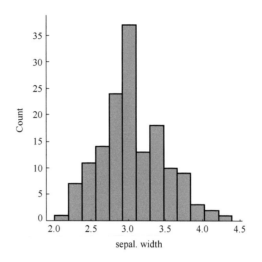

图 6-19   鸢尾花（花萼宽度）的直方图

代码分析

第 08 行用于读入鸢尾花数据集合，第 10 行用于绘图，data 参数用于指定数据源，我们将一个 DataFrame 对象 iris 赋值给它，然后 x 轴的数据就可以指定 iris 的列名称（字符串）。事实上，第 10 行完全可以令 x 的值直接赋值为一个 DataFrame 的其中一列，即一个 Series 对象。对应的等价代码如下。

```
sns.displot(x = iris['sepal.width'])
```

displot 方法还有一个参数 kind 非常好用，用于指定可视化数据的类型，默认类型是前面提到的直方图（hist），参数 kind 有两个值（即 kde 和 ecdf），其中 ecdf 表示经验分布函数（empirical Cumulative Distribution Function, eCDF）。若设置 kind = 'kde'，则表明该图为密度图，与前面提到的 kdeplot 方法的功能是等价的，将第 10 行稍加变换（见如下代码）就可以得到密度图，如图 6-20 所示。

```
sns.displot(data = iris, x = 'sepal.width', kind = 'kde')
```

在绘制单一属性（用 x 的赋值来表征）密度图时，如果启用了 hue 参数，即用类别（如 species）进行染色，那么实际上就可以绘制出该属性在不同类别情况下的密度图，代码如下所示，绘图效果如图 6-21 所示。从图 6-22 中可以明显看出，三个品种的鸢尾花在宽度上的差异[1]。

```
sns.displot(data = iris, x = 'sepal.width', hue = 'species', kind = 'kde')
```

----

[1] 需要注意的是，species 是鸢尾花数据集（iris.csv）中作为类别这一列的名称，如果数据集中用作类别标识的列不是这个名称，则使用用户所用数据集的类别列名即可，可以不用 species，因为它并不是所谓的关键字。

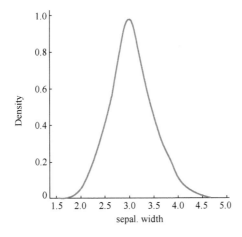

图 6-20　鸢尾花的密度图

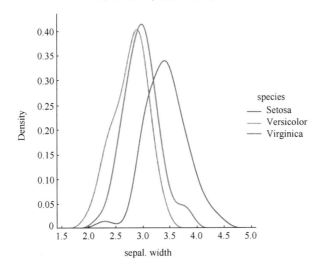

图 6-21　鸢尾花在宽度属性上不同种类的密度图

如果我们不专门指定 x 的值，则 displot 会把 data 所指定数据源（如
DataFrame 对象）中的所有数值列都绘制成密度图，效果如图 6-22 所示。

```
sns.displot(data = iris, kind= 'kde')
```

请读者思考，如何绘制鸢尾花某两个属性（注意，不是所有属性）的
密度图呢？

上面提及的密度图都是一维的（即仅使用了一个属性），如果我们使
用两个属性（即同时启用 y 参数），那么就构造了一个双变量图，代码如
下所示，绘图效果如图 6-23 所示，这就是前文提到的多变量密度图（类似
于等高线）。

```
sns.displot(data = iris, x = 'sepal.width', y = 'petal.length', kind = 'kde')
```

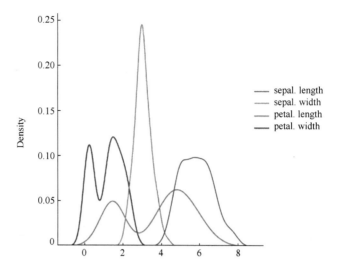

图 6-22　同时绘制多个鸢尾花属性的密度图

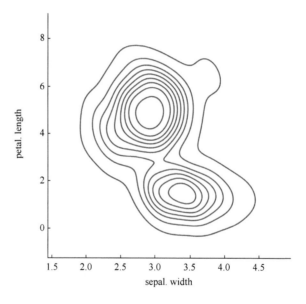

图 6-23　双变量密度图

事实上，在 Seaborn 中，直方图的绘制方法是 histplot，它的核心用途和 displot 基本类似。如范例 6-8 所示。

范例 6-8　绘制直方图（histplot.py）

```
01  import pandas as pd
02  import matplotlib.pyplot as plt
03  import seaborn as sns
04  #用来正常显示中文标签
05  plt.rcParams['font.sans-serif'] = ['SimHei']
06
```

```
07    # 导入数据
08    iris = pd.read_csv('iris.csv')
09
10    sns.histplot(data = iris, x = 'sepal.width')
11    plt.title('鸢尾花花瓣宽度的直方图')
12    plt.show()
```

运行结果

运行结果如图 6-24 所示。

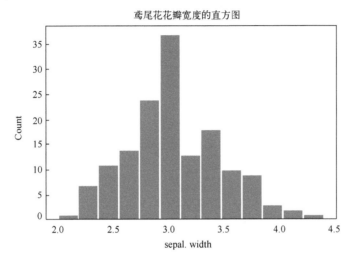

图 6-24　直方图

代码分析

　　从运行结果可以看出，图 6-24 和图 6-19 完全一样，从代码上看，范例 6-7 和范例 6-8 除了第 10 行上的调用方法名称不一样，几乎无差别。

　　如果 histplot 和 displot 的功能完全一样，那么 Seaborn 就没有必要将其分成两种方法了。事实上，二者还是有不少差别的，读者可以参阅相关文献。下面我们列举 histplot 方法中几个好用的参数。例如，如果我们不对 x 进行赋值，而是对 y 进行赋值，那么实际上就是绘制水平方向的直方图。我们把第 10 行改成如下代码形式，就可以得到如图 6-25 所示的水平直方图。

```
sns.histplot(data = iris, y = 'sepal.width')
```

　　如果令 kde = True，如下代码所示，则可以得到直方图与密度图叠加的效果图，如图 6-26 所示。

```
sns.histplot(data = iris, x = 'sepal.width', kde = True)
```

　　如果我们不指定 x 的值，则默认情况下，hisplot 会把所有数值型属性的直方图一并叠加呈现，如下代码所示，其效果如图 6-27 所示。请读者思考，如何绘制显示部分属性（不是所有属性）的直方图。

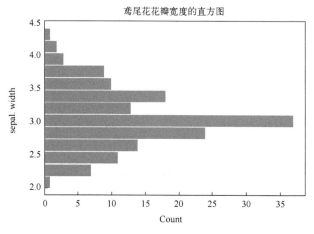

图 6-25　水平直方图

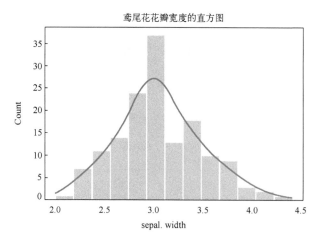

图 6-26　直方图与密度图的叠加

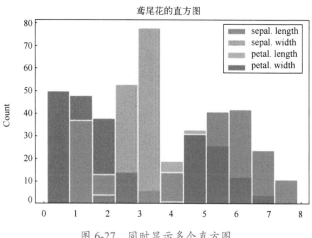

图 6-27　同时显示多个直方图

```
sns.histplot(data = iris)
plt.title('鸢尾花的直方图')
```

6.2.5 热力图

heatmap 意为热力图，主要用于描绘数据之间的相关程度。下面，我们使用红酒等级数据集（wine.csv）来说明热力图在特征选择中的作用。我们知道，影响红酒等级的因素（即特征）非常多，在给定数据集中至少给出了 13 种影响红酒等级的因素，如固定酸度、挥发酸度、柠檬酸、残糖、密度、pH 值等。在分类时，哪些特征对分类有明显影响呢？这时，热力图在特征选择中发挥重要作用。示例代码如下。

范例 6-9　利用 Seaborn 绘制热力图（heatmap.py）

```
01   import matplotlib.pyplot as plt
02   import pandas as pd
03   import seaborn as sns
04
05   plt.figure(figsize = (20,10),dpi = 150)
06   wine = pd.read_csv('wine.csv')
07   wine_corr = wine.corr()
08   plt.figure(figsize = (20,10))
09   sns.heatmap(wine_corr,annot = True,square = True,fmt = '.2f')
10   plt.show()
```

运行结果

运行结果如图 6-28 所示。

代码分析

图 6-28 中的数字是我们需要的相关系数，其绝对值越大（要么正相关，要么负相关），表明两个变量之间的相关性越强，找到两个变量之间的相关性，便容易进行预测，而预测本就是数据分析的核心本质。反过来，相关系数的绝对值越接近于 0，说明两个变量之间的相关性越弱。

比如，观察 class（红酒等级）这一列就会发现，class 与 Ash 这个特征之间相关系数最小，仅为−0.05。通过查看数据也可以发现，不同种类的红酒的 Ash 值并无太大变化，这表明什么呢？在对红酒进行评级时，我们大可不必将 Ash 作为特征值。此外，由于热力图可以体现颜色的深度，颜色越深，特征彼此间就越相关，所以在特征比较多时，采用热力图较好。

在绘制热力图时，我们首先需要计算出数据集的相关系数矩阵，通过 Pandas 中 DataFrame 对象自带的 corr 方法可以很容易求出，见第

思考

读者可尝试将第 09 行的参数 fmt='.2f'修改为 fmt='.2%'，再次运行代码，看看运行结果是什么，并思考原因。

07 行 wine_corr = wine.corr()。利用 sns.heatmap 方法绘制热力图，其中 annot 是布尔类型参数，它是"annotate"（注释）的简写，默认为 False。当 annot 为 True 时，热力图中的每个方格内都会写入注释数据（即相关系数）。square 也是布尔类型参数，表示是否将输出的图形转化为正方形，默认输出长方形。

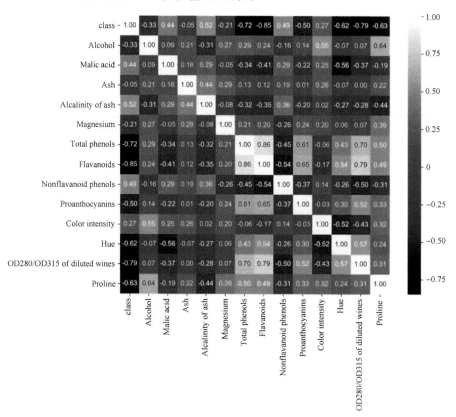

图 6-28　热力图

6.2.6　箱形图

箱形图的绘制方法在前面章节（Matplotlib）中已经提及，这里我们利用 Seaborn 再次绘制箱形图，从而感性认知 Seaborn 的优点。下面我们依然以经典的鸢尾花数据集（iris.csv，带有标题行）为例，说明如何利用 Seaborn 绘制箱形图。

范例 6-10　利用 Seaborn 绘制箱形图（boxplot.py）

```
01    import matplotlib.pyplot as plt
02    import seaborn as sns
03    import pandas as pd
04
```

```
05    sns.set(style = 'ticks')
06    iris = pd.read_csv('iris.csv')
07
08    sns.boxplot(x = iris['sepal.length'], data = iris)
09    plt.show()
```

运行结果

运行结果如图 6-29 所示。

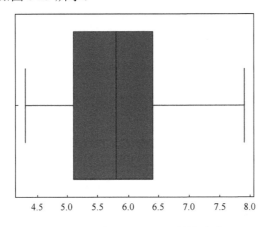

图 6-29 利用 Seaborn 绘制箱形图

代码分析

从代码层面我们会发现，Seaborn 中的绘图方法基本相同，只是绘图的参数稍有不同，本例使用了 Seaborn 内置的方法 boxplot 来绘制箱形图。该方法的原型如下。

```
seaborn.boxplot(*,x = None,y = None,hue = None,data = None,order = None,
hue_order = None,orient = None,color = None,palette = None,saturation = 0.75,
width = 0.8,dodge = True,fliersize = 5,linewidth = None,whis = 1.5,ax = None,
**kwargs)
```

该方法中的参数较多，我们挑选几个相对常用的给予介绍。

- x：用于指定 X 轴的数据，若不设置，默认为 None。

- y：用于指定 Y 轴的数据，若不设置，默认为 None。

- hue：表示字符串类型，它是 DataFrame 中某个代表类别的列名，boxplot 方法会将这个列中包含的不同属性值作为分类依据，不同分类对应不同颜色的箱体，以示区分。

- data：用于设置输入的数据集，可以是 DataFrame 对象，也可以是数组、数组列表等，该参数是可选参数。

注意

限于网络资源的访问情况，部分用户可能直接获取 Seaborn 的内置数据集。如果读者获取 Seaborn 数据失败，一方面，可自行在利用网络资源查询解决方案；另一方面，可以利用前面范例示范的方法在本地读入。

- palette：调色板，用于控制图形的色调。
- order、hue_order：用于控制箱体的顺序。
- orient：取值为 v、h，用于控制图像是水平（horizontal）显示还是垂直（vertical）显示。

事实上，Seaborn 内部已经集成了很多常见的经典数据集合。范例 6-10 中的绘图代码（第 06～08 行）也可以用如下代码替代，绘图的效果是相同的。

```
# 导入基本环境包的语句省略
# 用 Seaborn 导入数据
df = sns.load_dataset('iris')
# 绘制一维箱形图
sns.boxplot( x = df['sepal_length'] )
```

如果仅绘制显示一列数据的箱形图，其实意义并不大，下面我们还用鸢尾花的例子来说明如何绘制每个特征的箱形图。

下面我们再介绍一种在 Seaborn 中绘制子图的方法。结合 Matplotlib 来配置参数，这个流程并不复杂，示例代码如下。

范例 6-11　利用 Seaborn 绘制多个子图（sns-subplot.py）

```
01  import seaborn as sns, matplotlib.pyplot as plt
02  #导入 Seaborn 内置数据集
03  df = sns.load_dataset('iris')
04
05  fig,axes = plt.subplots(1,2,sharey = True)        #设置一行两列共两个子图
06  # 绘制左子图
07  sns.boxplot(x = 'species',y = 'petal_width',data = df,ax = axes[0])
08  # 绘制右子图
09  sns.boxplot(x = 'species',y = 'petal_length',data = df, palette = 'Set3',
ax = axes[1])
10  plt.show()
```

运行结果

运行结果如图 6-30 所示。

代码分析

本例代码并不复杂，但有两个语法层面的细节值得注意。

第一，第 05 行设置了共享 Y 轴（sharey = True），如果不设置，两个子图可能会因左右相距太近而相互重叠。共享坐标轴还有一个好处是便于观察和比较。

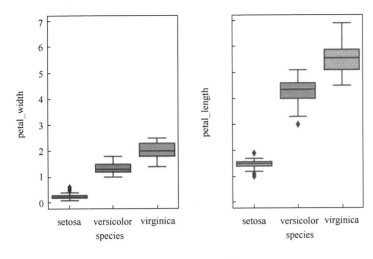

图 6-30 绘制箱形图的多个子图

第二，在本例中，右子图的调色板 palette = "Set3"。作为一个高阶绘图工具，Seaborn 已经内置了很多预先设置好的调色板，我们可以选择适合数据呈现和视觉感受的颜色。关于调色板的内容，读者可参考官方文档。

从图 6-30 中可以看出，第一类鸢尾花（setosa）的花瓣宽度（sepal width）和花瓣长度（sepal length）普遍偏小。我们还可以看出，甚至 setosa 花瓣长度的最大值（含孤立点）都小于其他品类的最小值。如果我们看到某类别的花瓣长度小于某一阈值，则可以直接判断它为 setosa，这就简化了分类的特征选择这一步。

Seaborn 不仅能绘制左右结构的子图，还能绘制上下结构的子图，示例代码如下。

范例 6-12 利用 Seaborn 绘制上下结构的子图（up_down_subplot.py）

```
01  import seaborn as sns, matplotlib.pyplot as plt
02  #导入数据集合
03  df = sns.load_dataset('iris')
04
05  fig,axes = plt.subplots(2,1,sharex = True)              #一列两行共两个子图
06  #上图
07  sns.boxplot(x = 'species',y = 'petal_width',data = df,ax = axes[0])
08  #下图
09  sns.boxplot(x = 'species',y = 'petal_length',data = df, palette = 'Set2',
ax = axes[1])
10  plt.show()
```

运行结果

运行结果如图 6-31 所示。

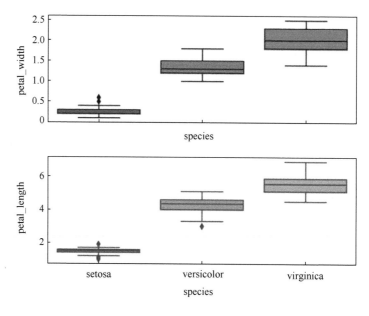

图 6-31 上下结构的子图

代码分析

决定上下结构子图的参数是第 05 行的参数(2,1)，它表示两行一列，这自然就是上下结构的构图方式。fig 为返回的画布，axes 为返回的子图数组。在后面的代码中，分别用 axes[0]和 axes[1]来区分彼此。

在本例中，其实还可以采用了另外一个绘图参数——orient（方向），当该参数的取值为"v"时（默认值），表示箱形图是垂直方向的，这里的 v 是"vertical"（垂直的）的简写；类似地，当该参数的取值为"h"时，表示箱形图是水平方向的，这里的 h 是"horizontal"（水平的）的简写。

```
fig,axes = plt.subplots(1,2)                    #一行两列共两个子图
#......
sns.boxplot(x = "petal_length", y = "species" ,data = df, palette="Set2",
orient = "h", ax = axes[1])                      #右图水平结构
```

上述代码对应的绘图结构如图 6-32 所示。这里需要注意的是，在垂直绘图和水平绘图时，它们的 X 轴和 Y 轴的数据是不一样的。

6.2.7 小提琴图

小提琴图与箱形图有些类似，小提琴图也可以显示四分位数（quartile）。不同于箱形图的是小提琴图是通过长方形呈现的，以及绘图组件都对应实际的数据点，小提琴图集合了箱形图和密度图的特

征，主要用来显示数据的分布状态，它能很好地表征连续变量数据的
分布情况。

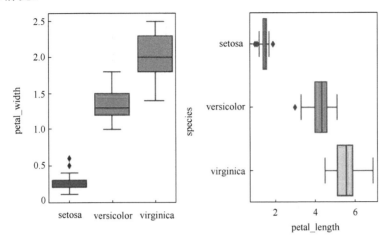

图 6-32 左右子图不同布局方向的绘图

在外形上，因为所绘制的图形像一把小提琴，故名"小提琴图"。小
提琴图是观察多个数据分布情况的有效手段，相比于箱形图，它在视觉上
更令人愉悦。

下面我们还是以熟悉的鸢尾花数据集为例来说明绘制小提琴图的方法。

范例 6-13 绘制小提琴图（violin_plot.py）

```
01    import pandas as pd
02    import matplotlib.pyplot as plt
03    import seaborn as sns
04    # 导入数据
05    iris = pd.read_csv('iris.csv')
06    sns.violinplot(x = 'species', y = 'sepal.length', data = iris, split =
True, scale = 'width', inner = 'box')
07    plt.rcParams['font.sans-serif'] = ['SimHei']
08    plt.title('小提琴图', fontsize=10)
09    plt.show()
```

运行结果

运行结果如图 6-33 所示。

代码分析

在小提琴图中，由于横线的宽度表示密度（就是这个值出现的频
率），因此我们可以很容易地观察到某个特征主要的密集分布区域。形象
地说，横向越宽，这个值就出现得越频繁。

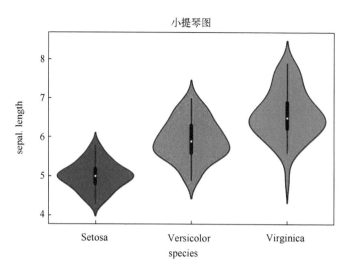

图 6-33　小提琴图

绘制小提琴图的方法是 violinplot，其原型如下。

```
seaborn.violinplot(*,x = None,y = None,hue = None,data = None,order = None,
hue_order = None,bw = 'scott',cut = 2,scale = 'area',scale_hue = True,gridsize =
100,width = 0.8,inner = 'box',split = False,dodge = True,orient = None,linewidth =
None,color = None,palette = None,saturation = 0.75,ax = None,**kwargs)
```

该方法的参数有很多，大多都能见名知意。这里，我们挑选几个重要的参数进行简单介绍。

- scale：可选参数，取值为 area、count、width，主要用于调整小提琴图的缩放。area 表示每个小提琴图拥有相同的面域；count 表示根据样本数量来调节宽度；width 表示每个小提琴图具有相同的宽度。

- inner：可选参数，取值为 box、quartile、point、stick、None，用于控制小提琴图内部数据点的形态。box 表示绘制微型小提琴图；quartiles 表示显示四分位分布；point、stick 分别表示绘制点或小竖条；None 表示绘制朴素的小提琴图。

- split：可选参数，布尔类型值，取值为 True 或 False，表示是否将小提琴图从中间分开。

下面我们通过对比箱体图与小提琴图之间的差异，来看看小提琴图中各元素的含义。

范例 6-14　绘制多个小提琴子图（violin-subplot.py）

```
01    import seaborn as sns, matplotlib.pyplot as plt
02    #导入数据集合
03    df = sns.load_dataset('iris')
04    #设置画布布局，一行三列，共三个子图
```

```
05   fig,axes = plt.subplots(1,3,figsize = (14,6), sharey = True)
06   #设置绘图风格
07   sns.set_theme(style = 'white', font_scale = 1.5)
08   #绘制第一个子图
09   sns.boxplot(y = 'petal_length',data = df[df['species'] == 'virginica'],
color = "skyblue",ax = axes[0])
10   #绘制第二个子图,中心类四分位数线
11   sns.violinplot(y = 'petal_length',data=df[df['species'] == 'virginica'],
scale = 'width', inner = 'quartile',color = "skyblue",ax = axes[1])
12
13   #绘制第三个子图,中心为矩形
14   sns.violinplot(y = 'petal_length',data = df[df['species'] == 'virginica'],
scale = 'width',inner = 'box',color = "skyblue",ax = axes[2])
15
16   fig.tight_layout()
17   plt.setp(axes, yticks=[])                    #取消 Y 轴刻度
18   plt.show()
```

运行结果

运行结果如图 6-34 所示。

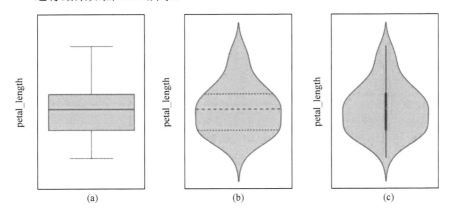

图 6-34　箱体图与小提琴图的对比

代码分析

第 17 行的 plt.setp 方法用于设置绘图的属性（property，setp 中的
"p"就是来自这个单词），该方法的第一个参数是 Artist，即绘图的对
象，其他参数都是 Artist 支持的属性，属性参数的赋值通过 key = value 或
字典{key:value}等方式完成。

前文我们提到，小提琴图是一种绘制连续型数据的方法，可以认为它
是箱形图与密度图的结合体。在小提琴图中，我们可以获取与箱形图中相
同的信息。

- 中位数（median）：在箱体图（见图 6-34(a)）中，中位数就是中间的一条线，小提琴图上中位数就是一个小白点（见图 6-34(c)，也可参考图 6-33）。如果我们设置小提琴图的参数 inner = 'quartile'（第 11 行），就可以得到如箱体图完全一样的四分位线条（见图 6-34(c)）。

- 四分位数范围：在箱形图中，是指中间染色的矩形，矩形最下方表示 Q1，即 25% 分位数，矩形最上方为 Q3，即 75% 分位数。在小提琴图（见图 6-34(c)）中，就是中心的黑色粗线条部分。

- 较低/较高的相邻值：在箱形图中（见图 6-34(a)），就是最上方和最下方的单条直线，在小提琴图中，就是黑色线条（见图 6-34(a)）最低和最高，它们分别表示第三四分位数+1.5 IQR 和第一四分位数 –1.5 IQR[①]。超出这个"栅栏"之外的值，可被视为离群值（outlier）。

与箱形图相比，小提琴图的优势在于：除了能显示分位数的统计数据，还能显示数据的整体分布（结合了密度图的优势）。

有关 Seaborn 的可视化操作就介绍到此。显然，Seaborn 的绘图功能远不止于前文所介绍的内容。如果想学习更多关于 Seaborn 的绘图知识，查阅 Seaborn 的官方文档。

6.3　手绘风格的绘图

实际生活中，在 Matplotlib 生态圈下，还提供了一种手绘模式（xkcd），它显得有点卡通，但在一定特定场所，如以孩子们为受众的报告、课堂或童书，这样的"萌趣十足"的绘图就能平添几份可爱的色彩。

在 Matplotlib 中，只需要在绘制图形前，输入如下指令，即可启用 xkcd 绘图模式。需要注意的是，作为方法名称，xkcd 需要全部小写。

```
plt.xkcd()                                        # 开启手绘模式
```

下面我们举例说明手绘模式的使用。

6.3.1　手绘曲线

基于循序渐进的原则，我们先来说明曲线的手绘。

---

① IQR 指的是四分位距（interquartile range），IQR = Q3–Q1。

范例 6-15　手绘风格的曲线（xkcd-sin.py）

```
01   import numpy as np
02   from matplotlib import pyplot as plt
03   plt.xkcd()                                    # 开启手绘模式
04   plt.plot(np.sin(np.linspace(0,10)))
05   plt.title('Whoo Hoo!!!')
06
07   plt.show()
```

运行结果

运行结果如图 6-35 所示。

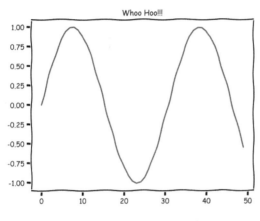

图 6-35　手绘风格的曲线

代码分析

从以上代码可以看出，手绘风格的代码与绘制普通曲线的代码完全一样，唯一的不同就是启用了手绘模式（第 03 行）。

6.3.2　手绘柱状图

在前面的范例中，存在一种缺陷，即一旦启动手绘模式，就会导致同一个环境下的所有绘图都是手绘风格。因此，官方建议使用 with 上下文来管理手绘风格的适用范围。这样一来，手绘风格只能作用于 with 管辖的上下文（具体看代码的缩进关系），一旦超出这个 with 上下文，就还是 Matplotlib 默认的风格。

范例 6-16　利用上下文管理手绘风格（with-bar.py）

```
01   import matplotlib.pyplot as plt
02
03   with plt.xkcd():                              # 开启局部手绘模式
```

```
04      plt.bar([1,2,3],[1,2,3])
05      plt.title('this is test!')
06  plt.show()
```

运行结果

运行结果如图 6-36 所示。

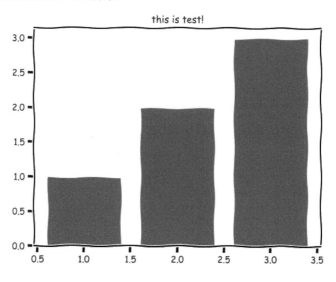

图 6-36　手绘风格的柱状图

代码分析

在同一个编程环境下（如 Jupyter notebook），若要关闭手绘模式，则可以运行如下指令，恢复 Matplotlib 绘图设置。

```
plt.rcdefaults()
```

6.3.3　在手绘图中添加中文卡通字体

下面我们改写 Matplotlib 官方提供的一个案例，学习如何在文字中添加中文注解文字和箭头。

范例 6-17　在手绘图中添加中文卡通字体（xkcd-chinese.py）

```
01  import matplotlib.pyplot as plt
02  import numpy as np
03
04  from matplotlib.font_manager import FontProperties
05  font_path = '/Users/yhily/Library/Fonts/HuaKangWaWaTi JianW5-1.ttc'
06  myfont = FontProperties(fname = font_path,size = 15)
07
08  with plt.xkcd():                              # 开启局部手绘模式
```

```
09
10     fig = plt.figure()                                 # 定义画布
11     ax = fig.add_axes((0.1,0.2,0.8,0.7))               # 定义画布中子图的位置
12
13     ax.spines['right'].set_visible(False)              # 取消右侧轴线
14     ax.spines['top'].set_visible(False)                # 取消顶部轴线
15
16     ax.set_xticks([])                                  # 取消 X 轴刻度线
17     ax.set_yticks([])                                  # 取消 Y 轴刻度线
18     ax.set_ylim([-30, 10])                             # 设置 Y 轴显示区域
19
20     data = np.ones(100)
21     data[70:] -= np.arange(30)
22
23     ax.annotate(
24         '那一天，我意识到我可以随时做培根',
25         xy = (70,1),arrowprops = dict(arrowstyle = '->',color = 'red'),
26          xytext = (15,-10), fontproperties = myfont)
27
28     ax.plot(data)
29     ax.set_xlabel('时间',fontproperties = myfont)
30     ax.set_ylabel('我的健康状况',fontproperties = myfont)
31  plt.show()
```

运行结果

运行结果如图 6-37 所示。

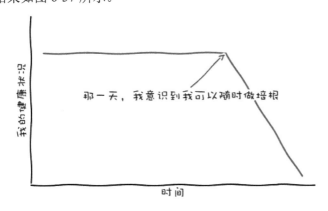

图 6-37　在手绘图中添加中文卡通字体

代码分析

在本例中，我们可以学习以下两个有用的技巧。

（1）在可视化图中添加注解文字。这时，需要用到 annotate 方法，其原型如下。

```
Axes.annotate(text,xy,*args,**kwargs)
```

其中位置参数（形参不需要给出，通过形参位置确定参数）有以下两个。

- text：注释的内容，一段文字。
- xy：赋值为一个元组，形式为(横坐标, 纵坐标)，表示箭头指向的位置。

其他参数为不定个数参数（配合本例所用参数介绍如下）。

- xytext：赋值为一个元组，形式为(横坐标, 纵坐标)，指定文本最左边的坐标。坐标系统由文本坐标决定。
- arrowprops：通过 arrowstyle 表明箭头的风格或种类，通过字典类型赋值。

（2）在手绘图中添加卡通文字。首先我们需要通过网络资源，下载合适的字体，并安装它。常见的卡通字体有华康娃娃体简体（HuaKang WaWaTiJianW5-1.ttc）或 FZKaTong 卡通字体（FZKaTong-M19S.ttf）。安装完毕后，需要找到它们的安装位置。

在 macOS 或 Linux 系统中，使用如下命令即可找到当前系统中安装的中文字体（请注意，下面的%为命令行提示符，不是指令的一部分）。

```
% fc-list:lang=zh
```

上面的输出会有很多字体，我们可以通过 grep 方法来得到自己想要的结果（以华康娃娃体为例），示例代码如下。

```
% fc-list:lang = zh|grep WaWa
/Users/yhily/Library/Fonts/HuaKangWaWaTiJianW5-1.ttc:DFPWaWaW5\-GB,华康娃娃体
W5(P):style=Regular
/Users/yhily/Library/Fonts/HuaKangWaWaTiJianW5-1.ttc:DFWaWaW5\-GB,华康娃娃体
W5:style=Regular
```

在上述指令中，grep 命令用于查找文件中符合条件的字符串。WaWa 是娃娃字体名称的部分字符串。这里我们的主要目的在于，找到它所在的路径"/Users/yhily/Library/Fonts/HuaKangWaWaTiJianW5-1.ttc"。需要注意的是，从网络下载的字体名称可能有所不同，每个用户的安装路径也有所不同，因此，要根据实际情况进行灵活调整，不可拘泥于本例所展示的字体名称和路径。

在 Windows 操作系统中，字体通常都安装在"C:\Windows\Fonts"，再

加上字体名称，它的全路径通常是"C:\Windows\Fonts\HuaKangWaWaTi
JianW5-1.ttc"。将第 05 行修改为如下形式。

```
font_path = r'C:\Windows\Fonts\HuaKangWaWaTiJianW5-1.ttc'
```

有了这个字体的路径，下面的流程就顺理成章了，我们可以定义一个
Matplotlib 使用的 Font 字体（第 04～06 行），然后在需要显示卡通字体的
地方使用这个字体（如第 26、29 和 30 行）。

6.3.4 手绘饼状图

下面我们再列举一个基于手绘风格的可视化案例，来看看如何画出有
特色的饼状图。

范例 6-18 手绘饼状图（xkcd-pie.py）

```python
01  import matplotlib.pyplot as plt
02  from matplotlib.font_manager import FontProperties
03  font_path = '/Users/yhily/Library/Fonts/HuaKangWaWaTi JianW5-1.ttc'
04  myfont = FontProperties(fname = font_path,size = 15)
05
06  with plt.xkcd(
07          scale = 4,                      #相对于不使用手绘的风格图，褶皱的幅度
08          length = 120,                   #褶皱的长度
09          randomness = 2):                #褶皱的随机性
10      plt.figure(dpi = 150)
11      patches,texts,autotexts = plt.pie(
12          x = [1,2,3],                    #返回三个对象
13          labels = ['A','B','C'],
14          colors = ['#dc2624','#2b4750','#45a0a2'],   #定义三种不同的颜色
15          autopct = '%.2f%%',
16          explode = (0.1,0,0))
17      texts[1].set_size('20')                         #修改 B 的大小
18
19      patches[0].set_alpha(0.3)                       #对 A 组设置透明度
20      patches[2].set_hatch('|')                       #对 C 组添加网格线
21      patches[1].set_hatch('x')
22
23      plt.legend(
24          patches,
25          ['A','B','C'],                              #添加图例
26          title = "Pie Learning",
27          loc = "center left",
28          fontsize = 15,
29          bbox_to_anchor = (1,0,0.5,1))
```

```
30
31      plt.title('可爱的饼状图',font = myfont)
32      plt.tight_layout()
33      plt.show()
```

运行结果

运行结果如图 6-38 所示。

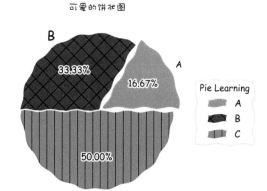

图 6-38 手绘风格的饼状图

代码分析

第 02～04 行依然很重要，功能是为手绘风格的汉字配置必要的字体。请注意，如果用户系统为 Windows 操作系统，那么需要对字体路径做对应的调整，前面的范例中已有说明。从第 06 行开始，开启了一个 with 上下文管理环境，其用意就是将手绘风格的作用域局部化。

在绘制饼状图时，需要设置一种颜色。在 Matplotlib 中，简单的颜色可以用字符串指定，如 red、blue 或 green 等，更加专业的颜色可以用以#开头的 6 位 16 进制数指定，更为全面的介绍需要读者自行到 Matplotlib 官网上查询。

有关数据可视化的知识介绍到此。我们知道，在 Python 生态中，关于可视化的工具还有很多种，远非一本书、一两个章节所能涵盖的。但基于最少必要知识（Minimal Actionable Knowledge and Experience，MAKE）原则，我们所学知识基本够用。MAKE 是指入门某个新领域切实可行的最小知识集合。MAKE 之所以能成立，是因为它背后有一个支撑它的朴素原则——Pareto 原则（也称为 80-20 原则），即 80%的工作问题可以通过掌握 20%的知识来解决。知识可以边用边学，这样学习会更加有侧重点，进而提高学习效率。

6.4　实战：泰坦尼克幸存者数据可视化分析

可视化在数据分析中有很多应用，下面我们用一个综合案例来说明它在机器学习特征选择中的应用。

我们知道，中医看病讲究"望闻问切"。事实上，分析数据的过程也与"望闻问切"有几分神似。首先，我们也要"望"：看看数据长什么样。"望"通常是数据分析的起点，也是本章的重点——数据可视化，这无疑是最能反映数据特征，给用户（数据分析者）最直观"数感"的过程。

我们也要"闻"：所谓闻，就是分析数据越久就越需培养一种敏感性，判断收集的数据是否合理。

还要不断地"问"：亲上"前线"，针对前两步工作搜集到的问题，与业务方面对面交流，获得第一手感知，不能闭门造车。

我们还要"切"中要害：结合业务方反馈的结果和项目需求，进行数据分析，洞察数据背后的意义。

下面，我们还以泰坦尼克幸存者数据集为例，说明可视化在特征选择中起的"望"的作用。

💡 注意

在 train.csv 数据集中，幸存（Survived）字段中 1 表示幸存，0 表示非幸存。

数据集参见随书源代码。

6.4.1　导入数据

为了便于解释，我们使用 Jupyter 模式逐步讲解，完整的代码请读者参考 titanic.py。首先，我们要读取数据集，以训练集（train.csv）为例。

```
In [1]: import pandas as pd                         #导入必要的库
In [2]: import matplotlib.pyplot as plt
In [3]: import seaborn as sns
In [4]: train_df = pd.read_csv('train.csv')         #导入数据集
In [5]: train_df.head()                             #感性认识数据，显示前 5 行
Out[5]:
```

	PassengerId	Survived	Pclass	Name	Sex	Age	SibSp	Parch	Ticket	Fare	Cabin	Embarked
0	1	0	3	Braund, Mr. Owen Harris	male	22.0	1	0	A/5 21171	7.2500	NaN	S
1	2	1	1	Cumings, Mrs. John Bradley (Florence Briggs Th...	female	38.0	1	0	PC 17599	71.2833	C85	C
2	3	1	3	Heikkinen, Miss. Laina	female	26.0	0	0	STON/O2. 3101282	7.9250	NaN	S
3	4	1	1	Futrelle, Mrs. Jacques Heath (Lily May Peel)	female	35.0	1	0	113803	53.1000	C123	S
4	5	0	3	Allen, Mr. William Henry	male	35.0	0	0	373450	8.0500	NaN	S

DataFrame 输出的各个字段的含义可以参考表 4-5。下面我们来用可视化图形直观感受基于训练集的幸存者情况。

6.4.2 绘制幸存者情况

为了复习前面的知识，我们分别用条形图和饼状图来呈现。下面先对"幸存与否"这列数据进行粗略的统计。

```
In [6]:
01  plt.rcParams['font.sans-serif'] = ['SimHei']      #设置中文字体
02  plt.figure(figsize = (10,5))                       #创建画布
03  plt.subplot(121)                                   #绘制一行二列第一个子图
04  sns.countplot(x = 'Survived',data = train_df, hue = 'Survived')
05  plt.subplot(122)                                   #绘制一行二列第二个子图
06  patches, texts, autotexts = plt.pie([train_df.Survived.value_counts()[0],
07        train_df.Survived.value_counts()[1]],labels = ['非幸存者','幸存者'],
08        autopct = '%.2f%%', explode = [0,0.05], shadow = True)
```

在上述代码中，我们用到 Seaborn 中的 countplot 方法（第 04 行）。顾名思义，countplot 就是"计数而绘图"，它就是一种对某些分类进行计数的直方图。通过设置该方法中的 hue 参数，可用不同标签显示不同类别。

当然，我们也可以用饼状图来分块显示不同类别的计数。这时，给饼状图提供的分类统计数据可通过 value_counts 方法来获得，该方法以一个 Series 对象的形式返回各个类别的计数信息。比如，若想获取"幸存与否"的数据统计，则可以利用如下代码完成。

```
In [7]: train_df.Survived.value_counts()
Out[7]:
0    549
1    342
Name: Survived, dtype: int64
```

上述代码仅为了解释，不是可视化分析必需的一部分。所以如果想读取不同类别的数据，则可以用方括号加下标的方式来分别读取，如 train_df.Survived.value_counts()[0] 表示未幸存的人数，train_df.Survived.value_counts()[1]表示幸存人数，详见上述代码第 07 行。从图 6-39 可以看出，超过 60%的乘客在泰坦尼克号事件中遇难。

运行结果

运行结果如图 6-39 所示。

6.4.3 绘制乘客的其他信息

利用类似地方法，我们可以直观感知其他特征（如 Sex、Pclass、Embarked）与幸存率的关联情况。

```
In [8]:
01  fig, axes = plt.subplots(3, 1, figsize = (20, 5))
02  sns.countplot(x = 'Sex', hue = 'Survived', data = train_df, ax = axes[0])
```

```
03    sns.countplot(x = 'Pclass', hue = 'Survived', data = train_df, ax =
axes[1])
04    sns.countplot(x = 'Embarked', hue = 'Survived', data = train_df, ax =
axes[2])
05    axes.set_title('Sex 特征分析')
06    axes.set_title('Pclass 特征分析')
07    axes.set_title('Embarked 特征分析')
08    plt.show()
```

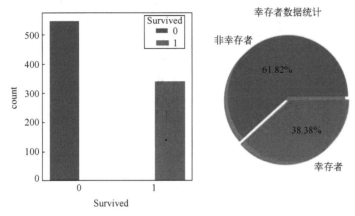

图 6-39　泰坦尼克幸存者比例

运行结果

运行结果如图 6-40 所示。

如果我们仅得到一个大致的可视化图，而没有从可视化图中获得一些 "额外"的信息，那么可视化图的作用就大打折扣了。事实上，我们观察性别（Sex）特征与幸存率的关系（见图 6-40(a)），可以发现，女性的获救率更高，虽然男性总人数更多，但是获救率明显偏低，这也多少能印证西方社会"女士优先"的绅士风范。

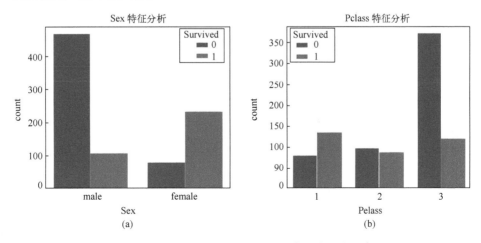

图 6-40　Sex、Pclass 和 Embarked 与幸存率的关联情况

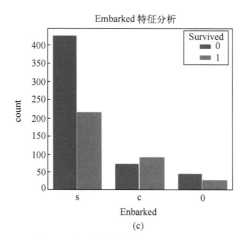

图 6-40　Sex、Pclass 和 Embarked 与幸存率的关联情况（续）

我们再来观察乘客舱位等级（Pclass）可视化图中的信息（见图 6-40(b)）。需要说明的是，1 表示 Upper（一等舱），2 表示 Middle（二等舱），3 表示 Lower（三等舱）。从图 6-40(b)中可以看出，虽然三类舱位被营救的绝对人数差别不是很大，但是相对比例（百分比）却大有不同。三等舱的总人数最多，也就是说，大多数人都是像电影《泰坦尼克》中 Jack 一样的普通民众，但幸存率却非常低。相反，诸如 Rose 这样社会地位相对较高的人群，大概率会被优先获救。

最后我们来看一下登船港口（Embarked）可视化图中的信息（见图 6-40(c)）。即使我们不考虑宿命论因素，也会发现，在 S（Southampton，南安普敦）港口登船的乘客数量最多，但是获救率却最低，在 C（Cherbourg，瑟堡）港口登船的乘客获救率最高。

接下来，我们再来看看另外两个特征 SibSp（同在船上的配偶或兄弟姐妹数量）和 Parch（同在船上的父母或子女数量）的可视化图，看看有没有其他发现。

```
In [9]:
01  fig, [ax1, ax2] = plt.subplots(1, 2, figsize = (15, 5))
02  sns.countplot(x = 'SibSp', hue = 'Survived', data = train_df, ax = ax1)
03  ax1.legend(loc = 'upper right')
04  ax1.set_title('SibSp 特征分析')
05
06  sns.countplot(x = 'Parch', hue = 'Survived', data = train_df, ax = ax2)
07  ax2.set_title('Parch 特征分析')
08  ax2.legend(loc = 'upper right')
```

运行结果

从图 6-41(a)中可以看出，配偶或兄弟姐妹数量为 0 的人（如同 Jack

一样的单身人士）最多，但获救率最低，而配偶或兄弟姐妹数量为 1 的人
获救率相对较高，超过 50%。

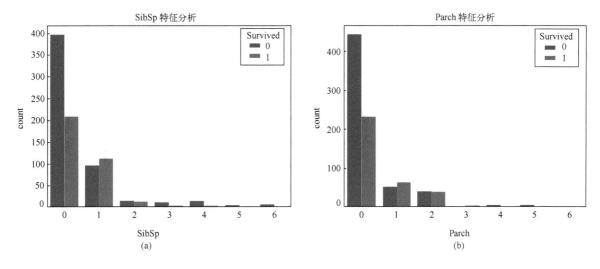

图 6-41　SibSp 和 Parch 的可视化图

观察 Parch 这个特征可以发现，情况与 SibSp 基本相同，因此在进行
模型特征选择时，可考虑将二者合并，或者二选一。

仅从上面的 5 个特征来看，性别（Sex）和舱位等级（Pclass）两个特
征是最能影响生死（是否能幸存）的因素，因此这两个特征是我们要优先
考虑的。

以上仅就单特征对幸存率（目标变量）的影响做了简单分析，但实际
上，对目标变量的影响通常是由多个因素共同作用的，所以还需要进一步
协同分析。

此外，以上分析多是定量分析，我们还可以进行定性分析。这里的定
性分析特指基于密度图（kde）进行的分析。下面我们以年龄（Age）特征
为例来说明。

```
In [10]:
01  fig,ax = plt.subplots(figsize = (10,5))
02  sns.kdeplot(train_df.loc[(train_df['Survived'] == 0),'Age'] ,
03          color = 'gray',linestyle = "--", shade = True,label = '非幸存')
04  sns.kdeplot(train_df.loc[(train_df['Survived'] == 1),'Age'] ,
05          color = 'g',shade = True, label = '幸存')
06  plt.title('Age特征分布 - Survivor V.S. Not Survivor', fontsize = 15)
07  plt.xlabel("Age（年龄）", fontsize = 15)
08  plt.ylabel('Frequency（频率）', fontsize = 15)
09  plt.legend(loc = 'upper right')
10  plt.show()
```

运行结果

运行结果如图 6-42 所示。

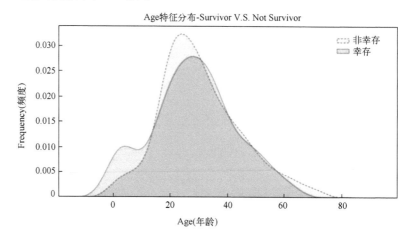

图 6-42　年龄特征与幸存率的密度分布图

从图 6-42 中可以很明显看到，15 岁以下乘客的幸存率出现了小高峰，也就是说孩子的幸存率比较高（这多少可以反映人性的伟大），而对于 15 岁以上的乘客，幸存与否并无明显区别，基本符合正态分布。

当然，我们还可以接着研究，看看年龄（Age）、舱位等级（Pclass）与幸存与否有什么关联。

```
In [11]:                                    # 箱形图特征分析
01   fig, ax = plt.subplots(figsize = (10,5))
02   sns.boxplot(x = "Pclass", y = "Age", data = train_df, ax = ax)
03   sns.swarmplot(x = "Pclass", y = "Age", data = train_df, ax = ax, hue =
'Survived')
04   plt.show()
```

运行结果

运行结果如图 6-43 所示。

从图 6-43 中可以看出，如果舱位等级（Pclass）能在一定程度上代表社会地位，那么不同 Pclass 下的年龄分布也不同，三个分布的中位数（箱形图的中间线）的关系为 Pclass1 > Pclass2 > Pclass3。

仔细想想，这也比较符合实际情况。社会地位高的人，年龄一般会比较大，因为没有谁是能随随便便成功的，这个过程要留下岁月的痕迹。而三等舱中的人数众多，他们大多数是普通的、想去美国讨生活的年轻人，年龄在 20～30 岁之间。

在图 6-43 中，我们还用 swarmplot 方法绘制了带分布的散点图，并用不同的颜色表示是否幸存，从图中可以看出，社会等级较高（即 Pclass 等级高）的人，他们的幸存率更高，这也从另一个层面印证了前面可视化图的分析结论。

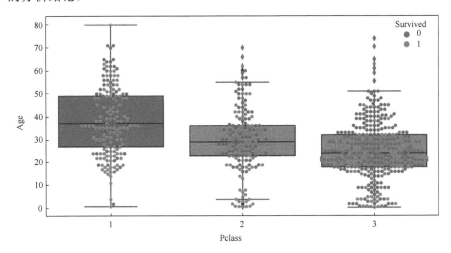

图 6-43　年龄与舱位关系箱形图

从代码层面，如果想将两种不同类型的图形绘制在一起，那么可将它们的绘图坐标轴设置为一样的。比如，在上述代码的第 02 和 03 行，都是 ax = ax，前者是形参 ax，后者 ax 是实参（ax 是画布上的子图，第 01 行返回的结果）。

以上就是我们对泰坦尼克幸存者数据集进行的可视化分析，事实上，还可以做得更加细致，这个深入探索的工作，还需要读者自行去完成。

6.5　本章小结

在本章中，我们重点学习了 Matplotlib 的"高阶版"——Seaborn 的使用方法。首先，我们讲解了 Seaborn 的风格设置，然后讨论了 Seaborn 中常用的绘图，如回归图、对图、密度图、热力图、直方图、箱形图及小提琴图。

然后，我们讨论了手绘风格的绘图方法。最后我们以泰坦尼克幸存者数据集为例，说明了可视化方法在理解数据和特征选择中的作用。

6.6　思考与练习

6-1　以鸢尾花数据集为例（iris.csv），利用 parplot 方法绘制直方图的对图（见图 6-44）。

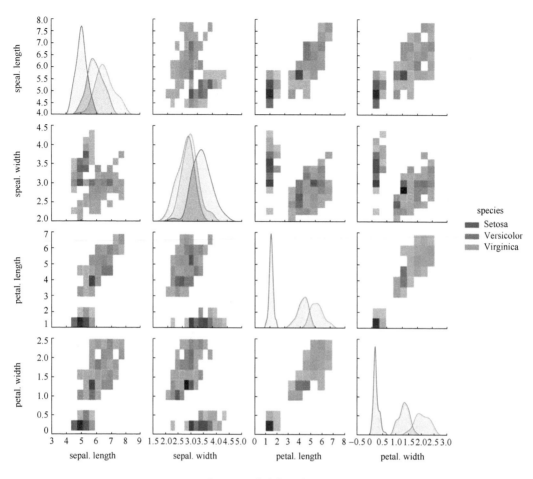

图 6-44 对图中的直方图

6-2 改造范例 6-13，以鸢尾花数据集为例（iris.csv），画出其 4 个属性的小提琴图，如图 6-45 所示。

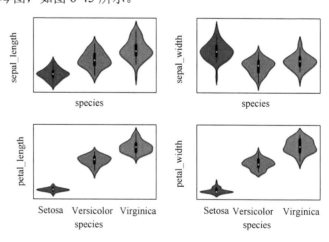

图 6-45 鸢尾花不同特征的小提琴图

6-3 结合 Seaborn 库，以鸢尾花数据集为例（iris.csv），绘制手绘风格的对图，如图 6-46 所示。

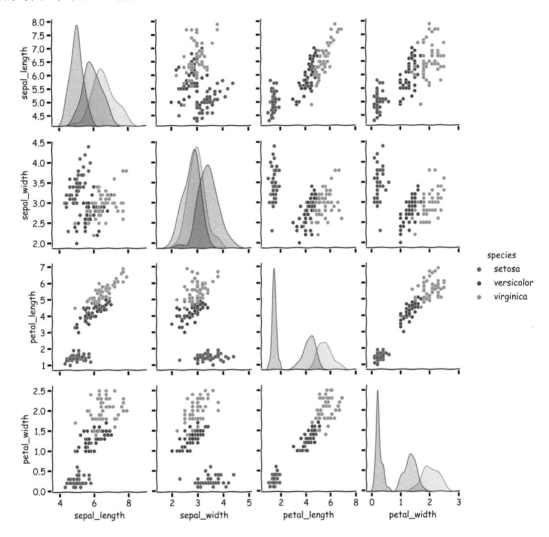

图 6-46 手绘风格的对图

第 7 章　时间序列数据分析

在本章中，我们将主要介绍基于 Pandas 的
时间序列数据分析。

本章要点（对于已掌握的内容，请在方框中打勾）

☐ 掌握时间序列的概念

☐ 掌握时间序列采用的原理

☐ 掌握时间序列平稳性的验证

7.1 时间序列数据概述

最早的时间序列分析，可以追溯到 7000 多年前的古埃及时代。当时，为了能可预期地发展农业生产，古埃及人一直密切关注尼罗河泛滥的规律（见图 7-1）。于是，埃及人把尼罗河水域变化的情况逐天记录下来，春去秋来，寒来暑往就构造了分析尼罗河规律的时间序列数据。

图 7-1 古埃及尼罗河水域的时序分析

所谓时间序列分析是指从按时间排序的数据点中进行观察、研究、探寻目标对象的变化规律，进而预测未来的走势[①]。因此，时间序列分析既包含对过去数据的诊断，又包含对未来数据的预测。

之初，时间序列分析并不是作为一个独立的研究分支而存在的，而是作为某些学科分析方法的一部分。因此，对于一些学科的发展，或直接或间接地促进了时间序列数据分析方法论的发展。比较典型的蕴含时间训练的案例包括但不限于：天文学（如日月星辰的辗转轮回）、经济学（如股市的涨跌）、医学（如病情的变化）等。

直到 20 世纪 20 年代，时间序列分析才正式脱离于其他学科而独立发展。当时，一个重要标志就是自回归模型的应用，它也奠定了基于统计学的时间序列分析的开端。

在统计研究中，常用按时间顺序排列的一组随机变量 $\{\cdots, x_1, x_2, \cdots, x_t, \cdots\}$ 来表示一个随机时间的时间序列，简记 $\{X_t, t \in T\}$ 或 $\{X_t\}$。而用 $\{x_1,$

① Hamilton J D. Time series analysis[M]. Princeton university press, 2020.

$x_2, \cdots, x_n$} 或 {$x_t, t = 1, 2, \cdots, n$} 来表达该随机序列的 n 个有序观察值，称为序列长度为 n 的观察序列，有时也称 x_t 为 X_t 的一个实现。

从时间序列数据中找规律并不是一件容易的事情。后来，人们把求助的目光投射给机器，尝试让机器协助人类发现数据中的规律，这就是机器学习。事实上，统计学是很多机器学习算法的基础。

基于机器学习的时间序列分析方法，在 20 世纪 80 年代开始不断涌现出来，如异常检测，动态时间规整（Dynamic Time Warping，DTW）及自回归移动平均模型（Auto Regressive Integrated Moving Average，ARIMA）模型。近期，随着深度学习的发展，循环神经网络（如 RNN、LSTM）、时序卷积网络（TCN）等新算法在时序数据分析中，更是扮演着举足轻重的角色。

7.2 日期和时间数据类型

显然，时间序列数据分析与时间操作密切相关。在 Python 中，有专门的与时间相关的数据类型，如日期（date）、时间（time）、日历（calendar）。本节我们将介绍相关数据类型的使用，这是时间序列数据分析的基础。

7.2.1 datetime 模块

顾名思义，datetime 模块是 Python 处理日期和时间的标准库，它是 date 和 time 模块的结合。该模块提供了多种操作日期和时间的类，在支持有关日期、时间等数学运算的同时，还支持各种日期的格式化输出。

我们先来看看如何获取当前日期和时间。

```
In [1]: from datetime import datetime          #导入日期类
In [2]: now = datetime.now()
In [3]: print(now)
2022-10-24 20:50:49.794694
```

对于 In [1]处的代码，需要注意的是，datetime 是一个模块名，该模块下还包含一个同名的 datetime 类，我们需要通过 from datetime import datetime 指令导入这个类。

如果仅导入 datetime，则必须引用全名 datetime.datetime。如果这样的话，则上述 In [2]处的代码需要修改为如下形式。

```
now = datetime.datetime.now()
```

可以通过全局函数 type()来验证 now 这个对象的身份，从 Out[4]处，可以发现 datetime.now()返回的是当前的日期和时间，其类型是 datetime。

```
In [4]: type(now)
Out[4]: datetime.datetime
```

如果要返回特定日期和时间的对象，则可以直接用 datetime 的构造方法来生成这样的对象，其方法如下。

```
In [5]: from datetime import datetime
In [6]: date = datetime(2022, 12, 31, 12, 59)
In [7]: print(date)
2022-12-31 12:59:00
```

有了 datetime 类的对象，我们就可以使用该对象的时间相关属性，如 year、month、day、hour 和 minute 等，它们分别输出 datetime 对象的年、月、日、小时和分钟，示例代码如下。

```
In [8]: date.year
Out[8]: 2022
In [9]: date.month
Out[9]: 12
In [10]: date.day
Out[10]: 31
In [11]: date.hour
Out[11]: 12
In [12]: date.minute
Out[12]: 59
```

7.2.2　datetime 转换为 timestamp

在计算机中，时间实际上是用整型数字表示的。人们把 1970 年 1 月 1 日 00:00:00 UTC+00:00 时区的时刻称为纪元时间（epoch time），记为 0。1970 年以前的时间为负数。

我们当前的时间就是相对于纪元时间流逝的秒数，称为时间戳（timestamp）。有了时间戳，计算机就可以很容易地比较时间的先后。这个时间是机器可读的（machine readable），但对人而言，理解起来比较困难，因此通常需要相互转换。

通过如下代码可以方便地查看当前实际的时间戳。

```
In [1]: from datetime import datetime
In [2]: dt = datetime.now()
In [3]: dt.timestamp()
Out[3]: 1650785510.591075
```

孔夫子有句名言：“逝者如斯夫，不舍昼夜。”这句话形容时间像流水一样不停地流逝。因此当运行 In [3]处的代码时，得到的运行结果（时间戳）永远是不同的，因为时间戳永远会单向递增。另外，还需要注意的是，Python 中的时间戳是一个浮点数。如果有小数位，则小数位表示毫秒数。

有时，用户输入的日期和时间是字符串（str），若要处理这样的日期和时间，则首先必须把 str 转换为 datetime。转换方法并不复杂，可通过 datetime.strptime 方法实现，这时，我们需要设置一个日期和时间的格式化字符串，不同的格式字符串得到的日期形式是不同的。

```
In [4]: cday = datetime.strptime('2022-12-31 11:00:30','%Y-%m-%d %H:%M:%S')
In [5]: print(cday)
2022-12-31 11:00:30
```

strptime 方法的第一个参数是日期字符串，很容易理解。该方法中的最复杂的部分莫过于第二个参数——格式化参数。若格式标记出错，则 strptime 方法就难以解析出正确的日期。常见的日期格式如表 7-1 所示。

表 7-1 strptime 方法中的格式化标签

格式符	格式说明
%a	星期的英文单词缩写，如星期一返回 Mon
%A	星期的英文单词全称，如星期一返回 Monday
%b	月份的英文单词缩写，如一月返回 Jan
%B	月份的英文单词全称，如一月返回 January
%c	区域设置的适当日期和时间表示。不同的国家格式可能不同，如 2020/08/16 20:01:27（中国）、Tue Aug 16 20:01:27 2020（美国）、Di 16 Aug 20:01:27 2020（德国）
%d	当前时间是当前月的第几天，不足两位用 0 填充，如 01, 02…
%-d	当前时间是当前月的第几天，如 1, 2…
%f	表示微秒（Microsecond），范围为[0,999999]
%H	24 小时计时，当小时数不足两位时，用 0 填充，如 01, 02,…,23
%-H	24 小时计时，当小时数不足两位时，不用 0 填充，如 1, 2,…, 23
%I	以 12 小时制表示当前小时数，范围为[1,12]，当小时数不足两位时，用 0 填充，如 01, 02,…, 12
%-I	以 12 小时制表示当前小时数，范围为[1,12]，当小时数不足两位时，不用 0 填充，如 1, 2,…, 12
%j	当天是当年的第几天，范围为[001,366]，如 001, 002, …, 366
%-j	当天是当年的第几天，范围为[1,366]，当天数不足 3 位时，不用 0 填充，如 1, 2,…, 366
%m	左侧 0 值填充的月份，范围为[0,12]，如 01, 02,…, 12
%M	左侧 0 值填充的分钟数，范围为[0,59]，如 01, 02,…, 59
%-M	分钟数，范围为[0,59]，当分钟数不足两位时，不用 0 填充，如 1, 2,…, 59
%P	上午（AM）或下午（PM）
%S	左侧 0 值填充的秒数，范围为[0,59]，如 01, 02,…, 59
%-S	秒数，范围为[0,59]，当秒数不足两位时，不用 0 填充，如 1, 2,…, 59

格式符	格式说明
%U	当周是当年的第几周，以周日为第一天，如 00, 01,…, 53
%W	当周是当年的第几周，以周一为第一天，如 00, 01,…, 53
%w	当天在当周的天数，范围为[0, 6]，如 0…6, 6 表示星期天
%x	日期的字符串表示，如 07/10/2020，显示格式与区域设置有关
%X	时间的字符串表示，如 20:22:08
%y	两个数字表示的年份（即没有前两位世纪数字），如 01, 02,…, 99
%-y	数字表示的年份（当不足两位年份时，不用 0 填充），如 1, 2,…, 99
%Y	4 个数字表示的年份，如 2020
%z	表示与 utc 时间的间隔（若是本地时间，则返回空字符串）
%Z	表示时区名称（若是本地时间，则返回空字符串）

7.2.3　datetime 转换为 str

如果已经有了 datetime 对象，我们要把它格式化为日期字符串显示给用户，那么这就需要将 datetime 对象转换为 str，该转换是通过另外一个方法 strftime 实现的。这里，同样需要格式化日期和时间字符串，因此，同样要用到表 7-1 中列举的格式。

```
In [6]: cday.strftime('%Y-%m-%d')        #显示年月日（Year-month-day）
Out[6]: '2022-12-31'
In [7]: cday.strftime('%Y')              #显示 4 位年份（year）
Out[7]: '2022'
In [8]: cday.strftime('%m')              #显示月份（month）
Out[8]: '12'
In [9]: cday.strftime('%y')              #显示 2 位年份（year）
Out[9]: '22'
In [10]: cday.strftime('%d')             #显示天（day）
Out[10]: '31'
In [11]: cday.strftime('%M')             #显示分钟（minute）
Out[11]: '22'
```

7.2.4　datetime 的加与减

有时，我们需要计算某两个时间或日期的差值，如相隔多少个小时，相差多少天等。这时，可以对日期和时间对象进行加减。这时需要引入一个特殊的类——时间差类（timedelta）。

Python 提供了很多语法糖，对 datetime 对象的加与减，可以直接用加"+"和减"–"运算符进行操作，得到的结果就是一个时间差对象。有了前面知识的铺垫，当我们想计算两个日期相隔多少时，可以利用时间差类 timedelta 实现，参见范例 7-1。

范例 7-1　计算两个日期之间相隔的天数（gap-days.py）

```
01   from datetime import datetime
02   list_1 = ['2023-10-01','2015-09-01']
03   day1 = datetime.strptime(list_1[0], '%Y-%m-%d')    #将 str 转换为 datetime 对象
04   day2 = datetime.strptime(list_1[1], '%Y-%m-%d')    #同上
05
06   deltadays =  day1 - day2                            #时间差 timedelta 对象
07
08   print(deltadays.days)                               #输出 timedelta 对象的天数
```

运行结果

```
2952
```

代码分析

有了时间差类 timedelta，我们可以直接输出两个时间差（如天数 days），而无须考虑闰年或闰月等复杂因素（第 08 行），因为该模块都提前为我们考虑好了。

若对一个日期（daytime）对象和时间差（timedelta）对象进行加减，则会得到一个新的日期对象。如下范例所示。

范例 7-2　两个日期相减得到新日期和新时刻（gap-days.py）

```
01   from datetime import datetime, timedelta
02   cday = datetime.strptime('2022-12-31 23:59:59','%Y-%m-%d %H:%M:%S')
03   date = cday + timedelta(hours = 2)
04   print(date.strftime('%Y-%m-%d %H:%M:%S'))
```

运行结果

```
2023-01-01 01:59:59
```

7.2.5　NumPy 中的日期模块

从 NumPy 1.17 版本开始，NumPy 的核心数组数据类型开始支持原生 datetime 功能。该类型的名称为 datetime64，之所以这么命名是因为 datetime 早已被 Python 中包含的 datetime 库所占用，NumPy 只能在 datetime 后面加一个计算机的位数"64"以示区别。

在 NumPy 中，一个简单的 ISO 格式日期可以表示为如下形式。

```
In [1]: import numpy as np
In [2]: np.__version__              #确保以下关于日期的操作，NumPy 版本高于 1.17
'1.19.5'
In [3]: date = np.datetime64('2023-02-25')      #单个日期
```

```
In [4]: print(date)
2023-02-25
```

与 datetime 模块一样，NumPy 中也将 1970 年 1 月 1 日 00:00:00 UTC+00:00 时区的时刻作为 epoch time（纪元时间），记为 0。但 NumPy 可以调节距离纪元时间的单位，如 Y 表示年，M 表示月，D 表示日等。

```
In [5]: np.datetime64(1, 'Y')                    #距离纪元时间前进一年
Out[5]: numpy.datetime64('1971')
In [6]: np.datetime64(1, 'M')                    #距离纪元时间前进一个月
Out[6]: numpy.datetime64('1970-02')
In [7]: np.datetime64(-1, 'D')                   #距离纪元时间回退一天
Out[7]: numpy.datetime64('1969-12-31')
```

显然，NumPy 的优势体现在批量操作的数组上。我们可以利用 NumPy 创建日期数组。

```
In [8]: dates = np.array(['2019-07-15', '2021-07-17', '2020-08-18', 'nat'],
dtype='datetime64')                              #创建日期数组
In [9]: dates                                    #输出验证
Out[9]: array(['2019-07-15', '2021-07-17', '2020-08-18', 'NaT'], dtype=
'datetime64[D]')
```

在上述代码中，需要注意的是，'nat'表示的含义是 "not a time"（不是一个日期），实际上这是在表达这个日期是缺失的，这非常类似于我们用 "NaN"（not a number）表达数值型缺失值。

由于 NumPy 属于比较底层的数据结构，因此即使我们构造了日期类型的数组，也不能直接提取诸如 year、month 或 day 等属性。如果实在想获取这类属性，也是有办法的，要明确 NumPy 的日期类型记录的是距离纪元时间的间隔，我们就可以获取对应的年月日。示例代码如下。

```
In [10]: dates = np.array(['2019-07-15', '2021-07-17', '2020-08-18'], dtype =
'datetime64')
In [11]: years = dates.astype('datetime64[Y]').astype(int) + 1970
In [12]: years
Out[12]: array([2019, 2021, 2020])               #获得年的信息
In [13]: months = dates.astype('datetime64[M]').astype(int) % 12 + 1
In [14]: months
Out[14]: array([7, 7, 8])                         #获得月的信息
In [15]: days = dates - dates.astype('datetime64[D]') + 1
In [16]: days.astype(int)                         #获得日的信息
Out[16]: array([15, 17, 18])
```

注意，In [15]处表示的含义，两个日期类型对象（datetime 64[D]）的加减，返回的结果是一个日期间隔对象 timedelta64[D]。

下面我们就来讨论 NumPy 环境下的时间间隔对象。这个时间间隔可以是以天为单位（简记 D）的，也可以是分钟（简记 m）、小时（简记 h）、周（简记 W）、月（简记 M）和年（简记 Y）等为单位的，示例代码如下。

```
In [17]: np.timedelta64(1, 'D')                                            #间隔1天
Out[17]: numpy.timedelta64(1,'D')
In [18]: np.timedelta64(4, 'h')                                            #间隔4小时
Out[18]: numpy.timedelta64(4,'h')
In [19]: np.datetime64('2022-10-01', 'M') + np.timedelta64(6,'M')   #6个月后的月份
Out[19]: numpy.datetime64('2023-04')
```

利用这个时间间隔对象，我们可以计算两个时间的间隔天数。

```
In [20]: np.datetime64('2022-01-01') - np.datetime64('2020-11-01')
Out[20]: numpy.timedelta64(426,'D')
In [21]: (np.datetime64('2022-01-01') - np.datetime64('2020 -11-01')).astype(int)
Out[21]: 426
```

在上述代码中，Out[20]处给出的时间间隔对象无法直接使用，所以，我们在 In [21]处，使用 astype 方法将其强制转换为整型（int）数据。

7.3 时间序列对象的构建与切片

Pandas 中的基础时间序列是由时间戳索引 Series 构成的，它在 Pandas 外部则表现为字符串日期或 datetime 对象（它可以来自 datetime 包，也可以是来自 NumPy 的 datetime64 数据类型）。下面我们讨论时间序列对象的构建及其对应的索引以及切片操作。

7.3.1 时间序列构造

在 Pandas 中，时间序列数据是指以时间数据为索引的 Series 对象或 DataFrame 对象。首先，我们来说明 Series 对象的时间序列。

```
In [1]: import pandas as pd
In [2]: import numpy as np
In [3]: from datetime import datetime
In [4]: dates = [datetime(2021,10,1),datetime(2020,9,1),              #构建日期对象
                 datetime(2023,11,1),datetime(2022,9,1)]
In [5]: s1 = pd.Series(np.arange(4) + 1,index = dates)
                                        #时间序列数据充当数据，日期对象充当索引
In [6]: s1                              #输出验证
Out[6]:
```

```
2021-10-01   1
2021-09-01   2
2023-11-01   3
2022-09-01   4
dtype: int64
```

下面我们来验证 Series 的索引身份。

```
In [7]: s1.index
Out[7]: DatetimeIndex(['2021-10-01', '2021-09-01', '2023-11-01', '2022-09-
01'], dtype = 'datetime64[ns]', freq = None)
```

从上面的输出结果可以看出，充当索引的 datetime 类型被 Pandas 包装为它自己的 DatetimeIndex，这个日期型索引有什么用呢？用处很大。因为这个索引提供了关于时间单位如 year，month、day 之类的标签，有了这些标签，我们就可以提取指定时间段的数据了。比如，我们只看九月份的数据，就可以进行如下操作。

```
In [8]: s1[s1.index.month == 9]
Out[8]:
2020-09-01   2
2022-09-01   4
dtype: int64
```

在 In [8]处，我们用索引的 month 属性，配合布尔判断，就能提取指定区间的数据子集，这样非常方便。将日期作为索引还有一个好处，就是在时间序列数据做运算时，同一个时间点会自动对齐。我们举例说明这层含义。

宏观来看，s1 是一个 Series 对象，所以有关 Series 的切片操作对 s1 都是适用的。

```
In [9]: s2 = s1[::2]              #Series 切片
In [10]: s2                       #输出验证
Out[10]:
2021-10-01   1
2023-11-01   3
dtype: int64
In [11]: s1 + s2                  #Series 对象相加
Out[11]:
2021-09-01   NaN
2021-10-01   2.0
2022-09-01   NaN
2023-11-01   6.0
dtype: float64
```

在 In [9]处，s1[::2]表示 Series 切片，第一个冒号表示从 0 开始，第二个冒号表示达到元素尾部，第三个值"2"表示间隔，合在一起就表示每隔1将s1中的元素取出，并将结果赋值为s2。

In [11]处表示 s1 和 s2 这两个 Series 对象相加，按理说这两个对象的元素数量不相等，无法相加，但日期索引为用户提供了便利，它能让两个数量不同的对象在相同日期的数据自动对齐，并进行计算。因为 s2 中的数据量少，如果它没有 s1 中的其他日期数值，那么就用 NaN（缺失值）表达。而当任何数据与 NaN 进行计算时，得到的结果都是 NaN。

7.3.2　时间索引与切片

如前所述，包含时间索引的 Series 与 DataFrame 对象，在切片上和普通索引对象的切片在操作上是一样的，示例代码如下。

```
In [12]: s1[1:3]
Out[12]:
2021-09-01    2
2023-11-01    3
dtype: int64
```

上述代码完成的功能是提取索引编号为 1（从 0 计数）和 2 的两个元素，第 3 个元素是取不到的。对于数值型切片，取值区间是左闭右开的。

Pandas 中有很多语法糖，让我们对日期型索引的切片操作更加简单。比如，我们可以直接通过日期字符串来提取数据子集。对于年、月、日时间索引，只传入年、月即可得到该年、月的所有时间序列。示例代码如下。

```
In [13]: s1['2021']                    #提取 2021 年的数据
Out[13]:
2021-10-01    1
2021-09-01    2
dtype: int64
```

去掉语法糖，上述代码等价于如下代码。

```
In [14]: s1[s1.index.year ==2021]
Out[14]:
2021-10-01    1
2021-09-01    2
dtype: int64
```

显然，使用 Pandas 的语法糖可以让代码看起来更加简洁，可读性更强。再比如，我们如果想提取 2023 年 11 月的数据，也可以使用字符串日期索引'2023-11'即可。

```
In [15]: s1['2023-11']
```

```
Out[15]:
2023-11-01    3
dtype: int64
```

对于可能具有重复时间索引的时序数据，我们可以通过索引的 is_unique
属性进行检查，它会返回一个布尔值来刻画日期索引是否重复。

```
In [16]: s1.index.is_unique
Out[16]: True
```

现在我们人为构造一个有重复的日期索引 Series 对象，看如何处理这
样的数据。

```
In [17]: dates = pd.DatetimeIndex(['1/1/2023','1/2/2023',
                                   '1/3/2022','1/4/2022',
                                   '1/1/2023','1/2/2023'])
In [18]: ts = pd.Series(np.random.rand(6), index = dates)
In [19]: ts
Out[19]:
2023-01-01    0.842895
2023-01-02    0.400803
2022-01-03    0.377225
2022-01-04    0.143607
2023-01-01    0.401518
2023-01-02    0.979959
dtype: float64
In [20]: ts.is_unique                    #判断特定列中的值是否有重复值
Out[20]: True
In [21]: ts.index.is_unique              #判断特定索引中的元素是否有重复值
Out[21]: False
In [22]: ts.groupby(level = 0).mean()
Out[22]:
2022-01-03    0.377225
2022-01-04    0.143607
2023-01-01    0.622207
2023-01-02    0.690381
dtype: float64
```

在 In [22]处，我们提供了一种日期索引去重的方法，通过 groupby 方
法设置 level = 0，将第 0 级（从 0 计数）的相同索引分为一组，然后聚合
求平均值。

7.4　日期范围、频率和移位

在前面的案例中，时间序列是没有规律的。然而，在很多场景下，时

间是周而复始的，如每天、每周、每月等。为了处理此类情况，Pandas 提供了一套方法来设置时间周期频率，以用于重复采样、推断频率，以及设置固定频率的日期范围。

7.4.1　日期范围

我们先来讨论日期范围该如何设定。在 Pandas 中，常用 date_range 方法返回等间隔时间点的索引，该方法的原型如下。

```
pandas.date_range(start = None,end = None,periods = None,freq = None,tz = None,
normalize = False,name = None,closed = None,**kwargs)
```

该方法的参数含义如下。

- start：string 或 datetime-like，默认值是 None，表示日期的起点。

- end：string 或 datetime-like，默认值是 None，表示日期的终点。

- periods：integer 或 None，默认值是 None，表示要从这个函数产生多少个日期索引值；如果为 None，那么 start 和 end 必须不能为 None。

- freq：string 或 DateOffset，默认值是 D，表示以日为单位，这个参数用来指定计时单位，如 4H 表示每隔 4 个小时重复一次，3D 表示每隔 3 天重复一次。

- tz：string 或 None，表示时区（time zone），如'Asia/Hong_Kong'。

- normalize：布尔类型，默认值为 False，如果该参数为 True，那么在产生时间索引值之前会先把 start 和 end 都转化为当日的午夜 0 点。

- name：string，默认值为 None，给返回的时间索引指定一个名称。

- closed：string 或者 None，默认值为 None，表示 start 和 end 这个区间端点是否包含在区间内，它可以有三个值可用，即 left 表示左闭右开区间，right 表示左开右闭区间，None 表示两边都是闭区间。

下面我们用代码来说明 date_range 方法中部分参数的使用。

```
In [1]: import pandas as pd
In [2]: pd.date_range(start = '1/1/2023',end = '1/08/2023')
Out[2]:DatetimeIndex(['2023-01-01','2023-01-02','2023-01-03','2023-01-04',
'2023-01-05','2023-01-06','2023-01-07','2023-01-08'],
        Dtype = 'datetime64[ns]', freq = 'D')
```

Pandas 会自动推断日期字符串的格式，比如我们还可以用 ISO 格式的字符串来表示起止日期，从而省略"start="和"end="。

```
In [3]: pd.date_range('2023-1-1','2023-1-8')
Out[3]:DatetimeIndex(['2023-01-01','2023-01-02','2023-01-03','2023-01-04',
'2023-01-05','2023-01-06','2023-01-07','2023-01-08'],dtype = 'datetime64[ns]',freq =
'D')
```

7.4.2　时间频率

在设置范围时，我们还可以仅设置起始日期，然后设置周期数（period）及频率单位（freq），这样也能完成日期索引的生成。

```
In [4]: pd.date_range('2023-1-1',periods = 6)  #默认以日为频率单位
Out[4]: DatetimeIndex(['2023-01-01','2023-01-02','2023-01-03','2023-01-04',
'2023-01-05','2023-01-06',dtype = 'datetime64[ns]',freq = 'D')
```

上述代码的含义是，从起始日 2023-1-1 开始，产生连续有 6 个周期性的时间间隔，由于我们并没有设置频率单位，因此，Pandas 将自动启用 D（日）作为频率单位。也就是说，从 2023-1-1 日开始，连续 6 天（包括起始日），即为生成的时间范围。

当然我们也可以设置以月或年为频率单位生成周期性的日期范围，示例代码如下。

```
In [5]: pd.date_range('2023-1-1',periods = 6,freq = '2M')  #以 2 个月为频率单位
Out[5]:
DatetimeIndex(['2023-01-31','2023-03-31','2023-05-31','2023-07-31',
               '2023-09-30','2023-11-30'],dtype = 'datetime64[ns]',freq = '2M')
In [6]: pd.date_range('2023-1-1',periods = 6,freq = '1Y')  #以年为频率单位
Out[6]:
DatetimeIndex(['2023-12-31','2024-12-31','2025-12-31','2026-12-31',
               '2027-12-31','2028-12-31'],dtype = 'datetime64[ns]',freq = 'A-DEC')
```

在 Pandas 中，部分常见的时间序列周期单位标记如表 7-2 所示。

表 7-2　部分常见的时间序列周期单位标记[①]

标记	含义	功能描述
B	BusinessDay	工作日的每天
D	Day	日历日的每天
H	Hour	每小时
T 或 min	Minute	每分钟
S	Second	每秒
W	Week	每周

[①] 更多详情请读者参阅 Pandas 官网文献。

续表

标记	含义	功能描述
M	MonthEnd	每月最后一天
BM	BusinessMonthEnd	工作日的月底日期
MS	MonthStart	日历日的月初日期
BMS	BusinessMonthStart	工作日的月初日期
A，Y	YearEnd	每年
A-JAN，A-FEB，…	BusinessYearEnd	给定月份所在月的最后一个工作日所对应的年度日期（A 接月份的三字符简写，如 JAN、FEB、MAR、APR、MAY、JUN、JUL、AUG、SEP、OCT、NOV 或 DEC）
Q	QuaterEnd	每个季度，同下
Q-JAN，Q-FEB，…	QuaterEnd	每月最后一个日历日所在的季度（Q 接月份的三字符简写，同上）

7.4.3　时间序列的移位操作

移位（shift）是指将时间向前或向后偏移若干个时间周期。Series 和 DataFrame 对象都有一个名为 shift 的方法来完成向前或向后的移位操作，而不会改变索引[1]。该方法的原型如下。

```
DataFrame.shift(periods = 1,freq = None,axis = 0,fill_value = NoDefault.no_default)
```

该方法的主要参数含义如下。

- periods：表示移动的幅度，既可以是正数，又可以是负数，默认值是 1，1 表示移动一个周期单位。需要注意的是，单纯地移动不会修改索引，只是移动数据，这会导致部分数据丢失，移动之后，如果某个时间节点没有对应的值，那么会被默认填充为 NaN。

- freq：频率单位（标记参见表 7-2），可选参数，默认值为 None，该参数只适用于时间序列。

- axis：移位的轴向。默认值为 None，当将其设置 0 或 index 时，表示在垂直方向移动；当将其设置 1 或 columns 时，表示在水平方向移动。

- fill_value：一旦日期索引移位，导致部分数据缺失，该参数的作用是用指定的值进行填充。

下面举例说明，首先我们构建一个具有日期索引的 DataFrame 对象。

```
In [6]: df = pd.DataFrame({"Col1": [10, 20, 15, 30, 45],
                "Col2": [13, 23, 18, 33, 48],
```

---

[1] McKinney W. Python for data analysis: Data wrangling with Pandas, NumPy, and IPython[M]. "O'Reilly Media, Inc.", 2012.

```
                   "Col3": [17, 27, 22, 37, 52]},
                index = pd.date_range("2022-01-01", "2022-01-05"))
In [7]: df
Out[7]:
```

	Col1	Col2	Col3
2023-01-01	10	13	17
2023-01-02	20	23	27
2023-01-03	15	18	22
2023-01-04	30	33	37
2023-01-05	45	48	52

下面我们将上述数据进行垂直向下移位（将偏移值 periods 设置为整数，默认为 axis = 0）。

```
In [8]: df.shift(periods = 3)          #默认在垂直方向进行移位，向下移动 3 个单位
Out[8]:
```

	Col1	Col2	Col3
2023-01-01	NaN	NaN	NaN
2023-01-02	NaN	NaN	NaN
2023-01-03	NaN	NaN	NaN
2023-01-04	10.0	13.0	17.0
2023-01-05	20.0	23.0	27.0

我们也可以将移位的值（periods）设置为负数，负值表示垂直向上移动，示例代码如下。

```
In [9]: df.shift(periods = -2)          #默认在垂直方向进行移位，向上移位 2 个单位
Out[9]:
```

	Col1	Col2	Col3
2023-01-01	15.0	18.0	22.0
2023-01-02	30.0	33.0	37.0
2023-01-03	45.0	48.0	52.0
2023-01-04	NaN	NaN	NaN
2023-01-05	NaN	NaN	NaN

自然，我们也可以在水平方向移位。这时，日期索引依然不移动，参与移位的永远都是数据。

```
In [10]: df.shift(periods = 1,axis = "columns")          #在水平方向向右移位一个单位
Out [10]:
```

	Col1	Col2	Col3
2023-01-01	NaN	10	13
2023-01-02	NaN	20	23
2023-01-03	NaN	15	18
2023-01-04	NaN	30	33
2023-01-05	NaN	45	48

水平方向的移位值（periods）也可以取负数，表示水平向左移动，示例代码如下。

```
In [11]: df.shift(periods = -1, axis = 1)    #在水平方向向左移位一个单位
Out[11]:
```

	Col1	Col2	Col3
2023-01-01	13	17	NaN
2023-01-02	23	27	NaN
2023-01-03	18	22	NaN
2023-01-04	33	37	NaN
2023-01-05	48	52	NaN

在上述代码中，axis = 1 与 axis = "columns"在轴方向上是等价的，都表示水平方向。

由于移位操作导致部分数据的缺失，因此可以通过 shift 方法中的 fill_value 参数来填充给定的值。如下代码的功能是把因移位导致缺失的部分数据都填充为 0。

```
In [12]: df.shift(periods = 3, fill_value = 0)
Out[12]:
```

	Col1	Col2	Col3
2023-01-01	0	0	0
2023-01-02	0	0	0
2023-01-03	0	0	0
2023-01-04	10	13	17
2023-01-05	20	23	27

以上方法都是索引没有发生移位而数据发生移位，但对于时间序列数据而言，我们可以让数据不发生移位而索引发生移位。为了处理这类问题，shift 方法专门为时间序列数据设计了一个频率参数 freq（如果索引不是日期类型，则会报错）。freq 参数的使用和普通日期索引的使用完全一致，如 D 表示一天（Day），2D 表示两天，诸如此类。

```
In [13]: df.shift(periods = 3, freq = "D")
Out[13]:
```

	Col1	Col2	Col3
2023-01-04	10	13	17
2023-01-05	20	23	27
2023-01-06	15	18	22
2023-01-07	30	33	37
2023-01-08	45	48	52

在 In [13]处，日期索引是从 2023-01-01 开始的，现在以日（D）为频率单位，向下（未来）移位 3 天，就变成上述输出的结果，在这个过程中，数据没有发生移位。

除了以日、月、年等为时间频率，Pandas 也对其他数值的频率给予支持，为数据的前移或后移提供了灵活性。

```
In [14]: df.shift(1, freq = '90T')
Out[14]:
```

	Col1	Col2	Col3
2023-01-01 01:30:00	10	13	17
2023-01-02 01:30:00	20	23	27
2023-01-03 01:30:00	15	18	22
2023-01-04 01:30:00	30	33	37
2023-01-05 01:30:00	45	48	52

在上述代码中，时间频率'90T'表示 90 分钟，即在原有时间索引的基础上向前推移了 90 分钟（即一个半小时）。

7.5 时期的表示

在 Pandas 中，常用 Period 对象表示一段时间间隔（表示一段时间），如数天、数月、数季度或数年[①]。

7.5.1 时期的创建与运算

创建 Period 类的原型如下。

---

① Period 本意为"周期"，但这里表达的意思为一段时间，因此大多数中文文献将其译作"时期"或"时间段"。

```
class pandas.Period(value = None,freq = None,ordinal = None,year = None,month
= None,quarter = None,day = None,hour = None,minute = None,second = None)
```

在 Python 生态中，有个约定俗成的规定，首字母大写的变量通常表示一个类，首字母小写的变量通常表示一个函数或方法。从 Period 首字母大写这个特征，可以得知，Period 是一个类，所以在使用该类时，需要首先实例化这个类的对象。下面我们先以年份时期（yearly period）举例说明。

```
In [1]: import pandas as pd
In [2]: year = pd.Period('2023')
                                  #创建一个以 2023 年为起始年的时期
In [3]: year                      #输出验证
Out[3]: Period('2023', 'A-DEC')
In [4]: year + 2
Out[4]: Period('2025', 'A-DEC')
```

你知道吗？

财政年度和自然年有很大不同。我们平时接触到的日历就是自然年。而财年取决于国家或公司的财务政策。

例如，中国 A 股上市公司，都是以 12 月 31 日作为财政年度年结日的，这和自然年度结算日是保持一致的。但在美股上市的很多公司的年报中，总能看到一些"五花八门"的财政年度年结日，比如 3 月 31 日（如美股上市的阿里巴巴），5 月 30 日，9 月 30 日等。

在 In [2]处，我们创建了一个以 2023 年为起始年的时期对象 year。在 Out[3]处，输出了"A-DEC"，表示年份（如 2023 年），该方式以 12 月作为最后一个月。其中，"A"表示"Annual（年度）"，DEC 是 December（12 月）的简写。我们可能会有疑问，以 12 月作为每年的最后一个月不是天经地义的吗？还需要特别指出吗？

是的，如果我们指的是自然年，那么 12 月作为一年的最后一个月并没有什么争议。但在数据分析中，一些财报数据是以 5 月作为一年的最后一个月，也就是说，财政年度（fiscal year）的最后一天是 5 月 30 日。为了区分起见，这里用了"A-DEC"（自然年），也是年份的默认形式。

在 Pandas 中，时间是可以进行简单的加减操作的，如 In [4]处的 year + 2 表示在 year（2023 年）的基础上，向后顺延两年，即得到 2025 年。

在得知上述代码中 year 为年份时期对象后，我们就可以很容易用内置函数 dir 来查询它所支持的属性或方法。

```
In [5]: dir(year)
Out[5]:
[
...#省略带双下画线的内置函数
'asfreq',
'day',
'day_of_week',
'day_of_year',
'dayofweek',
'dayofyear',
'days_in_month',
'daysinmonth',
```

```
 'end_time',
……省略部分函数
 'second',
 'start_time',
 'strftime',
 'to_timestamp',
 'week',
 'weekday',
 'weekofyear',
 'year']
```

针对上述属性或方法，我们列出几个例子来说明其用法。

```
In [6]: year.start_time              #该年的起始时间
Out[6]: Timestamp('2023-01-01 00:00:00')
In [7]: year.end_time                #该年的终止时间
Out[7]: Timestamp('2023-12-31 23:59:59.999999999')
In [8]: year.is_leap_year            #该年是否为闰年
Out[8]: False
In [9]: year.week                    #该年的周数
Out[9]: 52
In [10]: year.dayofyear              #该年的天数
Out[10]: 365
```

上面的案例是以年份为时期单位的。实际上，这个时期还可以是季度、月份、天、小时等。由于使用的方法类似，就不再举例说明了。

类似于 date_range 方法，我们也可以用 period_range 方法来创建日期的范围。基本上，可以将 date_range 方法视为 period_range 方法的特例。period_range 方法的返回值就是一组包含日期索引的时间周期索引（Period Index）。

```
In [11]: month_range = pd.period_range('2023-01','2023-12',freq = 'M')
In [12]: month_range
Out[12]: PeriodIndex(['2023-01', '2023-03', '2023-03', '2023-04', '2023-05',
'2022-06','2023-07', '2023-08', '2023-09', '2023-10', '2023-11', '2023-12'],
dtype = 'period[M]', freq = 'M')
```

在上述代码中，freq 表示频率（frequency），'M'表示月份。综合起来，上述代码表达的含义是，返回从'2023-01'到'2023-12'整个期间（range）的所有月份

类似地，我们可以更改它的值，如季度（Quarter，简称 Q），如下代码的功能就是返回从'2022-01'到'2023'期间的所有自然季度。

```
In [13]: pd.period_range('2022-01','2023',freq = 'Q')
```

```
Out[13]: PeriodIndex(['2022Q1', '2022Q2', '2022Q3', '2022Q4', '2023Q1'],
dtype = 'period[Q-DEC]', freq = 'Q-DEC')
```

在上面的输出结果可以看出，Q-DEC 表示季度（Quarter）是以 12 月
（DEC）为一年最后一个月所呈现的自然季度，这里主要是为了区分财政
年度的季度。

period_range 方法返回的日期索引可以放置在 Series 或 DataFrame 对
象中，作为普通的日期索引。

```
In [14]: import numpy as np
In [15]: ps = pd.Series(np.random.randint(1000, size = len(month_range)),
index = month_range)
In [16]: ps                                              #输出验证
Out[16]:
2023-01    709
2023-02    514
2023-03    144
2023-04    393
2023-05    400
2023-06    333
2023-07    222
2023-08     53
2023-09    756
2023-10    204
Freq: M, dtype: int64
```

7.5.2 频率转换

Period 和 PeriodIndex 对象都有一个好用的方法 asfreq，该方法能将一
种类型的"时期"转换为另外一种频率（freq 为 frequency 的简写）的"时
期"。比如，将年份时期转换为月份时期，或者反之，将月份时期转换为
年份时期。

```
In [17]: month = year.asfreq('M', how = 'start')
In [18]: month                                           #输出验证
Out[18]: Period('2023-01', 'M')
In [19]: month + 1
Out[19]: Period('2023-02', 'M')
```

在将不同频率的"时期"进行转换时，要特别注意参数 how 的使用，
它的取值通常为 start 或 end（默认值），它表示时间跨度的起始点。比
如，将 2023 年这样的年度转换成月份，就涉及从 2023 年 1 月算起，还是
从 12 月算起。如果是从 1 月算起，那么就设置 how = 'start'；否则就设置

how = 'end'，也可以不设置，默认值就是 end。对比下面的代码，可以感性
认识二者的差别。

```
In [20]: month2 = year.asfreq('M', how = 'end')
In [21]: month2     #输出验证
Out[21]: Period('2023-12', 'M')
In [22]: month2 + 1
Out[22]: Period('2024-01', 'M')
```

7.5.3　时期与周期的转换

在 Pandas 中，时期（Period）与时间戳（Timestamp）支持彼此之间
的转换。参见下面的代码。

```
In [23]: time1 = pd.Period('2023-08-1 08:12:35',freq='M').to_timestamp()
In [24]: time1                    #输出验证
Out[24]: Timestamp('2023-08-01 00:00:00')
```

两个时间戳相减就可以得到一个时间间隔（Timedelta）对象。

```
In [25]: time2 = pd.Period('2023-08-3 07:12:35').to_timestamp()
In [26]: time2 - time1           #时间戳相减，得到时间间隔对象
Out[26]: Timedelta('2 days 07:12:35')
```

此外，我们还可以利用 to_period 方法将一个普通的时间戳索引转换为
特定频率的时间周期索引（PeriodIndex）。下面我们先构造一个包含普通时
间戳的 Series 对象。

```
In [27]: month_range = pd.date_range('2023-1-1','2023-12-31', freq ='M')
In [28]: month_range
Out[28]:
DatetimeIndex(['2023-01-31', '2023-02-28', '2023-03-31', '2023-04-30','2022-
05-31', '2023-06-30', '2023-07-31', '2023-08-31','2023-09-30', '2023-10-31',
'2022-11-30', '2023-12-31'],dtype = 'datetime64[ns]', freq = 'M')
In [29]: ps = pd.Series(data = np.arange(len(month_range)), index = month_
                        range)
In [30]: ps                       #输出验证
Out[30]:
2023-01-31    0
2023-02-28    1
2023-03-31    2
2023-04-30    3
2023-05-31    4
2023-06-30    5
2023-07-31    6
2023-08-31    7
2023-09-30    8
2023-10-31    9
```

```
2023-11-30    10
2023-12-31    11
Freq: M, dtype: int64
```

现在我们可以利用 to_period 方法将时间戳索引更改为时间周期索引。

```
In [31]: period_data = ps.to_period()
In [32]: period_data
Out[32]:
2023-01    0
2023-02    1
2023-03    2
2023-04    3
2023-05    4
2023-06    5
2023-07    6
2023-08    7
2023-09    8
2023-10    9
2023-11    10
2023-12    11
Freq: M, dtype: int64
```

Out[30]和 Out[32]有微小的差别，前者是以每个月的最后一天为分界线，后者是将月份作为分界线。

7.6　时间滑动窗口

为了提高数据的抗干扰性，有时我们会将某个时间点的取值扩展为一段区间，这个区间就是窗口。滑动窗口（sliding window）就是窗口向一端滑行，默认是从左往右，并且是逐单位地单向滑行，如图 7-2 所示。

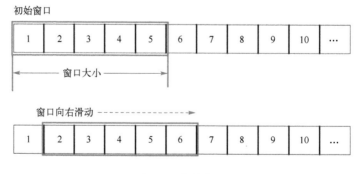

图 7-2　滑动窗口

滑动并不是目的，目的是要对滑动窗口中的数据进行聚合操作。常用

的聚合操作包括但并不限于均值、求和、方差等。在 Pandas 中，滑动时间
窗口要用到 rolling 方法，其原型如下。

```
DataFrame.rolling(window,min_periods = None,center = False,win_type = None,on =
None,axis = 0,closed = None,method = 'single')
```

rolling 方法的主要参数含义如表 7-3 所示。

表 7-3　rolling 方法的主要参数含义

参数名称	参数含义
window	表示时间窗口的大小。其赋值可以为整型数值，也可以是一个 offset 对象。由于它是位置参数，因此在被赋值时，作为形参可以省略不写。如果它是一个偏移量（offset），那么该量是每个窗口的时间周期。每个窗口的大小都是可变的，根据所包含的时间周期内的观察，该参数只对 datetime 类索引有效
min_periods	每个窗口最少包含的观测值数量，当小于这个临界值时，滑动窗口返回结果为 NAN（缺失值）。若将 window 设置为 offset 对象，则 min_periods 默认值为 1，即只有一个偏移量；否则 min_periods 默认值为窗口的大小
center	是否把窗口的标签设置为居中。布尔类型，默认值为 False，数值居右
win_type	提供一个窗口类型。如果赋值为 None，那么所有的分数都是平均加权的
on	可选参数。对于 Dataframe 对象而言，指定要计算滚动窗口的列，该值为列名
axis	滑动窗口的轴方向，默认值为 0，即对列进行计算
closed	定义区间的开闭，支持 int 类型的窗口。对于 offset 类型默认是左开右闭的，即默认为'right'。可以根据情况指定为 left、right、both 或 neither 等字符串之一
method	取值范围为{'single', 'table'}，默认值为'single'，即对单个列或行（'single'）进行滑动操作，否则对整个对象（'table'）执行滚动操作。这个参数只有在方法调用中指定 engine = 'numba'时才会使用

首先，我们来构造一个带有日期（Date）和价格（Price）的 DataFrame
对象。

```
In [1]:
01   import pandas as pd
02   import matplotlib.pyplot as plt
03   dates = pd.date_range(start='2022-01-01', end='2022-01-31', freq='D').
tolist()
04   numbers = [40, 4, 32,2, 18,15,49,7,14, 46, 45,16,
05             13, 5, 6, 23, 25, 44, 5, 23, 25, 46, 25,
06             45, 39, 4,74, 45,9, 23,71]
07   df = pd.DataFrame({'Date': dates, 'Price': numbers})
08   df.head(10)
Out[1]:
```

	Date	Price
0	2022-01-01	40
1	2022-01-02	4
2	2022-01-03	32
3	2022-01-04	2
4	2022-01-05	18
5	2022-01-06	15
6	2022-01-07	49
7	2022-01-08	7
8	2022-01-09	14
9	2022-01-10	46

下面我们用可视化方法来显示 Price 这一列的变化情况。

```
In [2]:
01   df.plot.line(x = 'Date', y = 'Price')
02   plt.show()
```

运行结果

运行结果如图 7-3 所示。

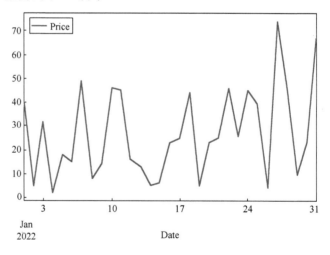

图 7-3　显示价格趋势

下面我们来看一下 rolling 方法的使用。我们添加一个新列 "5 日滑动均值"。

```
In [3]:
01   df['5 日滑动均值'] = df['Price'].rolling(window = 5).mean()
02   df.head(10)
Out[3]:
```

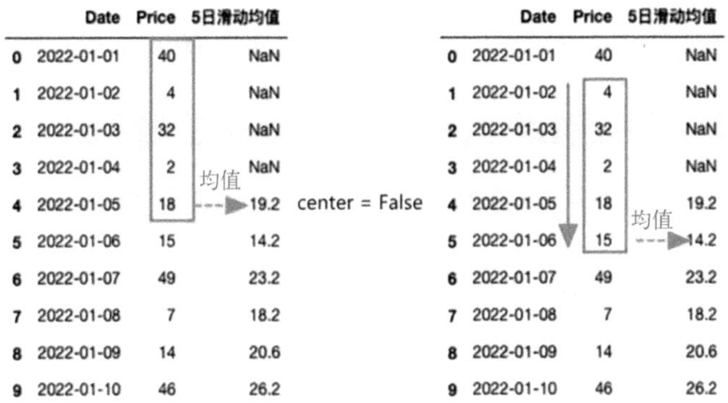

	Date	Price	5日滑动均值
0	2022-01-01	40	NaN
1	2022-01-02	4	NaN
2	2022-01-03	32	NaN
3	2022-01-04	2	NaN
4	2022-01-05	18	19.2
5	2022-01-06	15	14.2
6	2022-01-07	49	23.2
7	2022-01-08	7	18.2
8	2022-01-09	14	20.6
9	2022-01-10	46	26.2

在以上输出结果中，由于参数 center 默认值为 False，它的含义是在对滑动窗口中的数据做均值聚合操作时，表示从当前元素向上筛选，加上本身总共筛选 5 个连续的数据。若窗口数量少于 5 个，则返回的值为 NaN（缺失值）。当从水平滑动方向看时，当前数据处于滑动窗口的最右端。

比如，第一组窗口数据为 40, 4, 32, 2, 18，其均值为 19.2，从滑动方向看，均值 19.2 对应的位置是与滑动窗口最右侧的数据"18"所在的位置。然后，每次滑动一个单位，输出结果均在时间线上的最右侧，其示意图如图 7-4 所示

图 7-4　滑动窗口示意图（center = False，默认值）

我们可以再将这两个列（"Price"和"5 日滑动均值"）所示的曲线绘制出来。

```
In [4]:
plt.rcParams['font.sans-serif'] = ['SimHei']
df.plot.line(x = 'Date', y = ['Price', '5日滑动均值'])
plt.tight_layout()
plt.show()
```

运行结果

运行结果如图 7-5 所示。

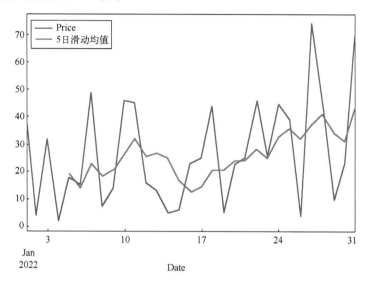

图 7-5 Price 与 5 日滑动均线

从上面的输出结果可以看出，5 日滑动均线少了前面 4 日的数据。此外，可以观察到，相比单日曲线，5 日滑动均线平滑很多。

如果我们设置参数 center = True，则运行的结果会有所不同。此时以当前元素为中心，从两个方向上进行扩展。如若当前元素为 32，则均值就可以计算出来了，这是因为 32 的前两个元素是 40 和 4，后两个元素是 2 和 18，加上自身就凑够了窗口大小 5。滑动窗口示意图如图 7-6 所示。

```
In [5]:
df['5日滑动均值'] = df['Price'].rolling(window = 5, center = True).mean()
df.head(10)
Out[5]:
```

	Date	Price	5日滑动均值
0	2022-01-01	40	NaN
1	2022-01-02	4	NaN
2	2022-01-03	32	19.2
3	2022-01-04	2	14.2
4	2022-01-05	18	23.2
5	2022-01-06	15	18.2
6	2022-01-07	49	20.6
7	2022-01-08	7	26.2
8	2022-01-09	14	32.2
9	2022-01-10	46	25.6

图 7-6 滑动窗口示意图（center = True）

当然，对于窗口内的聚合操作，除了前面所示的求均值，还可以求和、求方差，甚至是自己定义的聚合函数（如 lambda 表达式）。示范代码如下所示。

```
In [6]:
01  df['std'] = df['Price'].rolling(window = 5, center = True).std()
02  df['sum'] = df['Price'].rolling(window = 5, center = True).sum()
03  df['sum_agg'] = df['Price'].rolling(window = 5, center = True).agg(lambda
x : sum (x))
04  df.head(10)
Out[6]:
```

	Date	Price	5日滑动均值	std	sum	sum_agg
0	2022-01-01	40	NaN	NaN	NaN	NaN
1	2022-01-02	4	NaN	NaN	NaN	NaN
2	2022-01-03	32	19.2	16.769019	96.0	96.0
3	2022-01-04	2	14.2	12.091319	71.0	71.0
4	2022-01-05	18	23.2	17.935997	116.0	116.0
5	2022-01-06	15	18.2	18.349387	91.0	91.0
6	2022-01-07	49	20.6	16.379866	103.0	103.0
7	2022-01-08	7	26.2	19.715476	131.0	131.0
8	2022-01-09	14	32.2	20.017492	161.0	161.0
9	2022-01-10	46	25.6	18.474306	128.0	128.0

从上面输出结果可以看出，第 02 行（官方提供的求和函数）和第 03 行（自定义的求和函数）的结果完全一样。对于自定义的函数，需要用 agg 方法将函数体引入。除了聚合函数，滑动窗口还支持使用 apply 方法传入自定义函数。

下面我们再介绍一些参数 min_periods 的使用。min_periods 参数规定了滑动窗口最少包含的观测值数量，若小于这个临界值，则窗口返回的结果为 NAN（缺失值）。下面举例说明 min_periods 参数的用法。

首先我们人为地令 Price 列的部分数据缺失，以营造不满足 min_periods 参数规定的环境。

```
In [7]:
01  import numpy as np
02  df.iloc[5:7, 1] = np.nan    #设置 Price 列，第 5 行和第 6 行（从 0 计数）的值为缺失值
03  df.head(10)
Out[7]:
```

	Date	Price	5日滑动均值	std	sum	sum_agg
0	2022-01-01	40.0	NaN	NaN	NaN	NaN
1	2022-01-02	4.0	NaN	NaN	NaN	NaN
2	2022-01-03	32.0	19.2	16.769019	96.0	96.0
3	2022-01-04	2.0	14.2	12.091319	71.0	71.0
4	2022-01-05	18.0	23.2	17.935997	116.0	116.0
5	2022-01-06	NaN	18.2	18.349387	91.0	91.0
6	2022-01-07	NaN	20.6	16.379866	103.0	103.0
7	2022-01-08	7.0	26.2	19.715476	131.0	131.0
8	2022-01-09	14.0	32.2	20.017492	161.0	161.0
9	2022-01-10	46.0	25.6	18.474306	128.0	128.0

下面我们设置 min_periods = 5，这表明滑动窗口内的值小于 5，聚合的结果为 NaN（缺失值）。

```
In [8]:
01  df['Min_Period'] = df['Price'].rolling(5, min_periods = 5).mean()
02  df.head(12)
Out[8]:
```

	Date	Price	5日滑动均值	std	sum	sum_agg	Min_Period
0	2022-01-01	40.0	NaN	NaN	NaN	NaN	NaN
1	2022-01-02	4.0	NaN	NaN	NaN	NaN	NaN
2	2022-01-03	32.0	19.2	16.769019	96.0	96.0	NaN
3	2022-01-04	2.0	14.2	12.091319	71.0	71.0	NaN
4	2022-01-05	18.0	23.2	17.935997	116.0	116.0	19.2
5	2022-01-06	NaN	18.2	18.349387	91.0	91.0	NaN
6	2022-01-07	NaN	20.6	16.379866	103.0	103.0	NaN
7	2022-01-08	7.0	26.2	19.715476	131.0	131.0	NaN
8	2022-01-09	14.0	32.2	20.017492	161.0	161.0	NaN
9	2022-01-10	46.0	25.6	18.474306	128.0	128.0	NaN
10	2022-01-11	45.0	26.8	17.108477	134.0	134.0	NaN
11	2022-01-12	16.0	25.0	19.144190	125.0	125.0	25.6

请读者思考，在 Min_Period 这列为何出现很多 NaN（缺失值）？

7.7　重采样、降采样和升采样

采样（sample）最早应用在信号处理领域中，是指将信号从连续时间域上的模拟信号转换到离散时间域上的离散信号的过程。借鉴信号领域的概念，在数据分析领域中也有采用操作，是指时间序列数据的频率转换。将高频率的数据（如按天统计的数据）聚合成低频率的数据（如按月统计的数据），该过程称为降采样（downsampling）。反之，将低频率的数据填补为高频率数据的过程，称为升采样（upsampling）。

不管是升采样还是降采样，都是对原始数据按照不同时间频率进行了重新加工，在 Pandas 中，重采样对应的方法是 resample。

7.7.1　重采样

resample 方法用于各种时间频率的数据转换，其原型如下。

```
DataFrame.resample(rule,axis = 0,closed = None,label = None,convention =
'start',kind = None,loffset = None,base = None,on = None,level = None,origin =
'start_day',offset = None)
```

resample 方法的主要参数及其功能如表 7-4 所示。

表 7-4　resample 方法的主要参数及其功能

参数名称	功能
rule	重采样的规则，其取值为 DateOffset、Timedelta 或 str，表示目标转换的日期间隔字符串或对象。例如，'3T'表示 3 分钟采样一次，'2H'表示 2 小时采样一次，'M'表示 1 个月采样一次。
axis	{0 或'index', 1 或'columns'}，默认值为 0 用于表示采样是沿着哪个轴开始的。对于 Series，默认值为 0，即沿着行方向进行采样
closed	{' right', 'left'}，默认值为'left'。指定在采样时间间隔中哪一侧是闭区间
label	{'right', 'left'}，默认值为'left'。指定在采样过程中，聚合采样周期内的数据以哪一侧的时间标签为标识
convention	{'start', 'end', 's', 'e'}，默认值为'start'。仅当索引为 PeriodIndex 时，此参数有效，它表明在采样过程中，约定规则（rule）是从某个时间段的起始时刻算起，还是从结束时刻算起
kind	{'timestamp', 'period'}，可选参数，默认值为 None。它表明通过'timestamp'将结果索引转换为 DateTimeIndex，还是通过'period'将结果索引转换为 PeriodIndex。默认情况下，保留输入表示形式
origin	{'epoch', 'start','start_day', 'end', 'end_day'}，时间戳 'epoch': origin 为 1970-01-01 'start': origin 是时间序列的第一个值 'start_day': origin 是时间序列第一天的午夜 'end': origin 是时间序列的最后一个值 ' end_day': origin 是最后一天的午夜

下面我们举例说明这个方法的使用。范例使用的数据集为 sales_data.csv（参见随书电子资源）。我们先导入数据。

```
In [1]:
01  import pandas as pd
02  import numpy as np
03  df_sales = pd.read_csv('sales_data.csv',
04                  parse_dates = ['date'],
05                  index_col = ['date'])
06  df_sales.head(10)
Out[1]:
```

	num_sold
date	
2017-01-02 09:02:03	5
2017-01-02 09:14:13	7
2017-01-02 09:21:00	5
2017-01-02 09:28:57	9
2017-01-02 09:42:14	1
2017-01-02 09:48:50	8
2017-01-02 09:59:23	2
2017-01-02 10:11:01	8
2017-01-02 10:23:56	2
2017-01-02 10:30:14	2

从上面的输出结果可以看出，销售数据精确到分与秒。对于高层管理人员来说，他们可能不会去关注每一时刻的销售数据。这时，我们就需要对数据进行重采样，降低采样的频率，即扩大时间的颗粒度，如把分钟这样的高频时间降低为低频的小时、天或月等。这种降低采样频率的操作实际就是降采样。

降采样是指将小时间尺度的数据需要聚合为大时间尺度的数据。常见的聚合操作有均值、求和、极大值、极小值等。

```
In [2]: df_sales.resample('2H').agg(['min','max', 'sum', 'mean'])
```

	num_sold			
	min	max	sum	mean
date				
2017-01-02 08:00:00	1	9	37	5.285714
2017-01-02 10:00:00	1	9	66	4.714286
2017-01-02 12:00:00	1	9	81	5.400000
2017-01-02 14:00:00	1	9	50	3.846154
2017-01-02 16:00:00	1	8	64	4.571429
2017-01-02 18:00:00	1	9	66	5.076923
2017-01-02 20:00:00	1	9	44	3.384615
2017-01-02 22:00:00	2	6	45	4.090909

在上述代码中，我们以两个小时（2H）为采样频率，对每两个小时的

数据做了最小值、最大值、求和及均值聚合操作，从而形成了在列方向的
多层索引。实际上，这种数据采样和透视表相似。

7.7.2　降采样中的常用参数

在降采样过程中，我们会根据应用场景调整不同的参数。默认情况
下，聚合数据的起始点（origin）为 0。比如，在上面的案例中，我们设定
的采样频率为两个小时（2H）。对于 2H 频率，Pandas 会把一整天按两个
小时均分，即 00:00:00，02:00:00，04:00:00，…，22:00:00。观察数据可以发
现，销售记录的第一条数据是发生在 2017–01–02 09:02:03，因此它属于
8:00～10:00 这个区间。

上述的分段统计自然不会出错，但也有不合理的地方。更为合理的采
样应该是这样的，它以第一条销售数据的时间为起始点，然后依次顺延两
个小时作为降采样时间间隔。为了做到这一点，我们需要启用 origin 参
数，它用于设置聚合的时间起点（start）。当设置 origin = 'start'时，表明降
采样的时间起点是第一条有效数据的起始时间。

```
In [3]: df_sales.resample('2H', origin = 'start').sum()
Out[3]:
```

date	num_sold
2017-01-02 09:02:03	62
2017-01-02 11:02:03	77
2017-01-02 13:02:03	64
2017-01-02 15:02:03	55
2017-01-02 17:02:03	72
2017-01-02 19:02:03	53
2017-01-02 21:02:03	65
2017-01-02 23:02:03	5

在降采样过程中，需要注意以下两点：一点是聚合之后左侧的时间标
签；另一点是聚合时间段中尾部是否为闭区间。当我们以 2H 为频率进行
降采样时，第一个采样的区间是 2017-01-02 09:02:03 ～ 2017-01-02
11:02:03，这个时间段内的数据，其时间戳是被标记为 2017-01-02 09:02:
03，还是被标记为 2017-01-02 11:02:03（即两个小时后的尾部标签）呢？
这就需要 label 参数来界定。

参数 label 的默认值为'left'，这表明将(2017-01-02 **09**:02:03, 2017-01-02
11:02:03)区间的统计结果记在左边的时间点上，即 2017-01-02 **09**:02:03。
反之，如果显式设置 label = 'right'，则把统计结果记在右边的时间点上，
即 2017-01-02 **11**:02:03。

注意

参数 closed 和 label 的
默认值通常为'left'，即
以时间区域的开始时间
为准，但如果当参数
rule 为'M'、'A'、'Q'、
'BM'、'BA'、'BQ'和'W'
时，默认值都是'right'。

下面我们显式设置 left 参数为'right'，读者可自行对比运行结果的不同。

```
In [4]: df_sales.resample('2H', origin = 'start', label = 'right').sum()
Out[4]:
```

| | num_sold |
date	
2017-01-02 11:02:03	62
2017-01-02 13:02:03	77
2017-01-02 15:02:03	64
2017-01-02 17:02:03	55
2017-01-02 19:02:03	72
2017-01-02 21:02:03	53
2017-01-02 23:02:03	65
2017-01-03 01:02:03	5

从上面的输出结果也可以看出，Out[4]处统计的结果和 Out[3]处的统计结果对比并没有发生变化，但左侧的标签发生了变化。

接下来，还有一个问题有待解决。若统计时间区域的尾部（如 2017-01-02 11:02:03）发生交换，则交换后的数据算作当前区域的数据，还是算作下一个区间的数据，这就涉及参数 closed 的设置。closed 的取值为'left'（默认值）和'right'。若 closed 取值为'left'，则表示时间戳开始处发生的事件为闭区间，即属于当前统计时间段；反之，若 closed 取值为'right'，则表示时间戳结束处发生的事件为闭区间，属于当前统计时间段。

下面我们设置 closed = 'right'，观察运行结果有什么不同。

```
In [5]: df_sales.resample('2H', origin = 'start', closed = 'right').sum()
Out[5]:
```

| | num_sold |
date	
2017-01-02 07:02:03	5
2017-01-02 09:02:03	57
2017-01-02 11:02:03	77
2017-01-02 13:02:03	64
2017-01-02 15:02:03	55
2017-01-02 17:02:03	72
2017-01-02 19:02:03	53
2017-01-02 21:02:03	65
2017-01-02 23:02:03	5

当 origin = 'start'时，表示时间序列的第一个值为统计开始时刻，2017-01-02 09:02:03 发生的销售为第一个统计时间段，又由于设置了 closed = 'right'，说明 2017-01-02 09:02:03 属于右边界，即(2017-01-02 09:02:03, 2017-01-02 09:02:03]，这是一个左开右闭的区间，在这个时间段内，实际上只有一条数据，即销售之和为 5。

然后又以 2017-01-02 09:02:03 为起点的两个小时区间为(2017-01-02 09:02:03, 2017-01-02 11:02:03]，该区间同样是一个左开右闭的区间，统计该时间段的销售之和为 57。注意，虽然以 2017-01-02 09:02:03 为起点时刻，但由于统计区间为左开右闭，因此取不到该时刻的值。其他时间段的统计结果依此类推。因此，Out[5]处的统计结果与前面代码的统计结果（如 Out[4]）有所不同。

7.7.3　升采样中的缺失值填充

与降采样相反的操作是升采样。升采样是指把低频的时间序列数据提升至高频采样数据。比如，把小时级别的数据转换为分钟级别的数据，把年份级别的数据转换为月份级别的数据。

在这种情况下，原来的低频数据不足，因此在高频数据中，就会存在填充缺失值的需求。如何处理这些缺失值呢？最常见的策略就是填充。填充操作使用的方法与前面章节提到的 ffill 方法或 bfill 方法类似。

下面我们先构造一个 DataFrame 对象来说明升采样的操作。

```
In [6]:
01  df = pd.DataFrame(
02      { 'value': [4, 5, 6] },
03      index = pd.period_range('2022-01-01',freq = 'A', periods = 3))
04
05  df    #输出验证
```

	value
2022	4
2023	5
2024	6

在上述代码中，freq = 'A'，其中'A'表示 Annual（年度）。periods = 3，表示从 2022 开始，连续 3 年的年份，它们一起作为 df 的索引。下面我们按季度（Quarter）重新采样。由于时间频率从年份转换为季度，采样时间点更频繁，因此这是一种升采样行为。

```
In [7]: df.resample('Q').asfreq()
Out[7]:
```

	value
2022Q1	4.0
2022Q2	NaN
2022Q3	NaN
2022Q4	NaN
2023Q1	5.0
2023Q2	NaN
2023Q3	NaN
2023Q4	NaN
2024Q1	6.0
2024Q2	NaN
2024Q3	NaN
2024Q4	NaN

这里需要注意的是，如果使用 df.resample('Q')进行升采样操作，那么运行结果仅返回一个采样器对象（PeriodIndexResampler object），该对象无法直接使用。因此还要接着使用 asfreq 方法将其转换为一个 DataFrame 对象。从上面的输出结果可以看出，在升采样过程中，原始数据不足，因此会出现很多缺失值，若要避免缺失值，则需要填充。

asfreq 方法也可以直接用在采样上。当我们希望将 DatetimeIndex 更改为具有不同的频率，且在当前索引中保留相同索引数量时，可以使用 asfreq 方法代替 resample 方法，但它并不满足我们当前的升采样的需求。请参考如下代码。

```
In [8]: df.asfreq('Q')
Out[8]:
```

	value
2022Q4	4
2023Q4	5
2024Q4	6

从上面的输出结果可以看出，asfreq('Q')直接将 df 的三个年份等量"采样"为三个季度（确切地说，是每个年份的第 4 个季度 Q4），索引的总数不变，这并不是升采样。

回到升采样的讨论上。如前所述，升采样操作会不可避免地带来一些不需要的数据点，需要将这些数据点填充才有价值。下面我们采用向前填充方法。前向填充方法 ffill 将使用前面（过往）第一个有效值来正向填充缺失值。示例代码如下，其示意图如图 7-7 所示。

```
In [9]: df.resample('Q').ffill()
Out[9]:
```

	value
2022Q1	4
2022Q2	4
2022Q3	4
2022Q4	4
2023Q1	5
2023Q2	5
2023Q3	5
2023Q4	5
2024Q1	6
2024Q2	6
2024Q3	6
2024Q4	6

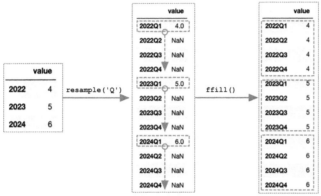

图 7-7　升采样的前向填充

类似地，我们也可以按季度对一年进行升采样操作，这时使用后向填充方法。后向填充方法 bfill 将使用下一个（未来）有效的值来反向填充缺失值，示例代码如下，其示意图如图 7-8 所示。

```
In [10]: df.resample('Q').bfill()
Out[10]:
```

	value
2022Q1	4.0
2022Q2	5.0
2022Q3	5.0
2022Q4	5.0
2023Q1	5.0
2023Q2	6.0
2023Q3	6.0
2023Q4	6.0
2024Q1	6.0
2024Q2	NaN
2024Q3	NaN
2024Q4	NaN

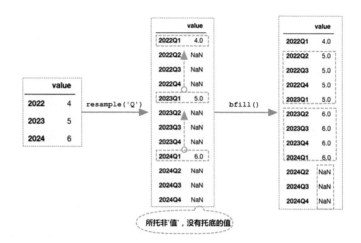

图 7-8 升采样的后向填充

7.8 实战：面向股票数据的时间序列分析

接下来，基于使用前面所学知识，我们来做一个面向股票数据的时间序列分析实践项目[①]。

7.8.1 股票数据的获取

分析数据的第一步是获取数据。若没有数据，则需要爬取数据，股票数据也不例外。首先我们需要安装必要的工具包。

```
pip install --upgrade pandas_datareader
```

 注意

由于国内在线访问雅虎财经数据不稳定，读者可直接从 In [4]处开始运行代码，在本地读取财经数据，本地股票数据 walmar.csv 请参见随书电子资源。

pandas_datareader 是一个基于 Pandas 的财经数据包，它可以根据输入的证券带代码、起始日期和终止日期，返回起止区间的股票价格数据，返回的数据类型是 DataFrame。

工具包安装完毕后，我们就要导入这些必要的工具包。

```
In [1]:
01    #导入必要的工具包
02    import datetime as dt
03    import matplotlib.pyplot as plt
04    import pandas as pd
05    import pandas_datareader.data as web
```

下面我们就可以根据股票代码（如 WMT，即沃尔玛）、信息提供商（如雅虎，雅虎财经）、起止日期来下载对应的财经数据。

---

① 文献参考资料：Harrison. Introduction and Getting Stock Price Data - Python Programming for Finance.

```
In [2]:
01   start = dt.datetime(2018, 6, 1)          #定义起始时间
02   end = dt.datetime.now()                   #将当前时间作为终止时间
03   df = web.DataReader("WMT", 'stooq, start, end)
                                                #从 stooq 财经读取沃尔玛(股票代码 WMT)
04   df.tail()                                  #查看最近 5 天的信息
```

	Open	High	Low	Close	Volume
Date					
2018-06-07	78.3233	79.2299	78.2391	78.4800	8.340936e+06
2018-06-06	78.4800	78.6626	77.9275	78.1210	7.969767e+06
2018-06-05	78.9433	78.9611	77.8323	78.1745	8.964104e+06
2018-06-04	77.1410	79.0078	76.9565	78.9145	1.182233e+07
2018-06-01	76.7154	77.0656	76.5409	76.6698	5.669650e+06

　　DataReader 方法中的第一个参数是股票的代码，第二个参数表示数据来源。DataReader 方法支持包括雅虎、谷歌在内的十余种数据来源。这里使用的是雅虎财经的数据（注意，作为财经数据源的参数 yahoo 必须全部小写）。股票信息主要包括 6 个部分：High（最高价）、Low（最低价）、Open（开盘价）、Close（收盘价）、Volume（成交量）及 Adj Close（adjusted closing price，调整收盘价又称复权[①]）。

　　现在我们把读取的数据保存到本地，以防止丢失，保存的文件名为 walmart.csv。

```
In [3]: df.to_csv('walmart.csv')
```

　　然后，我们再次从本地读取该文件，注意在读取时，设置日期为索引。

```
In [4]: df = pd.read_csv('walmart.csv', parse_dates = True, index_col = 0)
In [5]: df.head()                              #查看前 5 行数据
Out[5]:
```

	Open	High	Low	Close	Volume
Date					
2023-08-07	159.50	161.2100	159.110	160.49	4756538.0
2023-08-04	159.76	160.2500	157.960	158.34	4754366.0
2023-08-03	159.02	159.4981	158.515	159.26	4401345.0
2023-08-02	158.53	160.4300	158.530	159.22	4220660.0
2023-08-01	159.95	160.4500	158.960	159.11	3927845.0

　　我们可以通过可视化的方法观察沃尔玛股票参数的变化情况。借助 Pandas，绘图过程非常简便，示例代码如下。

[①] 复权就是对股价和成交量进行权息修复，按照股票的实际涨跌绘制股价走势图，并把成交量调整为相同的股本口径。股票除权、除息之后，股价随之发生了变化，但实际成本并没有变化。如原来 20 元的股票，十送十之后为 10 元，但实际还是相当于 20 元。从 K 线图上看这个价位看似很低，但很可能就是一个历史高位。Stooq 提供的数据源中没有股票的复权信息。

```
In [6]:
01  df.plot()
02  plt.show()
```

从图 7-9 中可以看出，除了成交量，好像其他数值几乎没有发生变化。这是因为成交量的取值比其他数值（价格）高出好几个数量级，导致其他交易指标的曲线显得没有变化。因此，我们需要将成交量单独提取出来并显示，示例代码如下，其示意图如图 7-10 所示。

```
In [7]:
01  df[['High', 'Low', 'Open', 'Close']].plot()
02  plt.show()
```

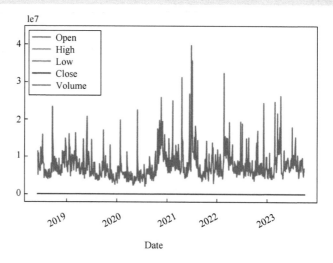

图 7-9　股票的变化趋势（含成交量）

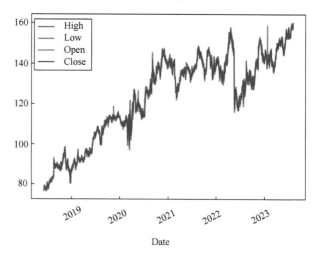

图 7-10　股票的变化曲线（不含成交量）

7.8.2 设置百日滚动均线

下面我们以复权价格为基础来添加一条股票的百日滚动均线（100 day rolling moving average，简称 100ma），这时就用到前文介绍的 rolling 方法。

```
In [8]:
01  df['100ma'] = df['Close'].rolling(window= 100).mean()
02  df.head()
```

Date	Open	High	Low	Close	Volume	100ma
2023-08-07	159.50	161.2100	159.110	160.49	4756538.0	NaN
2023-08-04	159.76	160.2500	157.960	158.34	4754366.0	NaN
2023-08-03	159.02	159.4981	158.515	159.26	4401345.0	NaN
2023-08-02	158.53	160.4300	158.530	159.22	4220660.0	NaN
2023-08-01	159.95	160.4500	158.960	159.11	3927845.0	NaN

由于 min_periods 的默认值为窗口的大小，且 center 默认值为 False，因此 100ma 这列的前 99 行（由于滑动窗口内的数据量小于 100）均被赋值为 NaN。为了演示方便，我们可以将参数 min_periods 的值修改为 0。这表明不限制滑动窗口内的数据量，只要有数据，就可计算窗口内的均值，哪怕窗口内的数量小于 100。

```
In [9]:
01  df['100ma'] = df['Close'].rolling(100,min_periods = 0).mean()
02  df.head()
```

Date	Open	High	Low	Close	Volume	100ma
2023-08-07	159.50	161.2100	159.110	160.49	4756538.0	160.490000
2023-08-04	159.76	160.2500	157.960	158.34	4754366.0	159.415000
2023-08-03	159.02	159.4981	158.515	159.26	4401345.0	159.363333
2023-08-02	158.53	160.4300	158.530	159.22	4220660.0	159.327500
2023-08-01	159.95	160.4500	158.960	159.11	3927845.0	159.284000

7.8.3 绘制价格与成交量子图

由于股票成交量和价格的数量级不同，因此在进行可视化展示时，两个表不能在一个画布中。但二者对股票交易员的影响都很大，需要同时显示，这时我们可以将二者用两个不同的子图来分别显示。

事实上，目前的股票软件基本上都是这么做的。由于人们对股票的价格更加敏感，成交量次之，所以这两个子图的大小不应该相同，所以需要单独设置每个窗格的显示大小，这时需要用到 Matplotlib 中的 subplot2grid 方法。

```
In [10]:
01  ax1 = plt.subplot2grid((6,1), (0,0), rowspan = 5, colspan = 1
```

```
02  ax2 = plt.subplot2grid((6,1),(5,0),rowspan = 1,colspan = 1,sharex = ax1)
03
04  ax1.plot(df.index, df[['Close','100ma']])
05  ax2.bar(df.index, df['Volume'])
06
07  plt.show()
```

运行结果如图 7-11 所示。在上述代码中，第 01 行利用 subplot2grid 方法绘制第 1 个子图 ax1，参数(6,1)表示将整个图像窗口分成 6 行 1 列，(0,0)表示从第 0 行第 0 列开始作图，rowspan = 5 表示行的跨度为 5，colspan = 1 表示列的跨度为 1。

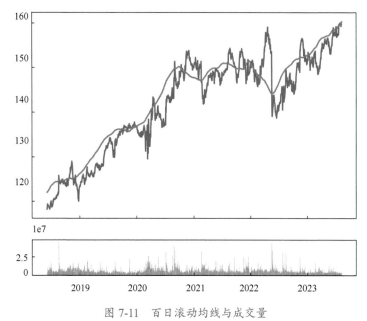

图 7-11　百日滚动均线与成交量

第 02 行利用 subplot2grid 方法绘制第 2 个子图 ax2，参数(6,1)表示将整个图像窗口分成 6 行 1 列，(5,0)表示从第 5 行第 0 列开始作图，rowspan = 1 表示行的跨度为 1，colspan = 1 表示列的跨度为 1。sharex = ax1，表示与第一个子图共享 X 轴，即共享日期。通过共享坐标轴的设置，当我们放大或缩小第一个子图时，第二个子图也会同步放大或缩小。

从第 1 行和第 2 行综合来看，两个子图的布局共 6 行，第一个子图占据 5 行，即画布在垂直方向上占据 5/6，第二个子图占据 1 行，即画布在垂直方向上占据 1/6。整个图只有 1 列，第一个子图占据 1 列，即在水平方向占据 100%（即 1/1）。第二个子图也占据 1 列，即在水平方向占据 100%（即 1/1）。这里的行或列实际上并不是真正意义上的行数或列数，而是对整个画布在纵向和横向的等分份数，然后确定各个子图占据的份数。

第 04 行将调整收盘价（'Close'）和百日滚动均线（'100ma'）绘制在第

一个子图中，第 05 行将成交量绘制在第二个子图中，绘图方式为柱状图，其中 df.index 表示日期。

7.8.4 股票数据的 K 线图绘制

有了股票的开盘价、收盘价、最高价、最低价，我们就可以绘制股票软件常用的 K 线图。在专业术语上，该图称为开-高-低-闭图表（Open-High-Low-Close chart，OHLC 图），又称为蜡烛线（Candlestick chart）。K 线图以竖立的线表现股票价格的变化，可以呈现开盘价、最高价、最低价、收盘价，竖线可以呈现最高价和最低价间的差距。

对于实心柱体，其中一端表示开盘价，另一端表示收盘价（具体哪一端为开盘价，哪一端为收盘价，取决于当日股价是上涨还是下跌）。

绘制 K 线图并不复杂，但需要借助专门的工具包，其中一个好用的工具包就是 mplfinance，在命令行输入安装指令即可安装。

```
pip install --upgrade mplfinance
```

安装完毕后，接着导入必要的工具包。

```
In [11]: import mplfinance as mpf        #导入财经数据绘制工具包
```

接下来，构建一个新的 DataFrame 对象，它的构建基于 df['Close']列（当然也可以基于其他列）。

```
In [12]: df_ohlc = df['Close'].resample('10D').ohlc()
```

在上面的代码中，我们以 10 天（10D）为时间窗口进行重采样（降采样）。重采样后的聚合操作采用的是 ohlc 方法（开盘价、最高价、最低价和收盘价）[①]。当然，我们也可以用 mean（均值）或 sum（求和）等来聚合 10 天股价的信息。需要注意的是，这里的 ohlc、均值或总和，就是每隔 10 天计算得到的一个聚合结果，而非滑动窗口的计算结果（滑动窗口需要用到的方法是 rolling）。

类似地，同样以 10 天为周期，对成交量（Volume）进行降采样（聚合函数求和），并将结果添加到前面构造的 DataFrame 对象 df_ohlc 中[②]。

```
In [13]: df_ohlc['volume'] = df['Volume'].resample('10D'). sum()
```

下面我们来验证以 10 天为周期的降采样结果。

---

① 对于 resample 的 ohlc 方法来说，如果采样周期是 10 天，那么 open 就是指这 10 天中的第一天的价格，high 就是这 10 天中最高的价格，low 就是这 10 天中最低的价格，close 就是这 10 天中最后一天的价格。

② 需要说明的是，为了与 mplfinance 工具包适配，open、high、low、close 及 volume 等 5 列的名称需要全部小写，且同处于一个 DataFrame 对象中。

```
In [14]: df_ohlc.head()
Out[14]:
```

	open	high	low	close	volume
Date					
2018-06-01	76.6698	78.9145	76.6698	77.9365	5.099590e+07
2018-06-11	77.8799	77.8799	76.6797	77.2441	7.199742e+07
2018-06-21	77.7966	80.2725	77.7966	79.1278	7.814143e+07
2018-07-01	77.6022	80.5681	77.6022	80.5681	3.911523e+07
2018-07-11	79.9391	81.4727	79.9303	81.3536	4.544978e+07

上面的输出结果符合我们的预期。下面我们就用上述结果绘制 K 线图。这里要用到 mplfinance 中专门的绘图方法 mpf.plot，示例代码如下。

```
n [15]:
01   from matplotlib.font_manager import FontProperties
02   #设置中文子图路径
03   font_path = '/Users/yhily/Library/Fonts/HuaKangWaWaTiJianW5-1.ttc'
04   myfont = FontProperties(fname = font_path,size = 15)
05   fig, axlist = mpf.plot(df_ohlc,type = 'candle',style = 'charles',
06                ylabel = ' ',
07                ylabel_lower = ' ',
08                figratio = (25,10),
09                figscale = 1,
10                mav = (7,30,60),
11                volume = True,
12                returnfig = True
13                )
14   #设置指定字体的标题
15   axlist[0].set_title('10 日股票信息',font = myfont)
16   # 保存生成的图片
17   fig.savefig('The_stock_Walmart_candle_line.jpg',bbox_inches = 'tight')
```

运行结果

运行结果如图 7-12 所示。

代码分析

绘制 K 线图的重点在于掌握 mpf.plot 方法的使用。该方法的第一个参数是位置参数，用于指定数据源，即一个 DataFrame 对象，它应该包括 open、high、low、close 及 volume 列。下面对 mpf.plot 方法中的若干参数进行简单介绍。

- type：用于绘制图形的类型，支持的类型有 candle、renko、ohlc、line 等。此处选择 candle（蜡烛图），即 K 线图（第 05 行）。
- style：用于选择 K 线图的线条样式，这里选择'charles'风格（第 05 行）。

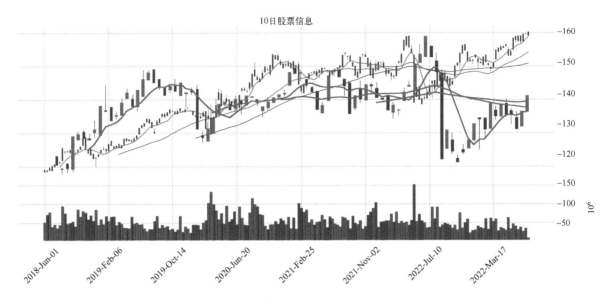

图 7-12　进行降采样（10 日）的股票数据 K 线图

- title：用于绘制图形的标题。

- figratio：用于设置图形的纵横比。

- y_label_lower：用于设置成交量子图一栏的标题。

- figscale：用于设置图形尺寸（数值越大图像质量越高）。

- mav：其全称是"moving average"，即设置均线类型，此处设置为 7,30,60 日线（第 10 行）。

- volume：布尔类型，用于设置是否显示成交量，默认值为 False，此处设置为 True，即显示成交量（第 11 行）。

事实上，在 mpf.plot 方法中，通过设置返回图对象（第 12 行），我们还可以设置 savefig，以用来保存生成的图片（第 17 行）。需要注意的是，本例我们利用了第 6 章学习到如何利用自定义的字体（娃娃体）渲染标题，如果不涉及到中文标题，字体设置可以忽略（无须第 02~04 行）。

7.9　本章小结

在本章，我们主要学习了有关时间序列数据分析的常用实践操作。首先，我们介绍了与时间相关的模块，如 datetime 模块，介绍了该模块的加载、datetime 对象与时间戳之间的转换、datetime 模块的加减操作。

其次，我们介绍了时间序列对象的构建与切片操作，日期范围、频率和移位的操作、时期的表示、时间滑动窗口的操作。接着，我们重点介绍了数据的重采样。将高频率的数据（如按天记录的数据）聚合成低频率的数据（如按月统计的数据），该过程称为降采样。反之，将低频率的数据填补为高频率的数据，该过程称为升采样，它们都在数据分析中有着重要的应用。

最后，我们对股票数据进行了时间序列数据分析，涉及到股票数据的获取、重采样和可视化展现（包括均线图、K 线图等）。

7.10 思考与练习

通过本章的学习，请完成如下练习。

7-1 假设我们有两个数据集，一个是月销售额 df_sales，另一个是价格 df_price（分别对应数据集 sales.csv 和 price.csv）。其中，df_price 只记录价格变化，即价格没有变化之前，商品一直维持原价。销售量与单价之间的关系如图 7-13 所示。

请编程实现：利用重采样及必要的填充方法，完成计算每个月的总销售额，预期输出结果如图 7-14 所示。

df_sales

date	num_sold
2018-01-31	5
2018-02-28	17
2018-03-31	5
2018-04-30	16
2018-05-31	12
2018-06-30	12
2018-07-31	2
2018-08-31	9
2018-09-30	5
2018-10-31	15
2018-11-30	18
2018-12-31	35

df_price

date	price
2018-01-31	16.0
2018-05-31	15.5
2018-12-31	10.0

date	num_sold	price	total_sales
2018-01-31	5	16.0	80.0
2018-02-28	17	16.0	272.0
2018-03-31	5	16.0	80.0
2018-04-30	16	16.0	256.0
2018-05-31	12	15.5	186.0
2018-06-30	12	15.5	186.0
2018-07-31	2	15.5	31.0
2018-08-31	9	15.5	139.5
2018-09-30	5	15.5	77.5
2018-10-31	15	15.5	232.5
2018-11-30	18	15.5	279.0
2018-12-31	35	10.0	350.0

图 7-13 销售量与单价之间的关系 图 7-14 重采样填充后的销售额

7-2 利用模块 mplfinance 采集贵州茅台（雅虎财经股票代码：600519.SS）近三年的股票信息，并绘制其 K 线图（包括 5 日，30 日，60 日均线）和成交量（本地财经数据 moutai.csv 参见随书电子资源）。

7-3（提高题） 改造 7.8 节所示的案例，利用模块 mplfinance 和 Matplotlib 的 animation（动画）模块，绘制沃尔玛股票的 K 线图。